YUANLIN
JIANZHU
SHEJI

园林建筑设计

刘敏 徐梦林 主编

化学工业出版社
·北京·

内 容 简 介

本书共 8 章，主要介绍了园林建筑设计概论、园林建筑设计基础知识、园林建筑设计初步、园林建筑设计方法、游憩性园林单体建筑设计、服务性园林单体建筑设计、园林小品、园林建筑设计应试方法等基本理论和技能训练知识。

本书注重理论与实践的结合，附有大量相关优秀案例和实训内容，利用网络平台在线课程进行混合式教学，可作为高等学校园林、风景园林、建筑学、环境艺术、城市规划、旅游管理等专业及相关专业的教材，也可作为相关领域从业者的参考用书。

图书在版编目（CIP）数据

园林建筑设计 / 刘敏，徐梦林主编 . -- 北京 ：化学工业出版社，2025. 8. -- ISBN 978-7-122-48012-5

Ⅰ . TU986.4

中国国家版本馆 CIP 数据核字第 2025RR8951 号

责任编辑：刘兴春　卢萌萌　　　　文字编辑：丁海蓉
责任校对：王　静　　　　　　　　装帧设计：王晓宇

出版发行：化学工业出版社
　　　　　（北京市东城区青年湖南街 13 号　邮政编码 100011）
印　　装：北京建宏印刷有限公司
787mm×1092mm　1/16　印张 13¾　彩插 4　字数 332 千字
2025 年 9 月北京第 1 版第 1 次印刷

购书咨询：010-64518888　　　　　售后服务：010-64518899
网　　址：http://www.cip.com.cn
凡购买本书，如有缺损质量问题，本社销售中心负责调换。

定　　价：58.00 元

《园林建筑设计》
编委会

主　编：

刘　敏　徐梦林

副主编：

庄乾达　于志娟

编　委：（按姓氏拼音顺序）

郎小霞（青岛理工大学）

刘　敏（临沂大学）

宋秀华（山东农业大学）

徐　欢（江苏师范大学）

徐梦林（临沂大学）

于志娟（临沂国控市政园林工程有限公司）

张运吉（山东农业大学）

张忠峰（山东农业工程学院）

庄乾达（临沂大学）

主　审：（按姓氏拼音顺序）

王　振（临沂大学）

赵彦杰（临沂大学）

　　随着城市化进程的加快和人工智能（AI）及信息技术的进步，城市对高品质园林景观和绿化环境的需求日益增加，园林学科教育越来越注重与社会需求接轨，不断调整人才培养方案，更新和完善学科课程内容，培养学生的可持续发展理念、实践能力，掌握最新的行业知识和技术。园林建筑作为园林四要素之一，被称为园林的眼睛，是园林专业领域至关重要的设计要素。随着社会的发展，新技术、新材料的运用，人们对园林建筑设计的要求越来越高。《园林建筑设计》作为园林专业重要的核心课程，要求学生不仅掌握园林建筑设计基础知识，还要学会园林建筑设计技能，更要提升园林建筑设计思维，注重理论与实践的结合，学会利用 AI 绘图软件、AI 工具及信息技术辅助设计，举一反三、触类旁通。

　　本教材结合国内外优秀案例及社会热点，全面、系统地阐述了园林建筑设计的内容。全书共 8 章，第 1 章为园林建筑设计概论，包括园林建筑、园林建筑的发展等内容，结合经典案例，讲解了园林建筑的作用特点、传统建筑的特征及园林建筑的发展趋势等内容；第 2 章为园林建筑设计基础知识，包括建筑基本构件、建筑结构形式、建筑内部空间设计、建筑造型设计、建筑材料、建筑场地设计、建筑设计依据等内容，结合相关案例，讲解了与园林建筑设计相关的基础知识；第 3 章为园林建筑设计初步，包括园林建筑设计图、园林建筑设计图纸手绘表现技法、园林建筑设计图纸计算机表现技法、园林建筑设计模型制作等内容，讲解了园林建筑方案不同的表现技法；第 4 章为园林建筑设计方法，这是重点章节，包括任务解读与分析、方案构思、方案生成与深化等内容，结合实训作业——校园观景亭设计、校园餐饮建筑设计，详细讲解了任务解读、方案构思及方案生成的系列知识，并结合中国大学MOOC 在线开放课程、智慧树在线学堂课程进行混合式教学；第 5 章为游憩性园林单体建筑设计，包括亭、廊、花架、园桥、榭、舫、厅堂、楼阁、轩馆等内容，讲解了不同建筑类型的概念特点、设计要点及实践案例等；第 6 章为服务性园林单体建筑设计，包括园林大门、园林小卖部、游船码头、园林厕所、餐饮建筑、展览馆、温室、民宿等内容，讲解了不同建筑类型的功能类型、设计要点及实践案例等；第 7 章为园林小品，包括概念、作用和地位、类型和特点、园椅设计、案例分析等内容，主要讲解了园林小品的作用、设计要点及实践案例；第 8 章为园林建筑设计应试方法，包括试题特点分析、应试方法、应试技巧及真题解析等内容，讲解了园林建筑设计研究生入学考试的应试方法。

　　本书由刘敏、徐梦林任主编，庄乾达、于志娟任副主编，王振、赵彦杰任主审，全书具体编写分工如下：第 1 ～ 4 章由刘敏、徐欢、郎小霞、张忠峰编写；第 5 ～ 8 章由徐梦林、宋秀华、张运吉编写。内容修改、格式校正和图片处理工作由庄乾达和于志娟完成。全书最后由刘敏、徐梦林统稿并定稿。本教材图文并茂，系统全面，与时代接轨，在内容编排上力求做到深入浅出、通俗易懂，可以满足不同层次读者的需求，希望这本教材能够成为学习园林建筑设计的得力助手，学习者能从中获得有益的知识和启发。

　　限于编者水平及编写时间，书中不足和疏漏之处在所难免，敬请读者提出修改建议，不吝赐教，万分感谢。

编者
2024 年 10 月

第8章 园林建筑设计应试方法
195-206

参考文献

207

第1章

园林建筑设计概论

1.1　园林建筑

1.1.1　建筑与园林建筑

说起建筑，我们首先想到的是什么？学者们从不同角度给予建筑不同的解释：建筑是房子；建筑是空间的组合；建筑是艺术；建筑是技术和艺术的结合；建筑是石头的史书；建筑是住人的机器；等等。道家创始人老子在《道德经》里对建筑的解释为：凿户牖以为室，当其无，有室之用。故有之以为利，无之以为用。综上，从古到今建筑的目的总不外是取得一种人为的环境，供人们从事各种活动。建筑不仅为人们提供了一个有遮掩的内部空间，还带来了一个不同于原来的外部空间。广义的建筑可分为建筑物和构筑物。凡供人们进行生产、生活或其他活动的房屋或场所称为建筑物。只为满足某一特定功能而建造的，人一般不能直接在其内进行生产、生活的称为构筑物。建筑按照建造年代可分为传统建筑和现代建筑。传统建筑按照建筑的用途和风格分类，主要包括宫殿建筑（图1-1，书后另见彩图）、陵墓建筑（图1-2）、桥梁建筑（图1-3）、

图1-1　故宫

礼制建筑（图1-4）、宗教建筑（图1-5）、民居建筑（图1-6）、园林建筑（图1-7）、城防建筑等。

园林建筑是在环境中，以丰富景观并为人们游览、休憩提供场所为主要目的的一类建筑。园林建筑不同于其他自然要素（土地、植物、水体），最大的特点就是其人工成分多。因此，园林建筑在景观营造中是最灵活、最积极的，园林建筑的多少、大小、样式、色彩对园林风格的影响很大（图1-8、图1-9）。

图1-2 秦始皇陵

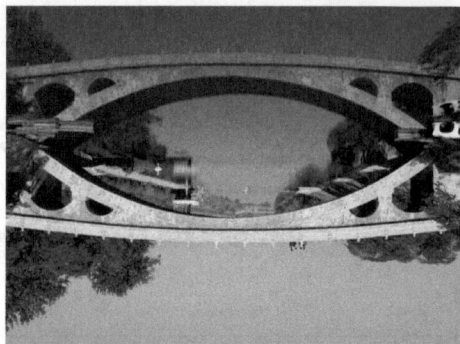

图1-3 赵州桥

图1-4 天坛

图1-5 佛光寺

图1-6 土楼

图1-7 拙政园

图1-8 网师园月到风来亭

图1-9 御花园千秋亭

1.1.2 园林建筑的作用特点

（1）点景

即点缀风景。园林建筑作为被观赏的对象，通常既是景观节点，又起到点景作用。从建筑场论的角度看，点景建筑在构图上占据了力场的中心点，起到控制全局的作用（图1-10）。

（2）观景

即观赏风景。园林建筑的选址、平面布局、观景朝向、门窗开设、封闭或开敞均要考虑观景面和观景视线，能够使观赏者在视野范围内摄取到最佳的风景画面。

荷风四面亭（图1-11）选址在小岛上，四面为水体；平面布局为正六边形，位于小岛中央位置；开敞布局，无门窗；观景朝向为四面、多角度观景（图1-12）。

图 1-10 颐和园佛香阁

与谁同坐轩（图1-13）选址在池岸转弯处，前面为水体，后面为土丘；平面布局为扇形，位于池岸边缘位置；一面开敞，三面封闭；二门洞，一窗洞；观景朝向为一面观景，4条观景视线（图1-14）。

图 1-11 荷风四面亭

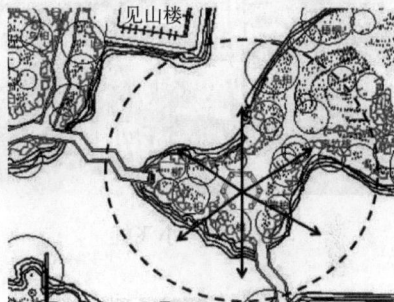

图 1-12 荷风四面亭观景面和观景视线

图 1-13 与谁同坐轩

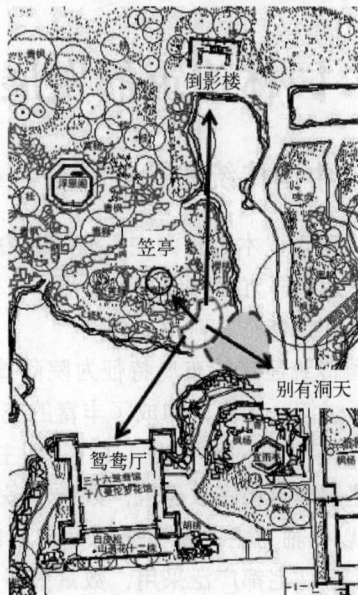

图 1-14 与谁同坐轩的观景面和观景视线

（3）界定范围空间

即利用建筑物，辅以山石、水体、植物将园林划分成不同庭院或若干空间层次。

小飞虹（图 1-15，书后另见彩图）北向观景面为北侧水体，观景视线为倚玉轩、香洲、荷风四面亭和见山楼；南向观景面为小沧浪水院，观景视线为得真亭、松风亭和小沧浪（图 1-16）。

图 1-15　小飞虹

图 1-16　小飞虹北向、南向的观景面和观景视线

（4）组织游览路线

以园林中的道路结合建筑物的穿插，创造一种步移景异、具有导向性的游动观赏效果。

1.2　园林建筑的发展

1.2.1　中国传统建筑的特征

传统建筑以木结构为主，其特征在汉代已基本形成，到唐代达到成熟阶段，至明清在建筑技术、造型等方面得到高度发展。

（1）布局特征：院落式组合

中国传统建筑的布局特征为院落式组合。中国建筑艺术主要是群体组合的艺术，群体间的联系、过渡、转换，构成了丰富的空间序列。空间的基本单位是庭院。分为 3 种形式：

① 十字轴线对称（图 1-17），即主体建筑放在中央，这种庭院多用于规格很高、纪念性很强的礼制建筑和宗教建筑，数量不多；

② 以纵轴为主、横轴为辅（图 1-18），即主体建筑放在后面，形成四合院或三合院，大至宫殿小至住宅都广泛采用，数量最多；

③ 轴线曲折，或没有明显的轴线（图 1-19），多用于园林空间。

　　园林建筑设计

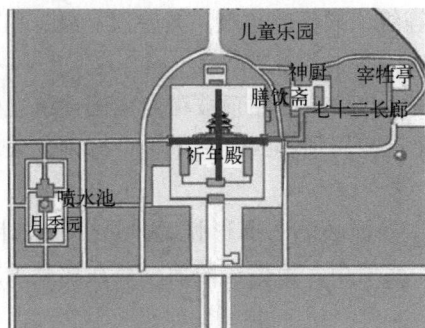

图 1-17 祈年殿

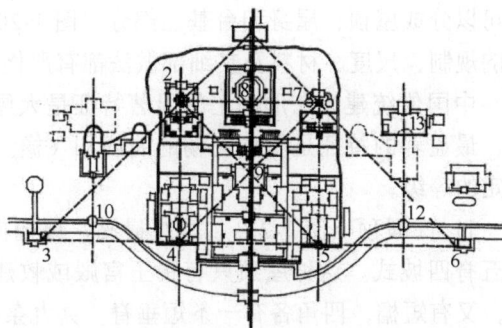

图 1-18 颐和园中央建筑群平面上的轴线和
几何对位关系

1—智慧海；2—宝云阁；3—鱼藻轩；4—清华轩；5—介寿堂；6—对鸥舫；7—湖山碑；8—佛香阁；9—排云殿；10—寄澜亭；11—云松巢；12—秋水亭；13—写秋轩

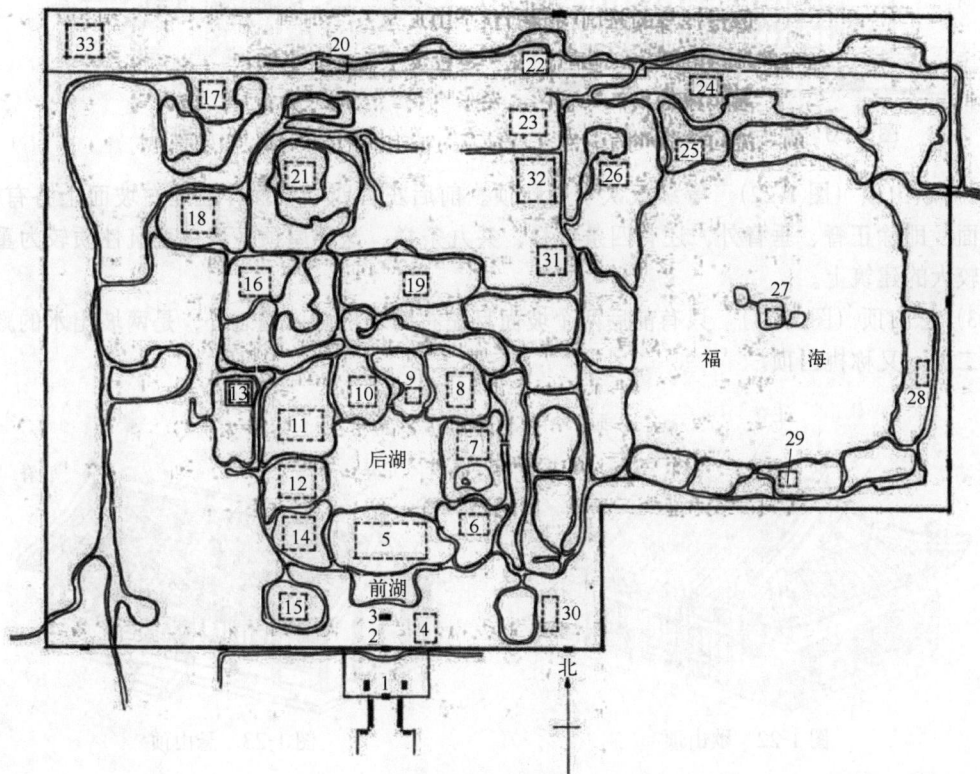

图 1-19 雍正时期圆明园平面示意图

1—大宫门；2—出入贤良门；3—正大光明；4—勤政亲贤；5—九洲清晏；6—镂月开云；7—天然图画；8—碧桐书院；9—慈云普护；10—上下天光；11—杏花春馆；12—坦坦荡荡；13—万方安和；14—菇古涵今；15—长春仙馆；16—武陵春色；17—汇芳书院；18—日天琳宇；19—澹泊宁静；20—映水兰香；21—濂溪乐处；22—鱼跃鸢飞；23—西峰秀色；24—四宜书屋；25—平湖秋月；26—廓然大公；27—蓬岛瑶台；28—接秀山房；29—夹镜鸣琴；30—洞天深处；31—同乐园；32—舍卫城；33—紫碧山房

(2) 外形特征：分为屋顶、屋身和台基三部分

中国传统建筑的造型虽然多种多样，但不论是殿堂、亭、廊，还是一座传统单体建筑，都可以分成屋顶、屋身和台基三部分（图1-20）。不同等级、规格的建筑，其屋顶、屋身和台基的规制、尺度、材料及其细部做法都有严格、详细的规定。

中国传统建筑在形态上的显著特征是大屋顶。中国古代建筑的屋顶被称为中国建筑之冠冕，最显著的特征是屋顶流畅的曲线和飞檐。中国古建筑的屋顶样式可有多种，分别代表着一定的等级。

1）庑殿顶（图1-21）　等级最高。屋檐向上微翘，四面坡略有凹形弧度，是"四出水"的五脊四坡式。这种屋顶只有帝王宫殿或敕建寺庙等才能使用。重檐庑殿顶，是在庑殿顶之下，又有短檐，四角各有一条短垂脊，共九条脊。

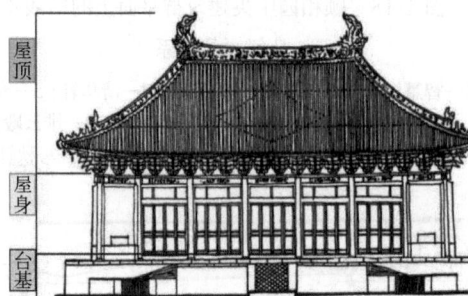

图1-20　传统单体建筑的组成

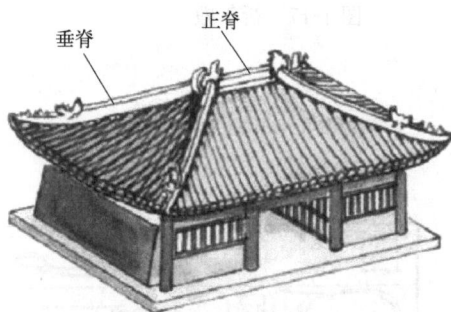

图1-21　庑殿顶

2）歇山顶（图1-22）　等级仅次于庑殿顶。前后左右四个坡面，在左右坡面上各有一个垂直面，即除正脊、垂脊外，还有四条戗脊，共九条脊。这种屋顶多用在建筑性质较为重要、体量较大的建筑上。

3）悬山顶（图1-23）　只有前后两个坡面且左右两端挑出山墙之外，是两坡出水的殿顶，五脊二坡，又称挑山顶。

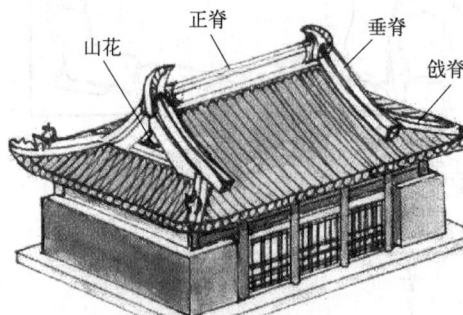

图1-22　歇山顶

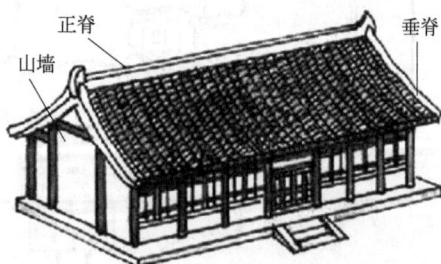

图1-23　悬山顶

图1-24　硬山顶

4）硬山顶（图1-24）　只有前后两个坡面且左右两端不挑出山墙之外，也是五脊二坡的殿顶。

5）攒尖顶（图1-25）　无论什么形式，顶部都有一个集中点，即宝顶。

6）卷棚顶（图1-26）　屋顶前坡于脊部呈弧形滚向后坡，没有明显的正脊，颇具一种曲线所独有的阴柔之美，多用于民居。而上述①～④屋顶棱角分明，显出一种阳刚之气。

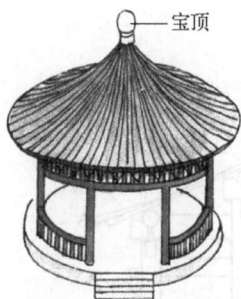

图 1-25　攒尖顶

图 1-26　卷棚顶

台基是建筑物的下部基础，是高出地面的建筑物底座，承托着上层建筑的全部重量。高大的台基不仅使上部建筑华丽壮观，而且也有防潮去湿的作用。台基的高低与形式成为显示建筑物等级的标志。

普通台基用素土或灰土或碎砖三合土夯筑而成，常用于小式建筑。较高级台基比普通台基高，常在台基上边建汉白玉栏杆，用于大式建筑或宫殿建筑中的次要建筑。更高级台基又称须弥座，建筑基座一般用砖或石砌成，上有凹凸线脚和纹饰，台上建有汉白玉栏杆，通常用于尊贵的建筑物基座。最高级台基是由几个须弥座相叠而成，从而使建筑物显得更为宏伟高大，常用于最高级建筑，如故宫三大殿台基（图 1-27，书后另见彩图）。

图 1-27　故宫三大殿台基

（3）结构特征：以木结构为主，构架多为抬梁式

中国建筑以木结构为主，承重结构与围护结构分开是中国传统建筑木构架的重要特征。木构架的主要结构形式即穿斗式和抬梁式构架所形成的柱网与现代框架结构一样，屋顶及上层楼面的荷载传给梁柱，再传向基础。墙体不是承重墙，只起围护作用。

① 穿斗式（图 1-28）是沿进深方向布柱，柱比较密，而柱径略小，不用梁，用"穿"贯于柱间，上可立短柱，柱顶直接承檩。汉时已成熟，南方各省多用，后期中部屋架改为抬梁式，以扩大空间。

② 抬梁式（图 1-29、图 1-30）是沿进深方向布置石础，础上立柱，柱上架梁，梁上立瓜柱、架短梁，最上是脊瓜柱，构成一屋架；在屋架之间用横向的枋联系柱顶，梁头与瓜柱顶作横向的檩，檩上承受椽子和屋面，使屋架完全连成一个整体。

图 1-28　穿斗式

图 1-29　抬梁式

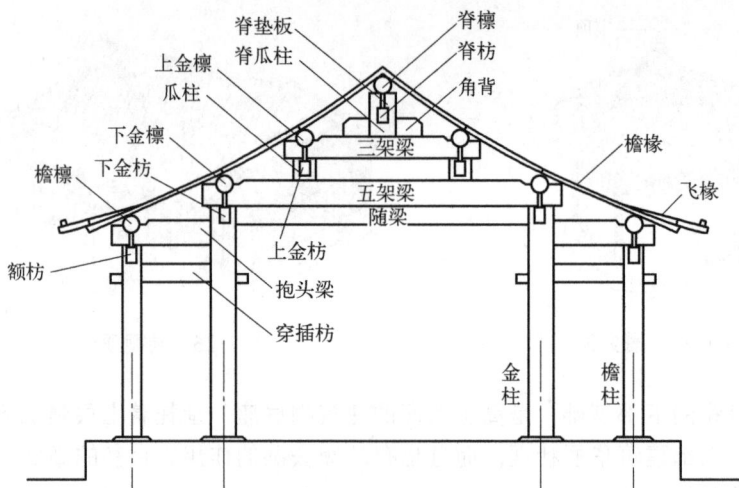

图 1-30　七檩硬山构架剖面图

③ 斗拱（图 1-31）是我国建筑特有的一种结构。在柱顶、枋或梁间，从柱顶上加的一层层探出成弓形的承重结构叫拱，拱与拱之间垫的方形木块叫斗，合称斗拱。

④ 雀替（图 1-32）通常被置于建筑的横材（梁、枋）与竖材（柱）相交处，是承托梁、枋的木构件，可以缩短梁、枋的净跨距离，减少枋、梁与柱相交处的向下剪力。也用在柱间的落挂下，或为纯装饰性构件，称为花牙。

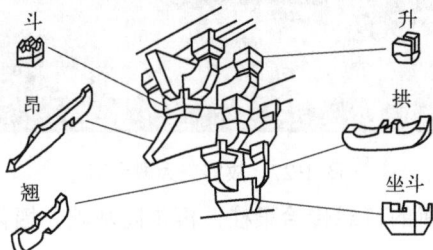

图 1-31　斗拱

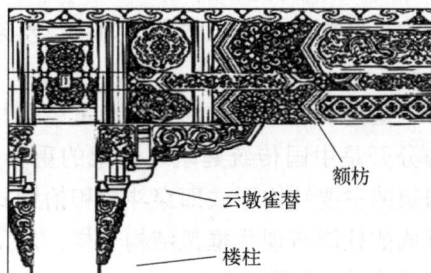

图 1-32　雀替

（4）色彩特征：皇家建筑色彩艳丽，民居建筑色彩淡雅

中国古代皇家建筑的白色台基、红墙黄瓦与蓝天、绿树交相呼应，形成强烈的原色对比。皇宫中色彩等级更加严格、分明，琉璃瓦以黄色最高、绿色次之，藏书库房用黑色琉璃瓦，用途各异。这些多彩的琉璃瓦构成中国古代建筑屋顶的柔美曲线，与丰富多姿的屋脊及装饰物鸱吻（图 1-33，书后另见彩图）、吻兽（图 1-34），构成中国古建筑最突出的特点。

中国古代民居的白墙、灰瓦、栗色的梁架与自然环境形成鲜明的色彩对比，凸显民居自然、质朴、秀丽、淡雅的格调。

暖色的建筑与檐下冷色的彩画形成色彩冷暖的对比，构成富丽堂皇的色彩格调。传统建筑的彩画，从类型上可分为和玺彩画（图 1-35，书后

图 1-33　鸱吻

另见彩图）、旋子彩画（图1-36，书后另见彩图）和苏式彩画（图1-37，书后另见彩图）三种。

图1-34　吻兽

图1-35　和玺彩画

图1-36　旋子彩画

图1-37　苏式彩画

①　和玺彩画，又称宫殿建筑彩画，这种建筑彩画在清代是一种最高等级的彩画，大多画在宫殿建筑上或与皇家有关的建筑上，以龙凤图案为主。

②　旋子彩画，等级仅次于和玺彩画，其最大的特点是在藻头内使用了带卷涡纹的花瓣，即所谓旋子，是明清官式建筑中运用最为广泛的彩画类型。

③　苏式彩画，源于江南苏杭地区民间传统做法，一般用于园林中的小型建筑如亭、榭、四合院住宅额枋上。紫禁城内苏式彩画多用于花园、内廷等处，主要是画各种不同题材的画面。

园林建筑隶属于传统建筑类型，具备传统建筑的基本特征。

1.2.2　国外传统建筑的特征

1.2.2.1　日本传统建筑

日本传统建筑的发展虽然受到中国等外来文化的影响，但仍然保留着本民族的特色，它既不同于西方建筑，也与中国传统建筑有许多不同之处，在世界建筑界中占有一定的地位。

（1）形体的自然性

日本是一个自然环境优美的岛国，日本人民热爱自然，这种感情体现在传统建筑上则表现为追求建筑与自然的融合协调。如果说西方人所追求的是建筑物本身高大的形体、强烈的视觉效果，以形体表现人与自然的对话，那么日本传统建筑则不强调实体性，而是以小巧的形体融于自然之中，将建筑看作环境的有机组成部分。在日本人的理想中，建筑应与自然融为一体，他们不喜欢对自然采取对抗姿态的高大厚重的建筑，即使是日本建筑中唯一的以庄严雄伟、气魄雄大取胜的建筑物——天守阁，也将其体量分解为若干个小城楼簇拥一座大城楼，廊屋相连、层宇层叠的形式形成了丰富多姿的景观，整体轮廓参差起伏，构图多变。

许多日本建筑群都避免沿纵轴对称布置，如桂离宫、法隆寺都以不对称为特点。冈仓天心认为日本人对不完美的偏爱来自禅的影响。"在日本，不完美的东西被奉为崇拜的对象，为了让想象力能自由地去完成它，人们故意地让它保持不完美的状态"。日本人追求的是不对称的美、均衡的美，采取不对称的形式是为了避免产生人工安排的感觉。他们认为对称、稳定可以使建筑显得优美、庄严、厚重，但同时也容易出现形式主义和抽象概念的堆砌等弊端，在一定程度上制约人们的构想力。从造型上看，以木结构为主的日本建筑，整体呈直接造型，如伊势神宫的构件线条平直、棱角分明，整体呈明确的几何形。

中国的建筑文化传入日本后，日本建筑的屋檐也开始有了起翘，但起翘不如中国明显。因为日本多雨，所以出檐要比中国建筑更远。唐招提寺金堂完全按照唐代建筑建造，但屋檐较平直、出檐更深远。为了防潮以及防各种昆虫的侵扰，多数日本建筑都是由高架于地面之上的木板组成，上面铺以榻榻米，人们在其上坐卧生活。因此，室内净空较低，整个建筑的高度比中国建筑和西方建筑要低一些。

(2) 结构的临时性、逻辑性与精致的细部

日本经常性的地震、台风、火山爆发等都对建筑的存在造成危险，使日本人对实在、对事物的永久性提出了质疑，于是建筑也被看成是一种暂时现象。日本传统结构体系类似于中国的建筑结构，即都是梁柱、斗拱结构体系，但日本传统建筑大都不用墙作支撑，而是靠纤细的柱子来支撑。柱子下端深埋进许多大石块中，石块的一部分埋在土中。这些柱子穿过房屋，直到屋顶，靠整个结构的重力，使柱子在不固定的地基上竖起来。这种看起来不牢固，好似临时搭设的结构方式，对地震之国有特殊意义，它是一种柔性结构，它的单薄和易变性正是其安全的保障。事实证明，这种"漂浮"在地面上的结构形式适合日本的地理特征。日本住宅中自古以来就采用规格尺寸，它以 3 尺 (1m) 为基本单位，平面尺寸都是这个基本单位的整数倍，所有建筑构件包括边缘、转角、接茬等都有一定的做法。房屋的平面布局和柱网排列必须适合这个模数制，家具也是按这个规格尺寸制作的。规格尺寸的存在不仅使施工简便，同时也赋予建筑统一的秩序。

在构件的加工和施工安装中，日本传统建筑要求十分精确，构件注重外部造型，构件交接严丝合缝、没有空隙。所以尽管木构件的结合点都很简单，但是由于构件形状、交接等处理得很精细，建筑整体仍给人以精细之感，精致的细部处理也赋予了建筑高贵的气质。由于日本古建筑肌理丰富、细部精致，所以更适合近距离观察。

(3) 空间的流动性

西方建筑史可称为一本神庙与教堂的建筑史，呈现的是一种静态的、永恒的空间。相比这下，日本传统建筑是出自人类基本需要并符合人类尺度的空间。它并不追求永恒、固定和长久，而是呈动态的可变迁状态，它根据人们需要的改变而有成长和变化的可能，其空间流动性十分突出。日本传统建筑实质上是提供一个大的范围，室内可以根据需要临时性地划分。

室内的纸糊拉门——隔间 (Fusuma)，是不属于承重结构的，它本身可以移动，成为房间之间的分界线，把它们推开就可以把分开的小屋合成一个较大的场所，以利于通风、隐藏物品或改换面貌。房屋外面有一道不起支撑作用的墙体 (Shoji)，Shoji 的形式与 Fusuma 类似，它实际上是一个滑动拉门。当房间一边的滑动拉门完全打开时，室外的景象引入室内，室内空间也得以进一步延伸。Shoji 与 Fusuma 一起与其说把房间与外界划分开来，不如说是把内外连成

一体。这里的空间极富弹性，所有的空间都可以流动，共同汇流出一种不断变动的连续感。

（4）材料的自明性

素材的自明性是指设计人充分发挥材料本来所特有的材质、肌理、色彩等。日本人对大自然内的灵性的探讨以及在发挥材料本性的表现方面的确十分独特，这一特点从另一侧面反映了日本人对自然之美的追求。日本古建筑几乎都是木造，日本盛产桧柏和杉等性能极佳的木材，它们纹理美观，用于建筑时大多不加任何油饰。桧柏和杉都是针叶树，材质柔软，切削时用锐利的刀具开成平滑的肌理，在这样的建筑中人们可以感受到木的材质。除木材之外，日本匠师还是使用其他各种天然材料的能手。竹节、木纹、石理经过匠师们的精心安排，都以纯素的形式交汇成日本建筑特有的魅力。

日本匠师忠于材料的本性，他们巧妙地使材料的自然美得以升华，呈现出一种高贵的美，更适应人类的感受力。

（5）洗练的装饰

日本传统建筑所表达的美是优雅、朴素的感觉。他们认为建筑物的优美主要靠整体上比例协调、完整来体现，而不是靠装饰，因此他们在使用建筑材料时尽量保持其自然形态，木制部件多不涂颜色，保持本色，墙壁也都是土墙，不做涂饰。这同中国传统建筑中鲜艳夺目的彩绘、精雕细刻的饰品形成了较大的反差。日本建筑中所使用的装饰几乎都是植物图案。"与把龙、狮、虎、鹫之类的动物作为氏族的象征并把它们引入装饰之中的文化相比较，可以说日本人更向往自然与调和。"由于植物不是以个体方式生存的，而只能通过对物种的适应繁殖生存，所以日本建筑必然要求与周围其他建筑协调、与环境共生。

日本房屋的室内也很少加以装饰，室内十分明显的特征是清晰的线条：榻榻米的深色直线边框勾勒出了地板的几何外形，隔间的上端形成水平饰带，露出木纹结构的柱子和房梁也都是直线，总之线条描画出了空间的范围。在空间划分中很少使用曲线，方格形隔扇中的纸上也很少有装饰花纹。这就使房屋在显得优雅和纯洁的同时具有一种几何模式，使日本的住宅成为人间最纯净的地方。

（6）精神与气质的体现

总的来看，日本古建筑的精华集中体现在精神与气质上，茶道推崇简朴、优雅，禅宗注重静修、朴素，都影响了日本人的建筑观念。对简洁和朴素的崇尚反映的是一种禅宗精神。那些可以移动的隔间相互间有一种信赖的感觉，它们同洗练的装饰、少量的家具一起给人们带来了一种自由感，使人们保持一种高雅和庄重的特殊品质去体会那互相贯通的房间和色调丰富的光线中蕴含着的某种意味。这种虚空的房间由于人的出现才有人情味，在这层意义上讲，虚空的房间所提供的是真正的空间，它可以使个人的思想的潜在倾向达到更远的界限。

日本古建筑为人们提供的是一个进入其中供人反省的空间，虽然表面上物质简朴，但这里却是灵魂的庇护所。西方"以人观物"的心理促使他们习惯于以某一特定视角来观察事物，对物体的空间关系作直线的、因果律的追问，而日本传统美学观中对距离、时间有另一种解释，他们认为没有离开空间的时间，也没有离开时间的空间，空间与时间是互融互汇、互相渗透的，因而才出现了不同透视的画面，在建筑中采取多透视和回旋透视，以流动转折的视线由深到近。这里的空间是时间化了的空间，时间又是空间化了的时间。逻辑性是西方思想最为显著的特征之一，日本人的推理方法更多地倾向于综合，他们认为与其对每个事物一一分析，不如在直觉中把握它的全体，在建筑上的表现就是多采用抽象与反形似，他们的建筑不求对称、不强调个体，与自然融为一体。因而日本建筑常显得暧昧无常，有着某种静寂、安逸、幽玄并永久存在的东西，但这种安逸和沉寂绝不是怠惰和停止，而是掩没了对立和条件的状态。

受中国园林的影响，日本园林也试图再现大自然的美，在面对园林有限的范围同自然山水的广阔无边之间的矛盾时，他们采用了更加写意的方法，创造了枯山水。日本人认为自然世界是深不可测的，它不能用具体的雕像和鲜艳的花木来表达，而应用常青树、曲折的石径和白色砂砾上安置几块岩石的方式来象征性地表达，因此枯山水是自然世界的一种象征性缩影，它的设计并不是出于审美上的考虑，更多的是为了营造一种使人深思冥想的宁静气氛。

日本古建筑中的空、静都是与模仿、再现相对立的，但空、静强调的是气韵，正是气韵给人以丰富的联想。不容否认，日本从中国习得了许多事物，但他们进行了创造性的发展。客观地说，日本传统建筑在某些方面更深刻地表现了东方精神，它排除一切不必要的事物，但具有想象上的丰富性以及有机的高雅，因而日本传统建筑内涵丰富，耐人寻味。

1.2.2.2　西方古典建筑

西方古典建筑风格和所有艺术一样，离不开所处的地理位置、历史环境、传统习俗和文化艺术，这些不同国度、不同地域、不同民族，经过长期的实践和发展才形成各自不同的建筑风格。

（1）古埃及建筑风格

埃及是世界上最古老的国家之一，在这里产生了人类第一批巨大的纪念性建筑物。古埃及建筑史上的3个主要时期：

① 古王国时期，即公元前27～公元前22世纪。这时候氏族公社的成员还是主要劳动力，庞大的金字塔就是他们建造的，反映着原始的拜物教，纪念性建筑物是单纯而开廓的。

② 中王国时期，即公元前21世纪～公元前18世纪。手工业和商业发展起来，出现了一些有经济意义的城市。新宗教形成了，从皇帝的祀庙脱胎出来神庙的基本型制。

③ 新王国时期，即公元前16世纪～公元前11世纪，这是古埃及最强大的时期，频繁的远征掠夺来大量的财富和奴隶。奴隶是建筑工程的主要劳动者。最重要的建筑物是神庙，它们力求神秘和威压的气氛。

（2）古希腊建筑风格

古希腊位于欧洲西部爱琴海和地中海沿岸，是欧洲文化的摇篮，它的建筑也是西欧建筑的先驱。由于希腊多山，盛产大理石，早在2000多年前希腊人就利用石材建造房屋，产生了柱廊和三角形山墙的建筑形式，柱子多用垂直线条装饰，尤其是柱顶都有装饰花纹，形成独特的标志。沿口山墙多用水平线条装饰，上面加上雕塑形成三角形山花的建筑特色。希腊建筑讲究严谨庄重，通过数比美学的研究使建筑形式具有完整严密的逻辑关系，使艺术和功能统一谐调，尤其是其柱式的造型对建筑艺术的影响最为深远，主要有三种柱式：一是代表男性美的陶立克柱式，有粗壮、刚挺而起的雄伟感；二是代表女性美的爱奥尼克柱式，修长俊美，柱头有蜗旋纹饰，下有柱础，使人产生亭亭玉立之感；三是科林斯柱式，柱头多用植物叶片花纹装饰，代表了丰收的喜悦。这三种柱式一直沿用至今，成为经典建筑装饰的模式。

（3）古罗马建筑风格

古罗马建筑是古希腊建筑的继承和发展。由于生产力和科学技术的发展，罗马的建筑类型非常丰富，建筑技术也有飞跃的发展，并且初步建立了科学的结构理论，对欧洲建筑乃至全世界建筑都产生了巨大的影响，其最辉煌的成就是创造了拱券结构的建筑形式。由于罗马地处火山多发地区，有大量火山灰，罗马人发现火山灰加上石灰石和碑石后产生的天然混凝土具有很强的凝结力，利用这种混凝土可以建造大跨度的拱券，从而大大改进了建筑的受力状态，创造出券柱式和叠柱式的多层建筑形式。这时柱子已从承重构件演变成纯装饰的壁柱，因而变化也更多，更为自由。除了继承古希腊的三种柱式外，罗马人还发展出两种新的柱式：一种是陶立克柱式的变体，称为塔斯干柱式；另一种是将爱奥尼克柱式和科林斯柱式结合而成的混合柱式。

公元前1世纪罗马建筑师维特鲁威所著《建筑十书》是流传下来的最早建筑学著作。《建筑十书》分十卷，系统总结了希腊和罗马的建筑实践经验，论述了各种建筑材料的性质和用法、各类建筑物的建造原则和建造方法、施工工具和设备、供水技术乃至选址、阳光、风向等与建筑有关的各种问题。书中第一次提出了"坚固、实用、美观"的建筑三原则，为欧洲建筑学奠定了理论基础。

(4) 拜占庭建筑风格

4世纪罗马帝国政权腐败、经济破产，330年罗马皇帝君士坦丁迁都到帝国东部的拜占庭，命名为君士坦丁堡。395年罗马帝国分裂为东、西两个帝国。西罗马帝国定都拉文纳，476年为日耳曼人所灭。东罗马帝国以君士坦丁堡为中心，又称拜占庭帝国。它以巴尔干半岛为中心，包括小亚细亚、地中海东岸和非洲北部。4～6世纪时处于极盛时期，到1453年为土耳其人所灭。拜占庭建筑是古西亚的砖石拱券、古希腊的古典柱式和古罗马的宏大规模的综合。教堂格局有巴西利卡式、集中式、十字式。多用彩色云石琉璃砖和彩色面砖来装饰建筑。拜占庭建筑分为三大阶段：

① 前期主要是按古罗马城的样子来建设君士坦丁堡。建筑有城墙、城门、宫殿、广场、输水道与蓄水池等。基督教是其国教，6世纪出现了规模宏大的以一个大穹窿为中心的圣索菲亚教堂。

② 中期在7～12世纪，建筑规模大不如前，特点是向高发展，中央大穹窿没有了，改为几个小穹窿群，并着重于装饰。如威尼斯的圣马可教堂和基辅的圣索菲亚教堂。

③ 后期拜占庭建筑在13～15世纪大受损坏。其建筑在土耳其人入主后大多破损无存。

(5) 哥特式建筑风格

哥特式建筑风格是法国劳动人民的伟大创造，也是世界建筑史上的一个飞跃。从12世纪开始随着人们对教堂建筑空间的追求和科学技术的进步，法国人首先在罗马式拱券的基础上改用了矢状券的框架结构从而减小了侧推力，同时又在四周用独立的飞券来加强抵抗主拱的侧推力，从而形成了一种轻灵向上、玲珑通透的建筑风格，人们称之为哥特式建筑。它的特点是大量采用垂直线条和尖塔装饰，有强烈的上升趋势，还大量采用彩色玻璃和高浮雕技术，使整个建筑显得更轻巧玲珑、光彩夺目，产生升华、神秘的美感。

(6) 文艺复兴建筑风格

文艺复兴运动是一项伟大的解放生产力的运动，也是一次伟大的进步的变革，它起源于13世纪的意大利。由于当时新兴的资产阶级逐步取得了统治地位，它提倡人文主义反对封建教会，在建筑上则表现在重视几何形体的应用，将方形、三角形、球形、圆柱形等通过重组叠加创造出理想的形体，并以古典建筑构件为母体，通过建筑师的创造形成一种既具有平静优雅的古典气息而又符合当时新生活要求的充满活力的新颖的建筑风格。由于欧洲各国经济发展不平衡，这场改革先后经历了200多年，并留下了大量优秀作品可供我们学习借鉴。法国数学家蒙日于1799年出版的《画法几何》一书是文艺复兴以来建筑制图方法的总结。科学的建筑制图方法问世后，建筑技术和艺术有了更加精确的表达手段，有助于建筑学的发展。

（7）巴洛克建筑风格

巴洛克建筑风格起源于 17 世纪的意大利，是一种流行艺术风格的总称，即意大利语（Barocco），原意是奇特、古怪、狂想和反传统，它反映在建筑上主要表现在以下几个方面：a. 宣扬豪华奢侈、过度的装饰，追求强烈的感官享受；b. 打破古典建筑的和谐平静，追求夸张的、非理性的、幻想的和浪漫的情调；c. 大量采用起伏曲折的交错曲线，强调力度变化和运动感，使整个建筑充满了紧张、激情和骚动；d. 强调建筑的立体感和空间感，追求层次和深度的变化；e. 注意和周边环境的综合协调。建筑是开放的、外向的，因此把广场、花园、雕塑、喷泉和建筑有机地结合成一个整体。

（8）现代建筑风格

18 世纪下半叶，产业革命开始以后，机器大工业生产加速了资本主义发展的进程。建筑物日益商品化，城市迅猛发展，建筑类型大量增加，对建筑的功能要求也日趋复杂，形式和内容之间不相适应的状况十分严重，因而在 200 年间，建筑师不断地进行建筑形式的探求。一种倾向是将建筑的新内容不同程度地屈从于旧的艺术形式，于是产生了古典复兴建筑、浪漫主义建筑和折中主义建筑这些流派；另一种倾向是充分利用先进的生产力、先进的科学技术，探求新的建筑形式。后一种倾向顺应了社会生产发展的要求，成为近代建筑发展的主流。19 世纪下半叶钢铁和水泥的应用为建筑革命准备了条件。1851 年为伦敦国际博览会建造的水晶宫，采用铁架构件和玻璃，现场装配，成为近代建筑的开端。至 20 世纪初终于出现了现代主义建筑和有机建筑等流派。一批思想敏锐的青年建筑师，在前人革新实践的基础上提出比较系统且彻底的建筑改革主张。

德国建筑师格罗皮乌斯、密斯·范德罗，法国建筑师柯布西耶和美国建筑师赖特是现代建筑思潮的杰出代表，他们的主张和建筑作品对现代建筑的发展产生巨大影响。包豪斯校舍和流水别墅等是当时的代表作，它们在使用功能、建筑形式、结构造型以及材料运用上都体现了现代建筑的特征。

随着现代建筑的形成和发展，建筑学建立了新的理论体系。主要体现在：a. 在理论和实践上将建筑的使用功能作为设计的出发点，强调建筑形式与内容的一致性；b. 应用现代科学技术，以提高建筑设计的科学性；c. 注意发挥现代建筑材料和建筑结构的技术和艺术特点；d. 反对不合理的外加的建筑装饰，强调建筑艺术处理的合理性和逻辑性，突出艺术和技术的高度统一；e. 将建筑艺术处理重点放在空间组合和建筑环境的创造上；f. 重视建筑的社会性质，强调建筑同公众生活的密切关系，重视建筑的经济性。这些现代建筑基本理论的建立，标志着建筑学完成了又一次重大飞跃。1919 年，格罗皮乌斯在德国魏玛建立包豪斯学校。包豪斯的教学活动将现代建筑艺术以及其他艺术同现代科学技术和现代社会需求密切结合起来，为现代建筑理论的传播做出贡献。

从 20 世纪 50 年代开始，人们对现代建筑中出现的某些忽视精神生活的需求、忽视民族和地区文化差异的倾向，特别是某些建筑师的设计手法公式化的倾向，产生了怀疑，重新探讨继承传统和发展创新等问题，在建筑风格上又出现了多元化倾向。20 世纪 60 年代以来世界上产生了众多的建筑流派，其中后现代主义较为活跃。

1.2.3 园林建筑的发展趋势

随着城市的发展，园林建筑已经成为城市发展必不可少的一个重要因素，不管是美化城市，还是愉悦大众，其社会价值日益显现。研究其发展趋势主要从以下几个方面展开。

（1）可持续与生态友好

1）材料应用　在建筑材料的选择上，会更多地使用可再生材料、可回收材料以及本地材料，以减少运输过程中的能源消耗和碳排放。例如，利用竹子、木材等天然材料进行建筑构造，这些材料不仅环保，而且能够与自然环境更好地融合；使用再生砖、再生混凝土等回收材料，降低对自然资源的开采。

2）能源利用　园林建筑将更加注重能源的自给自足和高效利用。通过太阳能板、小型风力发电机等设备，为建筑提供清洁能源；采用节能的照明系统、温控系统等，降低能源消耗。例如，一些园林建筑的照明系统会根据自然光照强度自动调节，白天充分利用自然光，夜晚则根据人员活动情况智能控制灯光亮度。

3）水资源管理　广泛应用节水灌溉技术、雨水收集与利用系统。通过滴灌、喷灌等节水灌溉方式，减少水资源的浪费；收集雨水并进行净化处理，用于植物灌溉、景观水体补充等，提高水资源的利用效率。

（2）智能化技术应用

1）智能监测与管理　借助物联网技术，对园林建筑内的植物生长状况、土壤湿度、空气质量等环境参数进行实时监测，并将数据传输到管理平台。管理者可以根据这些数据及时调整养护措施，如精准灌溉、施肥、病虫害防治等，确保植物的健康生长。

2）智能安防与服务　安装智能安防系统，如监控摄像头、入侵报警系统等，保障园林建筑的安全。同时，提供智能导览、智能停车等服务，提升游客的体验感。例如，游客可以通过手机应用获取园林建筑的导览信息，方便快捷地游览。

3）虚拟现实技术与增强现实技术　这些技术将在园林建筑的设计、展示和体验方面得到应用。设计师可以利用虚拟现实技术创建虚拟的园林建筑模型，进行方案的展示和评估；游客可以通过增强现实技术，在参观园林建筑时获取更多的历史文化信息和互动体验。

（3）文化传承与创新融合

1）本土文化挖掘　各国会更加注重对本土文化的传承和挖掘，将当地的历史、文化、民俗等元素融入园林建筑设计中，打造具有地域特色的作品。例如，中国的园林建筑会继续深入挖掘传统园林文化的精髓，将山水意境、诗词文化等融入现代设计中；日本的园林建筑会强调禅宗文化、茶道文化等在设计中的体现。

2）文化交流与融合　全球化的发展促进了不同文化之间的交流与融合，园林建筑设计也会吸收其他国家和地区的优秀文化元素，进行创新和发展。例如，在一些西方国家的园林建筑中，可以看到东方园林的造园手法和元素的应用；而在亚洲国家的园林建筑中，也会借鉴西方的现代设计理念和技术。

（4）功能多元化与综合化

1）复合功能空间　园林建筑不再仅仅是观赏和休闲的场所，还将具备更多的功能，如文化展览、科普教育、商业服务等。例如，一些园林建筑内会设置展览馆、科技馆、咖啡馆、餐厅等，满足人们多样化的需求。

2）与城市规划结合　园林建筑将与城市规划更加紧密地结合，成为城市生态系统、公共空间系统的重要组成部分。通过园林建筑的建设，改善城市的生态环境、缓解城市热岛效应、提高城市的宜居性。同时，园林建筑也会与城市的交通、基础设施等进行有机衔接，方便人们的使用。

（5）社区参与度提高

1）公众参与设计　在园林建筑的规划和设计过程中，会越来越多地鼓励公众参与。通过问卷调查、公众听证会、社区工作坊等形式，收集公众的意见和建议，使园林建筑的设计更加符合公众的需求和期望。

2）社区共建与管理　园林建筑的建设和管理将更加注重社区的参与和合作。鼓励社区居民参与园林建筑的建设过程，如义务植树、参与施工等；在建成后，组织志愿者参与园林建筑的日常管理和维护，增强社区的凝聚力和居民的归属感。

（6）自然化与垂直绿化发展

1）自然化设计　园林建筑的设计将更加倾向于模仿自然景观，营造出与自然和谐共生的环境。采用自然材料、自然形态的景观构建，减少人工雕琢的痕迹，让人们在园林建筑中能够感受到大自然的魅力。例如，利用天然的石头、木材搭建景观小品，种植本地的植物群落，营造出具有野趣的景观效果。

2）垂直绿化推广　垂直绿化技术将得到更广泛的应用，通过在建筑墙面、屋顶、阳台等部位种植植物，增加城市的绿化面积，改善城市的生态环境。垂直绿化不仅可以美化建筑外观，还可以起到隔热、降噪、净化空气等作用。

综上所述，园林建筑设计应尊重自然的发展规律，运用以人为本的设计理念，通过不断的创新，适应社会发展的需求，促进城市可持续发展，人与自然和谐共处。

思考题及习题

1. 请简述建筑、园林建筑的概念。
2. 请简述园林建筑的作用特点。
3. 请简述传统建筑按照建筑的用途和风格分类的常见类型。
4. 请简述中国传统建筑的基本特征。
5. 请简述传统建筑屋顶样式并进行图示。
6. 请简述斗拱的概念。
7. 请简述日本传统建筑的特征。
8. 请简述西方古典建筑的风格。
9. 请简述园林建筑的发展趋势。

第 2 章

园林建筑设计基础知识

2.1　建筑基本构件

建筑物的各个构件（图 2-1）在建筑中起着不同的作用，同时对它们的尺寸、材料、形式等都有不同的要求。

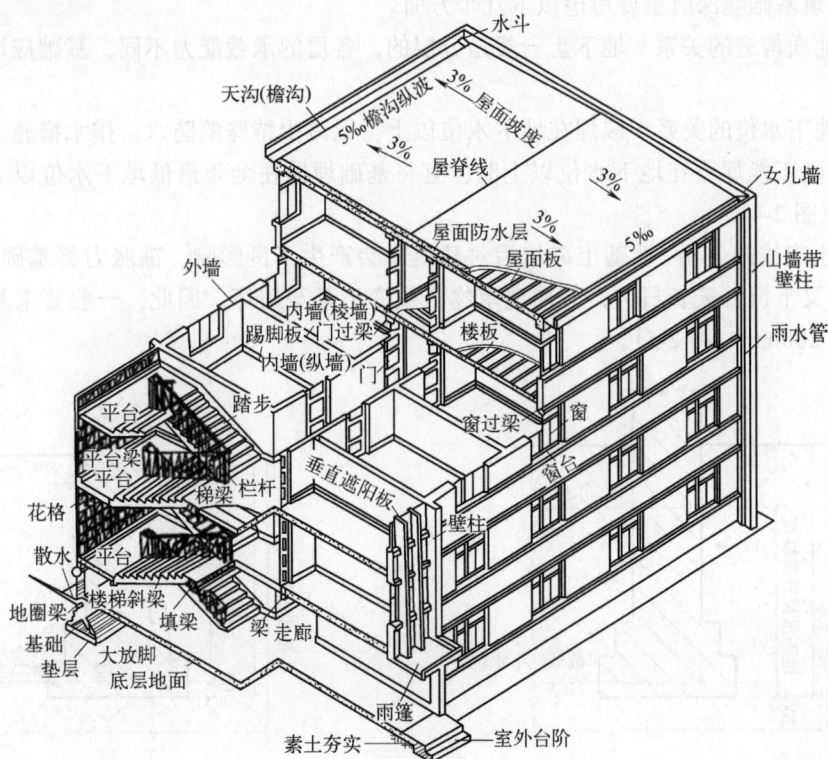

图 2-1　建筑物基本构件

2.1.1 基础

建筑物最下面埋在土中的扩大构件称为基础（图 2-2），它是建筑物的墙体或柱在地面下的延伸，是建筑物的组成部分。承受由基础传来的荷载而产生应力和应变的土层称为地基，它不是建筑物的组成部分。建筑物上部的总荷载通过基础传递到地基上，可见基础起着承上传下、传递荷载的作用。建筑的基础构件，除保证基础本身具有足够的强度外，还应确定合理的埋置深度和宽度，选择合适的基础材料和截面形式。

（1）基础埋深

基础埋深是指从基础底面至室外设计地坪的垂直距离（图 2-3）。埋深在 0.5～5m 之间称为浅基础，常见的有条形基础、柱基础等；埋深 ≥ 5m 称为深基础，常见的有桩基础等。确定基础埋深的原则为在满足地基稳定和变形要求及有关条件的前提下，基础应尽量浅埋。

图 2-2　基础

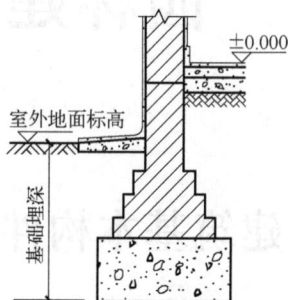

图 2-3　基础埋深

确定建筑基础埋深时主要考虑以下几个方面。

1）与地质构造的关系　地下土一般是分层的，各层的承载能力不同，基础应埋在坚实的土层上。

2）与地下水位的关系　应埋在地下水位以上，以减少特殊的防水、排水措施。当地下水位较高，基础不能埋置在地下水位以上时，宜将基础埋置在全年最低地下水位以下，且不小于 200mm（图 2-4）。

3）与冰冻线的关系　地基土冻结后对建筑物会产生不良影响，冻胀力将基础向上拱起，解冻后基础又下沉，天长日久，会使建筑物产生变形甚至破坏。因此，一般要求基础埋置在冰冻线以下 200mm（图 2-5）。

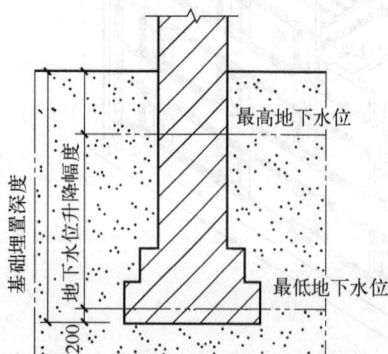

图 2-4　基础埋深与地下水位的关系

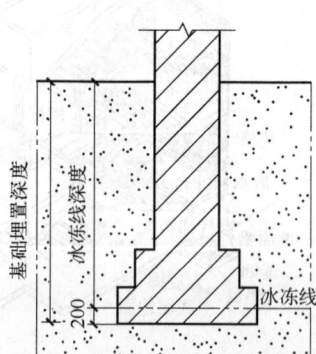

图 2-5　基础埋深与冰冻线的关系

4）与相邻基础的关系　当存在相邻建筑物时，新建建筑物的基础埋深不宜大于原有建筑基础，并设置沉降缝。否则，两基础间应保持一定净距（L），其数值应根据荷载大小、土质情况而定，一般取相邻基础底面高差（H）的 $1 \sim 2$ 倍（图2-6）。

为防止建筑物各部分由于地基不均匀沉降，引起房屋破坏所设置的垂直缝称为沉降缝（图2-7）。伸缩缝是指为防止建筑物构件由于气候温度变化（热胀、冷缩），使结构产生裂缝或破坏而沿房屋长度方向的适当部位竖向设置的一条构造缝。沉降缝与伸缩缝的不同之处是除屋顶、楼板、墙身都要断开外，基础部分也要断开。

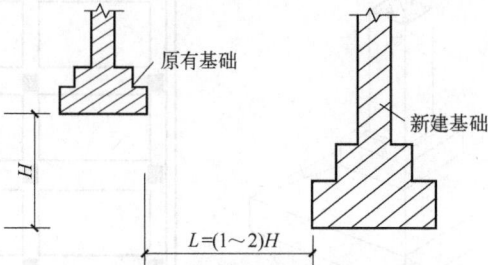

图2-6　基础埋深与相邻基础的关系

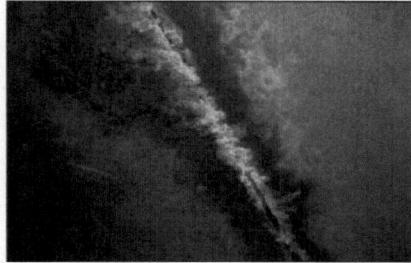

图2-7　沉降缝

（2）基础宽度和截面形式

基础的宽度和截面形式与基础所用材料的力学性能直接相关。基础根据所用材料的受力性能可分为刚性基础和柔性基础。刚性基础是用抗压强度较高，而抗弯强度和抗拉强度较低的材料建造的基础。凡受刚性角限制的基础称为刚性基础（如砖、石、混凝土）（图2-8），基础的出挑 b 与高度 h 之比即宽高比，形成的夹角 α 称为刚性角。基础受力需在刚性角范围以内，如果基础宽度超过刚性角范围，基础会受到破坏，截面可做成矩形、踏步形。柔性基础为用抗拉强度和抗弯强度都很高的材料建造的基础。在混凝土基础中配置抗拉性能好的钢筋，利用钢筋来承受强大的弯矩，基础就可以不受刚性角限制，厚度就可减小，截面多为锥形（图2-9）。

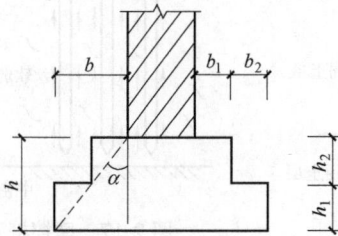

图2-8　刚性基础

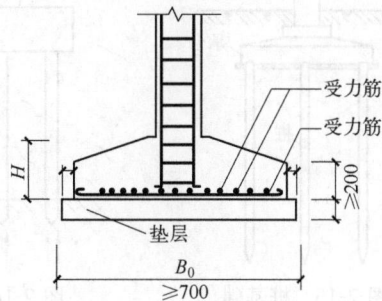

图2-9　柔性基础

（3）基础的构造形式

基础按构造形式可分为条形基础、独立基础、筏形基础、桩基础、箱形基础。

① 沿墙体连续设置成长条状的基础称为条形基础（图2-10），也称为带形基础，是砌体结构建筑基础的基本形式。

② 当建筑物上部为框架结构或单独柱子时，常采用独立基础（图2-11），独立基础一般是用来支承柱子的。

③ 井格式基础下又用钢筋混凝土板连成一片的为筏形基础（图2-12），大大地增加了建筑物基础与地基的接触面积，可提高地基土的承载力。梁板式筏形基础（图2-13）适用于柱网间距大时，平板式筏形基础（图2-14）适用于柱荷载不大、柱距较小且等柱距的情况。

④ 若地基的软弱土层较厚，常采用桩基础（图2-15），将荷载通过桩传给埋藏较深的坚硬土层的桩为承重桩（图2-16），将荷载通过桩周围的摩擦力传给地基的桩为摩擦桩（图2-17）。

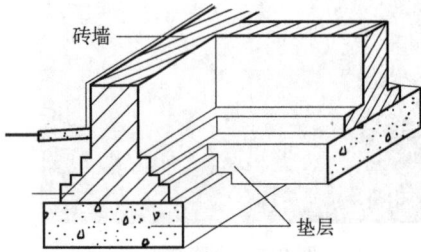

图 2-10　条形基础

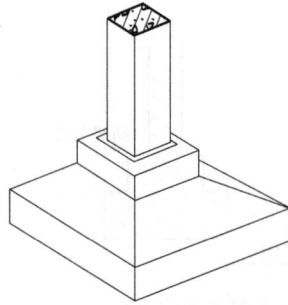

图 2-11　独立基础

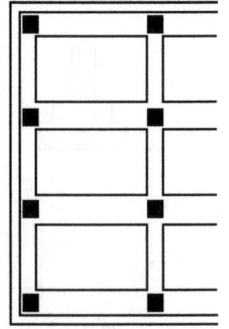

图 2-12　筏形基础

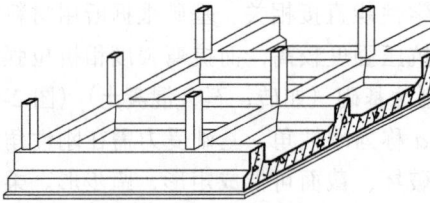

图 2-13　梁板式筏形基础

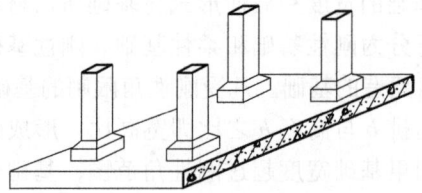

图 2-14　平板式筏形基础

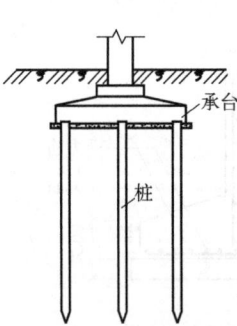

图 2-15　桩基础

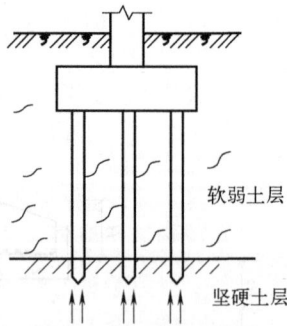

图 2-16　承重桩

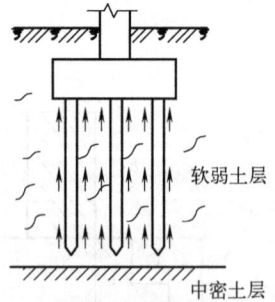

图 2-17　摩擦桩

⑤ 当筏形基础埋深较大，并设有地下室时，为了增加基础的刚度，将地下室的底板、顶板和墙浇制成整体，形成箱形基础（图2-18）。箱形基础的内部空间构成地下室，具有较大的强度和刚度，多用于高层建筑。

地基分为天然地基和人工地基。天然地基本身具有足够的强度，能直接承受建筑物荷载。人工地基本身的承载能力弱，或建筑物上部荷

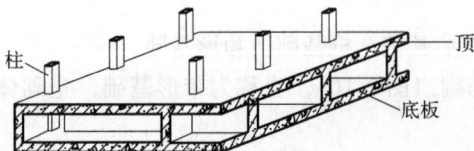

图 2-18　箱形基础

载较大，必须预先对土壤层进行人工加工或加固处理后才能承受建筑物荷载，例如压实法、换土法、打桩法。

2.1.2 楼地层

楼地层是房屋的主要水平承重构件，同时还可把房屋按高度分隔为若干层。

（1）楼地层的组成

底层地面从下到上包括素土夯实、垫层、附加层、面层（图2-19），中间楼层包括顶棚、附加层、楼板和面层（图2-20）。

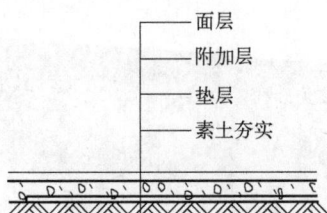

图 2-19　底层地面　　　　　　　　　图 2-20　中间楼层

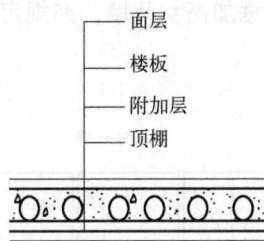

（2）楼板的类型

楼板按照施工方法不同分为现浇楼板、预制楼板。现浇钢筋混凝土楼板的整体性强、抗震性能好，是一种适用于各种不规则建筑平面的楼板，但施工速度慢、湿作业，受气候条件影响较大。预制装配式钢筋混凝土楼板提高了楼板的使用效率，混凝土的浇制质量好，简化了现场操作程序，施工工期缩短，是建筑工业化的一种形式，但其结构整体性比现浇钢筋混凝土楼板差，不利于建筑抗震。现浇楼板常见的厚度为80～160mm，楼层常见的厚度为120mm。楼板按照受力和传力情况不同分为板式楼板、梁板式楼板和无梁楼板（图2-21）。

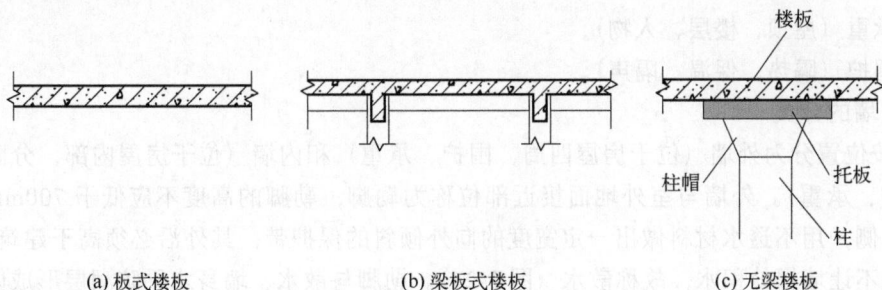

（a）板式楼板　　　　　　（b）梁板式楼板　　　　　　（c）无梁楼板

图 2-21　楼板分类

2.1.3 屋顶

（1）屋顶的作用与设计要求

① 作用：防御、承重。

② 设计要求：坚固耐久、防水防火、保温隔热、抵抗侵蚀、抗震。

（2）屋顶的分类

常见的屋顶有坡屋顶、平屋顶等。

① 坡屋顶为坡度＞10%的屋顶。坡屋顶为山墙承重或屋架承重。坡屋顶的排水分为无组织排水（不装置排水设备）和有组织排水（水斗、落水管）。

② 平屋顶为坡度≤10%的屋顶。其坡度小，排水慢，屋面易积水，因此易渗漏，故应注意其排水和防水问题。防水材料分为刚性防水材料和柔性防水材料。刚性防水材料主要有防水水泥砂浆、细石混凝土（加入外加剂），防止刚性防水层开裂的措施主要为分仓缝（图2-22）；柔性防水材料主要有沥青、油毡（加入玻纤、高分子材料）。

③ 女儿墙（图2-23）是建筑物屋顶四周的矮墙，主要作用除维护安全外，亦会在底处作防水收头，以避免防水层渗水，或是屋顶雨水漫流。依建筑技术规则规定，女儿墙被视作栏杆，如建筑物平屋顶不上人女儿墙的高度不低于600mm，上人的高度不得小于1200mm，而为避免业者刻意加高女儿墙，亦规定高度最高不得超过1500mm。

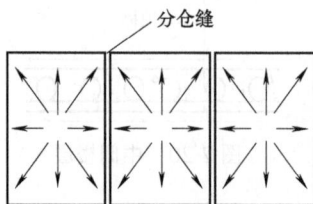

图 2-22　分仓缝

图 2-23　女儿墙

2.1.4　墙和柱

墙是建筑物的重要组成部分，既可能是承重构件，又可能是围护构件。

（1）墙的作用

① 承重（屋顶、楼层、人物）；

② 围护（隔热、保温、隔声）。

（2）墙的分类

① 按位置分为外墙（位于房屋四周，围护、承重）和内墙（位于房屋内部，分隔内部空间，围护、承重）。外墙与室外地面接近部位称为勒脚，勒脚的高度不应低于700mm。房屋的外墙外侧，用不透水材料做出一定宽度的向外倾斜的保护带，其外沿必须高于建筑外地坪。其作用是不让墙根处积水，故称散水（图2-24）。勒脚与散水、墙身水平防潮层形成闭合的墙体防潮系统（图2-25）。

② 按方向分为纵墙（沿建筑物长轴方向布置）和横墙（沿建筑物短轴方向布置）。外横墙俗称山墙。

③ 按受力分为承重墙（直接承受楼板及屋顶荷载）和非承重墙。砖混结构包括自承重墙、隔墙，框架结构包括填充墙、幕墙。

④ 按材料和构造分为实体墙（由单一材料组成，例如普通砖墙、实心砌块墙、混凝土墙、钢筋混凝土墙）、空体墙（用单一材料砌成内部空腔，例如空斗砖墙；用具有孔洞的材料建造墙，例如空心砖墙）、组合墙（以上两种材料组合而成，例如钢筋混凝土和加气混凝土构成的复合板材墙）。

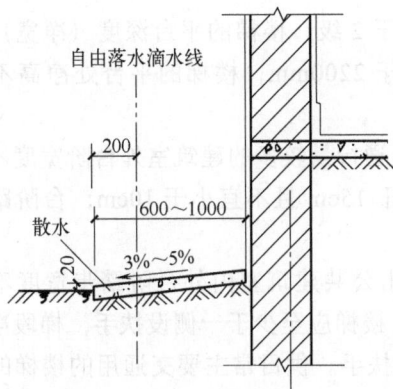

图 2-24　散水

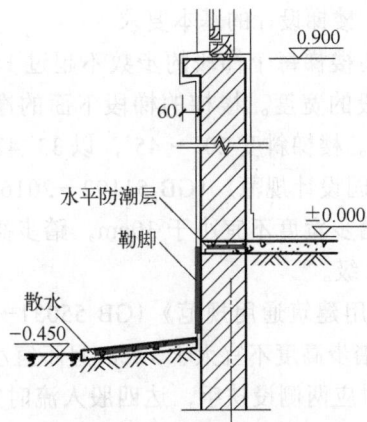

图 2-25　墙体防潮系统

若墙的长度及高度大于规定数值，稳定性不好，则需要加固，可以采用加墙墩（承重）、加扶壁（增加墙的稳定性，不承重）、加圈梁（增大房屋的整体刚度，减少地基不均匀沉降引起的墙体开裂，提高房屋的抗震刚度）三种方法。圈梁即在房屋的外墙和部分内墙中设置在同一水平面上的连续而封闭的梁，分为地圈梁和上圈梁。在房屋的基础上部的连续的钢筋混凝土梁叫基础圈梁，也叫地圈梁；而在墙体上部，紧挨楼板的钢筋混凝土梁叫上圈梁。

2.1.5　楼梯

楼梯是楼层间的交通工具。

（1）楼梯的组成

楼梯由平台板、平台梁、楼梯段和栏杆扶手组成（图 2-26）。

① 踏步尺寸与踏步的高、宽的关系（图 2-27）：$2h+b=s$ 或 $h+b=450mm$。其中，h 为踏步踢面高，b 为踏步踏面宽，s 为平均步距（600mm）。

② 扶手高度：成人 0.9 ～ 1m，儿童 0.5 ～ 0.6m。

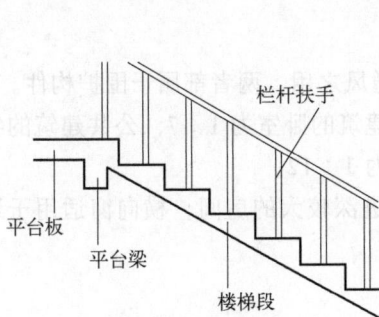

图 2-26　楼梯组成

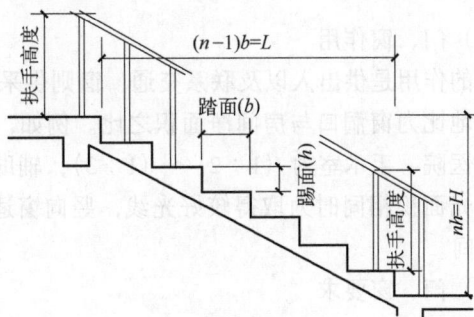

图 2-27　踏步尺寸

（2）楼梯的种类

根据位置分为室内楼梯、室外楼梯。根据使用性质，室内楼梯分为主要楼梯和辅助楼梯，室外楼梯分为安全楼梯和防火楼梯。根据制作材料分为木楼梯、钢筋混凝土楼梯、混合楼梯、金属楼梯。根据布置形式分为直跑单跑楼梯、直跑多跑楼梯、折角楼梯、双分折角楼梯、三折楼梯、对折楼梯（双跑楼梯）、双分对折楼梯、剪刀楼梯、圆弧形楼梯、螺旋楼梯等。

（3）楼梯设计的基本要求

公共楼梯每个梯段的步数不超过 18 级，不少于 2 级。楼梯的平台深度（净宽）不应小于其梯段的宽度。楼梯的梯段下面的净高不得小于 2200mm，楼梯的平台处净高不得小于 2000mm。楼梯斜度 20°～45°，以 33°42′为宜。

《公园设计规范》（GB 51192—2016）指出游人通行量较多的建筑室外台阶宽度不宜小于 1.5m；踏步宽度不宜小于 30cm，踏步高度不宜大于 15cm 且不宜小于 10cm；台阶踏步数不应少于 2 级。

《民用建筑通用规范》（GB 55031—2022）指出公共建筑室内外台阶踏步宽度不宜小于 30cm，踏步高度不宜大于 15cm 且不宜小于 10cm。楼梯应至少一侧设扶手，梯段净宽达三股人流时应两侧设扶手，达四股人流时宜加设中间扶手。供日常主要交通用的楼梯的梯段净宽应根据建筑物使用特征，按每股人流宽度为 0.55m+（0～0.15）m 和人流股数确定，并不应少于两股人流（1.1m）。0～0.15m 为人流在行进中人体的摆幅，公共建筑人流众多的场所应取上限值。

以上与建筑构件相关的数字是国家以法律条文的形式强制执行的。只要建筑是应用于中国境内，并且涉及该构件，就必须对照规范看是否有冲突。这些数字并非一成不变的，与其他领域的法律条文一样，国家相关机构会定期进行更新，以适应时代变迁的步伐。

（4）楼梯的构造

板式楼梯由梯段板、平台板和平台梁组成，梯段板是一块斜放的板，它承受着楼梯的全部荷载，并将荷载传递给两端的平台梁。梁式楼梯由踏步板、斜梁、平台板和平台梁组成，荷载先由踏步板传递给斜梁，再由斜梁传递给平台梁。

（5）楼梯的保护及防滑措施

踏步边缘应做宽 15mm 的防滑条，也可采用硬木、金刚砂、橡胶条、轧花钢板等踏面板防滑材料。

2.1.6 门和窗

（1）门、窗作用

门的作用是供出入以及联系交通，窗则供采光和通风之用，两者都属于围护构件。

窗地比为窗洞口与房间净面积之比。例如，居住建筑的卧室为 1：7；公共建筑的学校为 1：4，医院、手术室为（1：2）～（1：3），辅助房间为 1：12。

采光面积相同时为取得较好光线，竖向窗适用于进深较大的房间；横向窗适用于进深较小的房间。

（2）门、窗要求

良好的密闭性能，良好的热工性能，良好的安全性能，良好的视觉效果。

（3）常用门、窗材料

塑钢、玻璃钢、金属（不锈钢、铝合金）、木材等。金属材料坚韧；塑钢材料防腐、保温、节能；玻璃钢具有卓越的耐腐蚀性，轻质高强。

（4）门、窗的分类

根据开启方式，门分为平开门、推拉门、转门、折叠门等，窗分为平开窗、推拉窗、悬窗、折叠窗等。

（5）窗的防水构造

用柔性材料（密封刷等）堵塞（图2-28）；利用空腔原理加强窗缝排水（图2-29）。

密封刷(防风、防沙尘、防空气渗透)

图 2-28　窗户密封刷

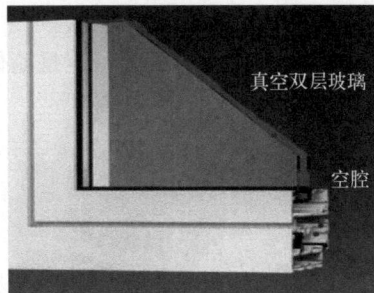

真空双层玻璃

空腔

图 2-29　窗户空腹钢窗

2.2　建筑结构形式

结构是建筑的骨架，它为建筑提供合乎使用的空间并承受建筑物的全部荷载。不同的建筑功能对建筑空间的要求是不同的，这就要求有相应的结构形式来提供与功能相适应的空间形式。建筑设计中常用的结构形式，根据不同的建筑材料和施工技术，基本上可以概括为墙柱梁板结构（混合结构）、框架结构、大跨度结构（空间结构）三种主要类型。

2.2.1　墙柱梁板结构

（1）概念

墙柱梁板结构是由承重墙（柱）、梁板等结构构件组成的结构体系，又称混合结构。这是一种古老的结构体系，至今仍然广泛使用，例如古希腊帕特农神庙的石墙柱结构（图2-30）。我国所采用的墙柱梁板结构形式，以砖或砌块墙（柱）及钢筋混凝土梁板系统（即砖混结构）最为普遍。

（2）基本组成

主要由两类基本构件（图2-31）共同组合而形成空间：一类构件是梁板 [图2-31（a）]，

图 2-30　帕特农神庙的石墙柱

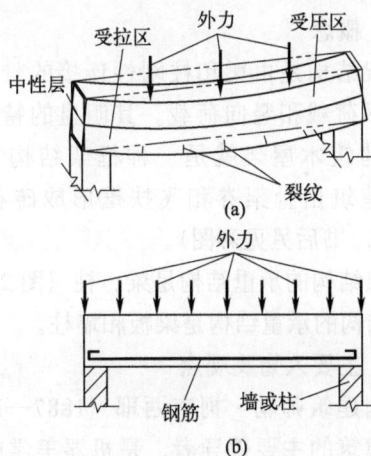

受拉区　外力　受压区

中性层

裂纹

(a)

外力

钢筋　墙或柱

(b)

图 2-31　墙柱梁板结构构件承重示意图

它形成空间的水平面，承受的是弯曲力；另一类构件是墙柱 [图 2-31 （b）]，它形成空间的垂直面，承受的是垂直的压力。

（3）结构特点

墙柱梁板结构体系的最大特点是墙体（柱）本身既要起到围隔空间的作用，同时又要承担屋面的荷载，把围护和承重这两重任务合并在一起。墙柱梁板结构抗震性能差，需设置圈梁和构造柱以提高建筑的整体性和刚度（图 2-32）。圈梁设置在砖墙顶部；构造柱（混凝土柱）设置在砖墙交接处和较大的洞口两侧，和圈梁形成一个框架，箍住整个房屋。圈梁的尺寸一般为与墙同宽，高度为 400 ～ 500mm；构造柱为一边与墙同宽的矩形。加强圈梁、构造柱的设置，墙长超过 4m 时应设构造柱，墙高超过 3m 时应设圈梁。墙长及层高较大且有门洞时，构造柱的设置应首先保证洞口两侧，以避免洞口角部收缩裂缝。

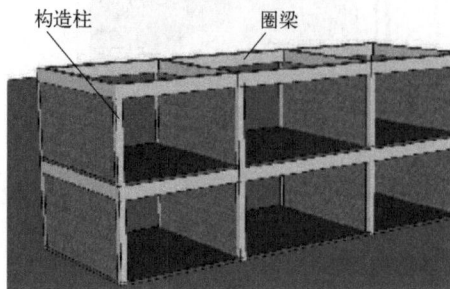

图 2-32　圈梁和构造柱示意图

圈梁与构造柱不同于框架结构中的梁柱，不承重。构造柱和圈梁主要起到抗震作用，维持砌体结构的稳定性。虽然框架结构中一般都是填充墙，但是在框架结构中，有时候为了加强墙体的稳定性，防止墙体开裂等情况，也会设置圈梁和构造柱。

（4）墙体承重

纵墙承重、横墙承重、纵横墙混合承重。

（5）适用范围

房间不大（开间、进深小），层数不高（6 ～ 7 层、6 ～ 7 度地震区）。例如学校、办公楼、医院、旅馆、住宅等。

（6）结构布局注意事项

承重墙的布置应尽量均匀；承重墙应尽量上下对齐，避免小房间压在大房间之上，出现承重墙落空的弊病。

2.2.2　框架结构

（1）概念

框架结构是由梁和柱刚性连接的骨架结构，此结构的梁和柱分别承受并传递着整个建筑的水平荷载和竖向荷载。其明显的特点是：承重系统和非承重系统有明确的分工。例如中国古建筑木屋架就是一种框架结构（图 2-33），哥特式建筑由骨架券和飞扶壁形成砖石框架结构（图 2-34，书后另见彩图）。

框架结构的承重结构是梁、柱（图 2-35），而墙柱梁板结构的承重结构是梁板和墙柱。

（2）主要人物及观点

法国建筑师勒·柯布西耶（1887—1965）是现代主义建筑的主要倡导者，是机器美学的重要奠基人，是功能主义建筑的泰斗，被称为"功能主义之

图 2-33　中国古建筑木屋架

父"，提出一套建筑体系——板柱承重体系（框架结构），善于运用钢筋混凝土，其在1926年提出著名的"新建筑五点"。

图 2-34　骨架券和飞扶壁

图 2-35　框架结构的梁、柱

① 底层架空：主要层离开地面，独特支柱使一楼挑空。
② 屋顶花园：将花园移往视野最广、湿度最小的屋顶。
③ 自由平面：各层墙壁位置视空间的需求来决定即可。
④ 横向长窗：大面开窗，可得到良好的视野。
⑤ 自由立面：不同形体的墙体丰富了立面形式。

1930年建成的萨伏伊别墅（图2-36）为"新建筑五点"的代表作，位于巴黎近郊的普瓦西，长22.5m，宽20m，共三层，体现了现代建筑所提倡的新的美学原则——表现手法和建造手段的统一，建筑形体和功能的统一，建筑形象合乎逻辑性（模数化设计），构图上灵活均衡而非对称，处理手法简洁，体形纯净，装饰简单。萨伏伊别墅是一座典型的以柱体承重的建筑。柯布西耶在一定意义上使建筑的承重从传统墙体承重改变为柱网承重（图2-37）。

图 2-36　萨伏伊别墅

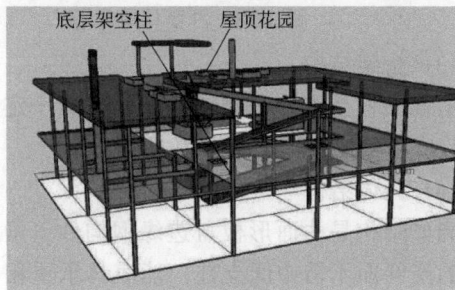

图 2-37　柱网承重

（3）相关结构

剪力墙是房屋或构筑物中主要承受风荷载或地震作用引起的水平荷载的墙体，防止结构被剪切破坏，一般用钢筋混凝土浇筑。承重墙以承受竖向荷载为主，如砌体墙；剪力墙以承受水平荷载为主。剪力墙分为平面剪力墙和筒体剪力墙。平面剪力墙用于钢筋混凝土框架结构中。为增加结构的刚度、强度及抗倒塌能力，在某些部位可现浇或预制装配钢筋混凝土剪力墙。现浇剪力墙与周边梁、柱同时浇筑，整体性好。筒体剪力墙用于高层建筑和悬吊结构中，由电梯间、楼梯间、设备及辅助用房的间隔墙围成，筒壁均为现浇钢筋混凝土墙体，其刚度和强度较平面剪力墙可承受较大的水平荷载。

框架结构在非地震区最高不会超过15层；剪力墙结构最高不会超过10层，常见于平面形状复杂的多层洋房和别墅；框架 - 剪力墙结构，其适应的高度为 10～20 层；30～50 层的高层建筑常用简体剪力墙结构。

2.2.3　大跨度结构

大跨度结构的特点为跨度大、自重轻、造型富于变化。

（1）拱结构

一种主要承受轴向压力并由两端推力维持平衡的曲线或折线形构件。缺点是跨度大时水平推力也大，为保持稳定，这种结构必须要有坚实、宽厚的支座。例如古罗马角斗场（图 2-38，书后另见彩图）。

（2）穹窿结构

一种建筑的构造，又称穹顶、拱顶、圆顶，常指宽大的厅堂上空所修筑成圆球形和多边曲面的屋顶盖，有的中央留有圆洞供采光用。缺点是结构的支点越分散，对平面布局和空间组合的约束性就越强。例如土耳其圣索菲亚大教堂（图 2-39，书后另见彩图）。

图 2-38　古罗马角斗场

图 2-39　土耳其圣索菲亚大教堂

（3）桁架结构

桁架结构是由许多连续的杆件按照一定规律组成的网状结构，是利用较小规格的杆件建造大跨度结构的一种形式（图 2-40）。

（4）壳体结构

壳体结构是曲面形板与边缘钢构件（梁、拱或桁架）组成的空间结构，能覆盖或围护大跨度的空间而不需中间支柱，能兼具承重和围护的双重作用，能够节约结构材料。例如国家大剧院（图 2-41，书后另见彩图）。

图 2-40　桁架结构

图 2-41　国家大剧院

结构特点为结构的刚度取决于它的合理形状，厚度较薄，可兼作骨架和屋盖。适用范围为大跨度公建，应用范围较广。壳体结构常用类型有筒壳（图2-42）、折板（图2-43）、双曲壳（图2-44）等。

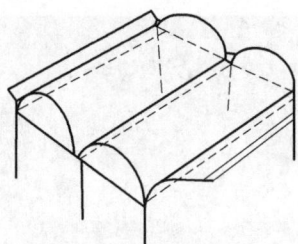

图 2-42 筒壳

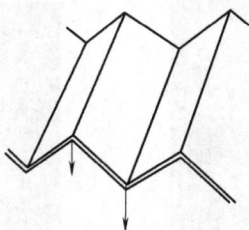

图 2-43 折板

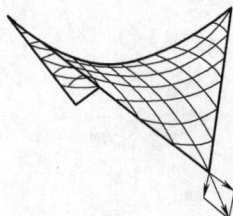

图 2-44 双曲壳

（5）悬索结构

悬索结构是由柔性受拉索及其边缘构件所形成的承重结构。例如日本代代木体育场（图2-45，书后另见彩图）。

结构特点为钢索承受拉力（承重索）、构件承受巨大压力。适用范围为没有烦琐支撑体系的屋盖结构形式，如体育馆、影剧院等。悬索结构类型有单曲悬索（图2-46）、双曲悬索（图2-47）、鞍形悬索（图2-48）等。

图 2-45 日本代代木体育场

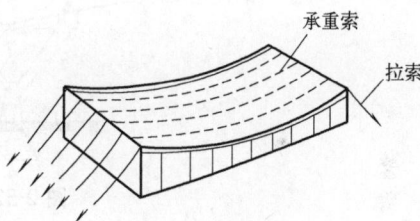

图 2-46 单曲悬索

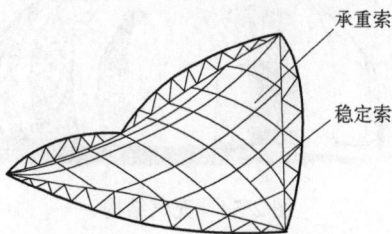

图 2-47 双曲悬索

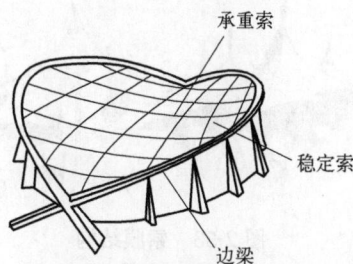

图 2-48 鞍形悬索

（6）网架结构

由多根杆件按照一定的网格形式通过节点连接而成的空间结构。例如国家体育场（图2-49，书后另见彩图）、2019年世园会中国馆（图2-50，书后另见彩图）、法国卢浮宫玻璃金字塔（1989）（图2-51，书后另见彩图）。

结构特点为刚度大、变形小、应力分布较均

图 2-49 国家体育场

匀，结构自重轻、节省材料，形式多样、使用灵活。适用范围为多种形式的建筑平面，应用范围较广。网架结构常用类型有单层平面网架、单层曲面网架、双层平板网架、穹窿网架等。

图 2-50　2019 年世园会中国馆

图 2-51　法国卢浮宫玻璃金字塔（1989）

2.2.4　其他结构形式

其他结构形式还有悬臂结构（图 2-52）、索膜结构（图 2-53）、充气结构（图 2-54）等。2019 年世园会妫汭剧场（图 2-55，书后另见彩图）、北京水立方（图 2-56，书后另见彩图）为索膜结构。

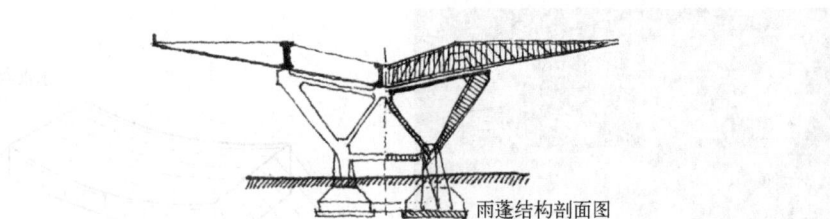

雨蓬结构剖面图

图 2-52　悬臂结构

图 2-53　索膜结构

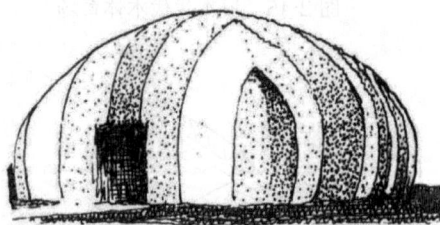

图 2-54　充气结构

图 2-55　2019 年世园会妫汭剧场

图 2-56　北京水立方

因此，建筑的结构形式是实现建筑构思的必要手段。在建筑设计的过程中，建筑师们怀揣着独特的构思与创意，而建筑结构则如同坚实的基石和有力的支撑，将这些美好的设想转化为现实中的实体。一方面，建筑结构决定着建筑的稳定性和安全性。它承载着建筑物的重量，抵御着自然环境中的各种作用力，如风力、地震力等。只有具备合理、坚固的建筑结构，才能确保建筑物在漫长的使用过程中屹立不倒，为人们提供安全可靠的居住、工作和活动空间。另一方面，建筑结构也为建筑的形式和空间创造提供了可能。不同的结构形式可以塑造出各异的建筑外观，从传统的墙柱梁板结构、框架结构到现代的桁架、网架等结构体系，都能赋予建筑独特的视觉效果。同时，结构的布局和设计也影响着建筑内部的空间划分和使用体验，通过巧妙的结构设计，可以营造出开阔、通透的空间感，或者实现复杂多变的功能需求。总之，建筑结构在建筑设计中起着至关重要的作用，它是实现建筑构思的关键环节，为建筑的美观、实用和安全提供了有力保障。

2.3 建筑内部空间设计

建筑空间是人为空间，简单地说就是墙、板、柱等垂直要素与水平要素围合下的空间。墙为实墙、带窗的墙、玻璃幕墙、屏风等（垂直向围合）；板为屋顶、地板、梁板等（水平向围合）；柱为支撑体系，也可做虚空间的限定和分隔（栏杆）。不同形式的垂直或水平要素，其围合的空间限定感不同（图 2-57～图 2-59）。

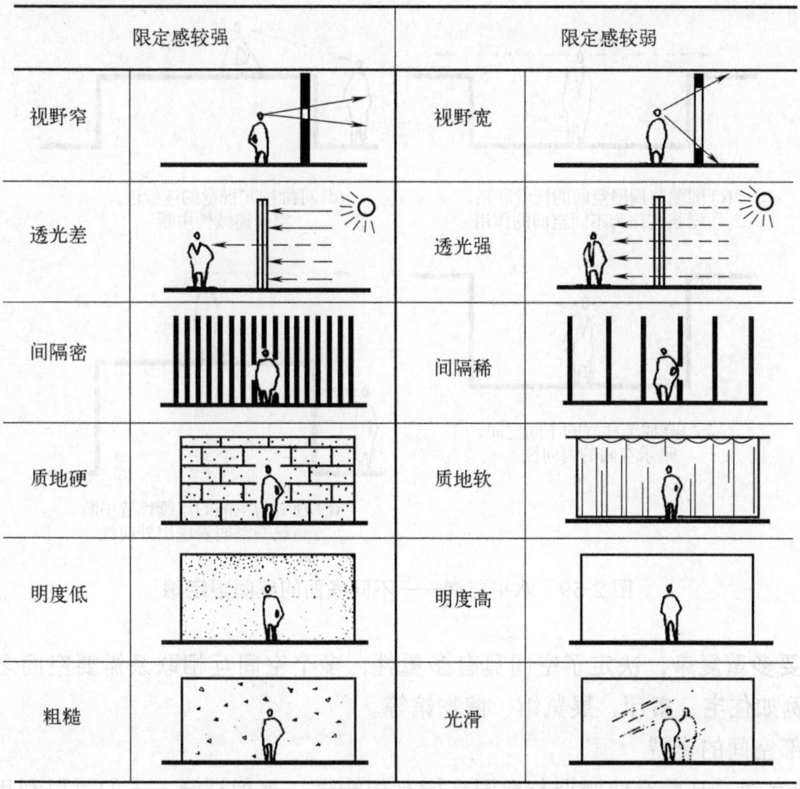

限定感较强		限定感较弱	
视野窄		视野宽	
透光差		透光强	
间隔密		间隔稀	
质地硬		质地软	
明度低		明度高	
粗糙		光滑	

图 2-57 垂直要素空间限定感的强弱

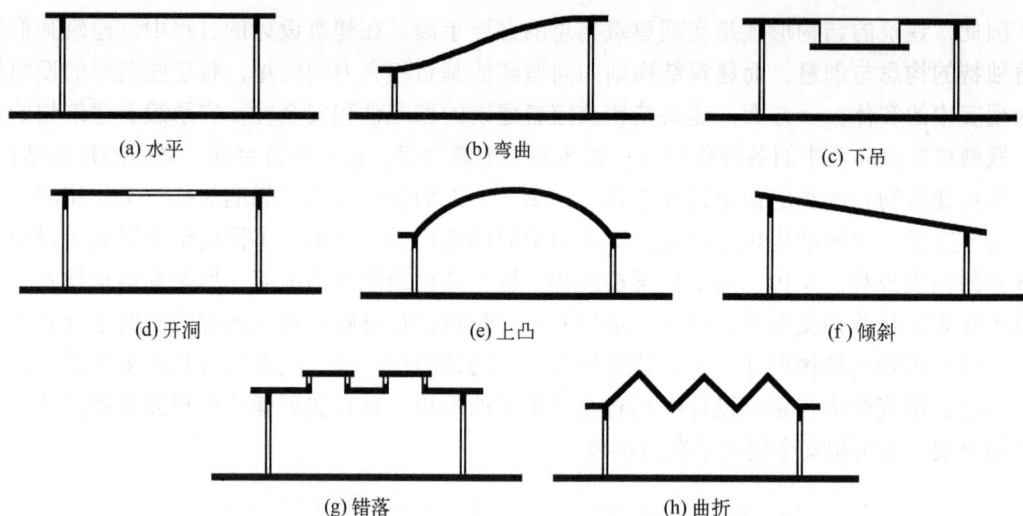

図中文字：
(a) 水平　　(b) 弯曲　　(c) 下吊
(d) 开洞　　(e) 上凸　　(f) 倾斜
(g) 错落　　(h) 曲折

图 2-58　水平要素——不同顶面的空间限定感

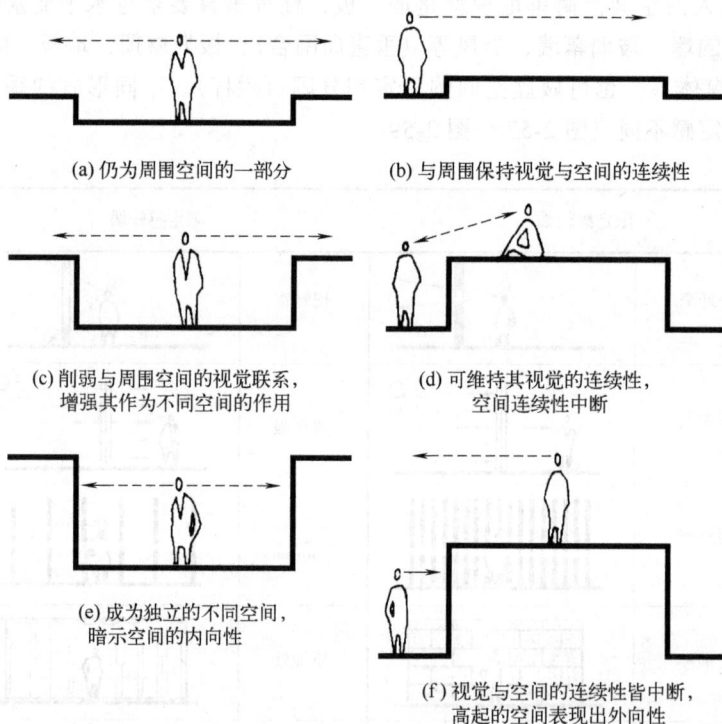

(a) 仍为周围空间的一部分

(b) 与周围保持视觉与空间的连续性

(c) 削弱与周围空间的视觉联系，
增强其作为不同空间的作用

(d) 可维持其视觉的连续性，
空间连续性中断

(e) 成为独立的不同空间，
暗示空间的内向性

(f) 视觉与空间的连续性皆中断，
高起的空间表现出外向性

图 2-59　水平要素——不同底面的空间限定感

　　人的需要多重复杂，决定了空间具有多重性，多个空间互相联系需要空间之间的有机联系和组织，例如住宅、餐厅、展览馆、博物馆等。

　　（1）内部空间的类型

　　1）开敞空间　开敞空间强调与周围环境互相渗透、互相交流，人们可以利用开敞的空间达到休憩放松、眺望远方的目的（图 2-60）。

2）封闭空间　该空间与开敞空间正好相反，人们的视觉、声音、影像等在封闭空间内无法与外界联系，这种空间有很强的领域性、安全性和私密性（图2-61）。

3）流动空间　将室内的各个空间进行有机的联系，各个空间之间不是相对静止的，而是追求连续不断的空间效果（图2-62）。

4）凹入空间　指室内的界面中有局部凹入的空间。一般设计者在做凹入空间的使用功能设计时，首先要考虑凹入空间的大小（图2-63）。

5）外凸空间　指室内空间对外界的伸展、延续。这种外凸的空间是可见的，是扩大空间的一种常用手法。这种空间比凹入空间具有明显的开敞性（图2-64）。

6）共享空间　指在大型公共建筑室内核心部分，多层共同拥有的公共室内空间（图2-65）。

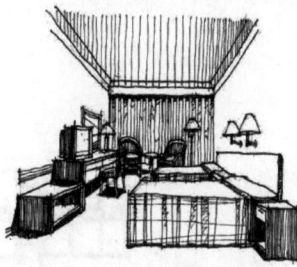

图 2-60　开敞空间　　　　　图 2-61　封闭空间　　　　　图 2-62　流动空间

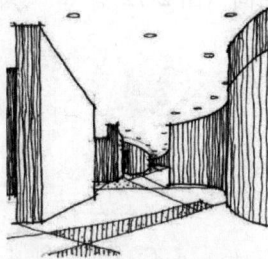

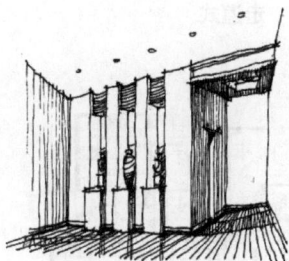

图 2-63　凹入空间　　　　　图 2-64　外凸空间　　　　　图 2-65　共享空间

7）母子空间　在室内空间中作第二次的空间限定。原空间称为母空间，被二次限定的空间称为子空间。子空间的私密性、领域性更强，使用功能更加明确（图2-66）。

8）下沉空间　指室内的地面比正常标高地面有所降低，从而形成不同标高带来的空间效果（图2-67）。

9）地台空间　将室内地面局部抬高，加高的地面空间称为地台空间（图2-68）。

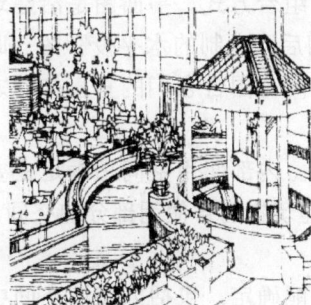

图 2-66　母子空间　　　　　图 2-67　下沉空间　　　　　图 2-68　地台空间

10）结构空间　通过建筑结构的暴露来展示独特结构造型的空间类型。结构空间主要指那些有现代感、力量感、体积感、技术含量的空间类型（图 2-69）。

（2）内部空间组合类型

1）走道式　使用空间与交通空间明确分开，互不干扰，同时又保证了联系（图 2-70）。适用于学生宿舍、办公楼、学校、餐厅等。

2）大厅式　通过大厅来连接各使用空间，辐射状分散人流（图 2-71）。适用于图书馆、展览馆、车站码头等。

3）套间式　交通空间削弱，交通方式分为串联式和并联式。串联式——各使用部分互相穿通，首尾相接；并联式——通过走道或一个处在中心位置的公共部分，连结并联的各个使用空间（图 2-72）。

图 2-69　结构空间

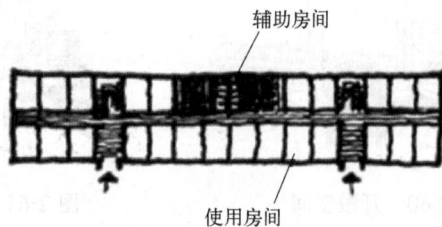

图 2-70　走道式

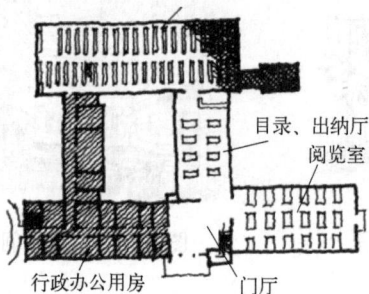

图 2-71　大厅式

图 2-72　套间式

2.3.1　平面设计

平面设计主要通过平面图的形式表达建筑平面功能和平面组合方式。平面图是沿建筑物窗台以上部位（没有门、窗的建筑过支撑柱部位），经水平剖切后所绘制的水平投影图，既表示建筑物在水平方向各部分之间的组合关系，又反映各建筑空间与围合它们的垂直构件之间的相关关系。

建筑空间按使用性质可分为内部使用空间和交通联系空间。内部使用空间指满足主要使用功能和辅助使用功能的空间。交通联系空间指专门用来连通建筑物的各使用部分的空间。

（1）建筑内部使用空间

建筑内部使用空间的平面面积和空间形状主要依据使用功能确定，包括人在该空间中进行相关活动所需的空间和使用的设备及家具所需占用的空间。建筑模数为建筑设计中选定的标准尺寸单位，它是建筑物、建筑构配件、建筑制品以及有关设备尺寸相互间协调的基础。基本模数为建筑模数协调统一标准中的基本尺度单位，用符号 M 表示，$1M=100mm$，扩大模数以 $2M$、$3M$ 为倍数。其中，供人通行的门高度一般不低于 2m，再高也不宜超过 2.4m。一般居室单扇门宽 0.9m，双扇门宽 1.5m。分室门靠近墙，外开门在建筑入口的墙体中间位置。窗的高度为 1.5m，窗台高 0.9m，窗顶距楼面 2.4m，还留有 0.4m 的结构高度。单扇窗宽一般 0.6m，多构成"带窗"。

（2）建筑交通联系空间

确定建筑交通联系空间的平面面积和空间形状的主要依据：满足使用高峰时段人流、货流通过所需占用的安全尺度；符合紧急情况下规范所规定的疏散要求；方便各使用空间之间的联系；满足采光、通风等方面的需要。

建筑交通联系空间包括走道、门厅和过厅、楼梯和电梯。

① 走道为建筑物中大量使用的交通联系部分（图 2-73）。走道布置方式为各使用空间可以分列于走道的一侧、双侧或尽端。宽度应符合人流、货流和消防安全的要求，消防安全应遵守《建筑防火通用规范》（GB 55037—2022）（表 2-1）。

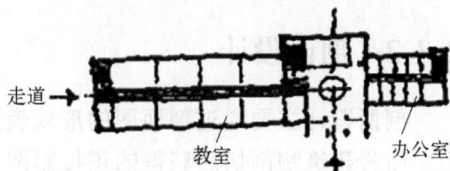

图 2-73　走道

表 2-1　疏散出口、疏散走道和疏散楼梯每 100 人所需最小疏散净宽度　单位：m/100 人

建筑层数或埋深		建筑的耐火等级或类型		
		一、二级	三级、木结构建筑	四级
地上楼层	1～2 层	0.65	0.75	1.00
	3 层	0.75	1.00	—
	不小于 4 层	1.00	1.25	—
地下、半地下楼层	埋深不大于 10m	0.75	—	—
	埋深大于 10m	1.00	—	—
	歌舞娱乐放映游艺场所及其他人民密集的房间	1.00	—	—

② 门厅是在建筑物的主要出入口处起内外过渡、集散人流作用的交通枢纽。过厅一般位于体形较复杂的建筑物各分段的连接处或建筑物内部某些人流或物流的集中交汇处，起到缓冲的作用。要求导向性明确，使用者在门厅或过厅中应能很容易发现其所希望到达的通道、出入口或楼梯、电梯等部位，而且能很容易地选择和判断通往这些处所的路线，在行进中又较少受到干扰，紧急情况下疏散安全。作为设计中的关节点的门厅和过厅的内部空间组织和所形成的体形、体量，往往可以成为建筑物设计中的活跃元素，或者是复杂建筑物形态中的关节点。门厅的做法受到自然地形、布局特点、功能要求、建筑性格等各种因素的影响，门厅可采用对称式门厅（图 2-74）和非对称式门厅（图 2-75）。

③ 楼梯和电梯为建筑物中起垂直交通枢纽作用的重要部分。楼梯、电梯应靠近建筑物各层平面人流或货流的主要出入口布置，数量和分布需综合建筑物的使用性质、各层人数和消防分区等因素来确定。在设计过程中，需严格按照各类建筑设计规范中关于楼梯间的设置要求及其构造细则来执行。

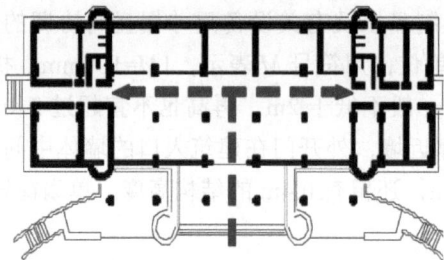

图 2-74　对称式门厅

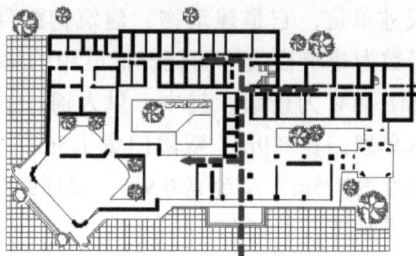

图 2-75　非对称式门厅

2.3.2　剖面设计

剖面设计主要通过剖面图的形式表达建筑物各部分的高度。剖面图是用一个假想垂直剖切平面将建筑物剖切后获得的正投影图，表示建筑物沿高度方向的内部结构形式和主要部位的标高。建筑物的标高系统将建筑物底层室内某指定地面的高度定为 ±0.000，单位 m，高于这个标高的为正标高，反之则为负标高。

剖面的组合方式分为分层式组合和分段式组合。分层式组合是将使用功能联系紧密而且高度一样的空间组合在同一层。分段式组合是在同一层中将不同层高的空间分段组合，而且在垂直方向重复这样的组合，相当于在结构的每一个分段可以进行较简单的叠加。

2.4　建筑造型设计

建筑师利用一定的物质、技术手段，在满足建筑功能的同时，在建筑创作中运用建筑构图的艺术原理进行有意识的组织与加工，综合反映建筑的环境布局、空间处理、外部形象，称为建筑造型。

图 2-76　流水别墅

例如美国建筑师赖特的流水别墅（图 2-76，书后另见彩图），该建筑体现了"有机建筑"的理念，这种思想的核心是"道法自然"。流水别墅在空间的处理、体量的组合及与环境的结合上均取得了极大的成功，为有机建筑理论作了确切的注释，在现代建筑历史上占有重要地位。别墅共三层，面积约 380m^2，以二层（主入口层）的起居室为中心，其余房间向左右铺展开来。别墅外形强调块体组合，使建筑带有明显的雕塑感。两层巨大的平台高低错落，一层平台向左右延伸，二层平台向前方挑出，几片高耸的片石墙交错着插在平台之间，很有力度。溪水由平台下流出，建筑与溪水、山石、树木自然地结合在一起，像是由地下生长出来似的。别墅的室内空间处理也堪称典范，室内空间自由延伸，相互穿插。内外空间互相交融，浑然一体。

日本建筑师安藤忠雄的水之教堂（图 2-77，书后另见彩图），建于 1988 年，位于日本北海道，这是安藤著名的教堂三部曲之一。以"与自然共生"为主题，建筑北面是一个人工水池，水池长 90m，宽 45m，深度是经过精心设计的，即使微风拂过，水面也会激起层层涟

园林建筑设计

漪，人们在建筑里面既能看到水，也能真切地感受到风的存在。这个教堂是专门用来结婚的教堂，被称为日本女孩最向往的结婚圣地。建筑占地面积约 345m²，总高度 11.3m，主教堂长 15m，高 6m。教堂主要由 L 形墙体、主教堂和光的盒子玻璃房三部分组成。主教堂的建筑材料是清水混凝土，平面形状为 15m×15m 的正方形。光的盒子的平面形状是 10m×10m 的正方形，一层是服务空间，主要材料是清水混凝土；二层是交通空间，主要材料是玻璃，从入口进入，经过楼梯，进入主教堂；三层是光的盒子的最上层，主要材料是玻璃，没有屋顶。

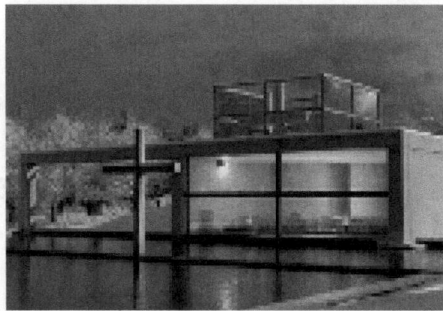

图 2-77　水之教堂

　　建筑造型的基本特点是建筑造型首先是为了服务于建筑的基本功能。建筑造型与建筑材料、结构技术、施工方法等有密切关系。建筑造型的表现是通过一定的建筑语言来表达某些抽象的内容。建筑造型具有一定的社会性、地方性和民族性。

　　建筑造型包括形体构成、空间构成及细部构成等要素。建筑形体与空间是建筑艺术中矛盾的两个方面，它们之间互相依存，不可分割，因而在设计时不能孤立地去解决某个方面的问题。

　　建筑造型设计应遵循力学法则，遵循建筑结构的力学特点和数学法则；遵循自然法则，了解自然与文化，研究当地风土人情，观察当地乡土建筑，研究当地资源和自然条件，例如西藏边玛墙（图 2-78，书后另见彩图）；遵循美学法则，形式美的规律用于建筑艺术形式的创作中，常称之为建筑构图的艺术原理。

图 2-78　西藏边玛墙

2.4.1　多样与统一

　　最伟大的艺术，是把最繁杂的多样变成最高度的统一。一切优秀的建筑，必须体现平面、立面、剖面统一这个原则。多样与统一堪称形式美的基本规律，其他原则如对比、韵律、比例、均衡等则是多样与统一在某一方面的具体体现。建筑造型艺术达到统一的手法有以下几种：

　　（1）以简单的几何形状求得统一

　　让所有的形状从属于平面的基本形形成统一，例如正方体、三角锥体（埃及金字塔，图 2-79）、球体等。

　　（2）利用次要部位对主要部位的从属关系求得统一

　　两个较小的翼部明显地从属于中间较宽、较高的一块（图 2-80）。两个尺寸一样的长方体，一

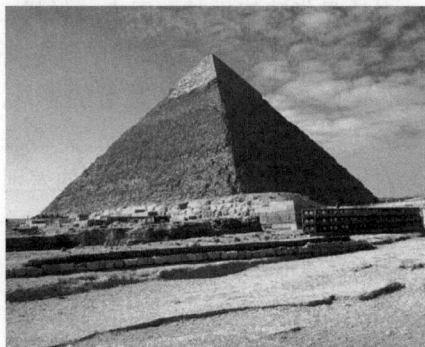

图 2-79　埃及金字塔

个竖立，另一个平放，高的一个自然处于支配地位（图2-81）。

（3）利用细部和形状的协调求得统一

建筑群体通过细部或形状的协调获得统一感，例如美国赖特的联合教堂（图2-82）。

（4）利用色彩和材质求得统一

同处一校园环境，不同的两座建筑采用相同的材料和色彩取得统一，例如莱斯大学校园建筑（图2-83）。

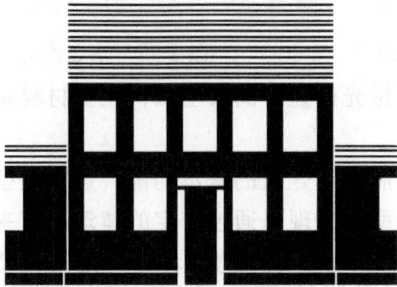

图2-80 翼部从属于中间

图2-81 高的处于支配地位

图2-82 联合教堂

图2-83 莱斯大学校园建筑

2.4.2 对比与微差

对比与微差都是利用差异性求得建筑形式的多样和统一。

对比是指建筑中某一因素（材料、色彩、明暗等）有显著差异时，形成了不同的表现效果。它可以借彼此之间的烘托陪衬来突出各自的特点。

微差是指因素之间不显著的差异，可以借相互之间的共同性以求得和谐，如园林中的花窗。

对比与微差只限于同一性质的差别之间。

对比的方法有以下几种。

（1）大小的对比

例如美国纽约古根海姆博物馆（图2-84），设计师为赖特。博物馆内空间分成两部分，大的空间是6层的陈列厅，小的空间是4层的行政办公部分。陈列大厅是一个倒立的螺旋形空间，高约30m，大厅顶部是一个花瓣形的玻璃顶，四周是盘旋而上的层层挑台，地面以3%

的坡度缓慢上升。参观时观众先乘电梯到最上层，然后顺坡而下，参观路线共长 430m。美术馆的陈列品就沿着坡道的墙壁悬挂着，观众边走边欣赏，不知不觉之中就走完了 6 层高的坡道，完成了展品参观。

图 2-84　纽约古根海姆博物馆

图 2-85　罗马千禧教堂

（2）形状的对比

例如意大利罗马千禧教堂（图 2-85），设计师为理查德·迈耶。三片白色弧墙如船帆状，从 17m 逐渐上升到 27m，自然光线经过弧墙的反射，透过玻璃屋顶和天窗倾泻而下，显得静谧和洒脱。

（3）方向的对比

例如美国北区基督教堂（图 2-86），设计师为埃罗·沙里宁。教堂由一个简单的六边形和一个巨大的尖塔组成，上面有一个小小的金十字架，尖塔似乎属于另一个世界，形成一个插入天空的富有表现力和延伸性的动作，该设计是沙里宁想象的天堂和地球交汇的戏剧性的表达。教堂的形式很简单，但在布局和规模上的大胆尝试使建筑更加丰富。

（4）虚实的对比

例如美国国家美术馆东馆（图 2-87），设计师为贝聿铭。贝聿铭采用了与梯形场地结构相呼应的建筑形式，用一条对角线将梯形分为两个三角形；第一个三角形是等腰三角形，为展览空间；第二个三角形是直角三角形，为研究中心。展览空间用中庭连接美术馆各展厅，展览室围绕它布置。开阔的中庭为游览者提供方向感，内部景观与外部环境产生联系，以轻巧的玻璃代替沉重的天花板，进一步解决室内幽闭的问题，空间显得更加轻快。

图 2-86　美国北区基督教堂

图 2-87　美国国家美术馆东馆

（5）色彩与质感的对比

例如美国麻省理工学院学生宿舍西蒙斯楼（图 2-88），设计师为斯蒂文·霍尔。麻省理工学院学生宿舍西蒙斯楼的设计进一步尝试了对知觉现象学的见解，海绵状的公共空间穿插在公寓中。西蒙斯楼共 10 层，长 382m，设有一所电影院、宵夜咖啡厅和室外餐厅，外表如同一个方孔材质的巨大的混凝土网络。由于结构在外墙，内部公共空间十分自由，结构墙的厚度使得洞口可以挡住夏季的阳光，在太阳高度角小的冬季，光线能够穿过洞口进入室内。外墙窗洞口被涂成不同色彩，无论是远距离观察还是近距离触摸这座建筑，都可以感觉到无论是整体设想（大学、社区和结构方面）还是个体表达（室内、人和材料）都体现出了霍尔的现象学思想。

（6）光影的对比

例如美国沃斯堡现代美术馆（图 2-89），设计师为安藤忠雄。该美术馆是一栋两层楼的建筑，站立在一大片铺满碎石的水池中，极具现代化特点。建筑以 5 栋平行排列的"箱体"为基本单位构成，"箱体"长短两边的比例与整个设计相呼应，全部采用混凝土和玻璃的双重表层构造。考虑到酷暑盛夏的强烈日照，各栋建筑全都设计了深深的挑檐。为了表现同样也是展示空间主题之一的"光"，设计了两种自然采光系统，既有赋予箱体空间以特性的高侧光，也有透过聚四氟乙烯膜洒向屋顶的柔光。

图 2-88　麻省理工学院学生宿舍西蒙斯楼

图 2-89　沃斯堡现代美术馆

2.4.3　均衡与稳定

均衡分为静态的均衡和动态的均衡，静态的均衡又可分为对称的均衡和非对称的均衡。

图 2-90　临沂大学图书馆

对称的均衡是最简单的一类均衡，就是常说的对称，例如临沂大学图书馆（图 2-90）。在这类均衡中，建筑物对称轴线的两旁是完全一样的，只要把均衡中心以某种微妙的手法加以强调，立刻就会给人一种安定的均衡感。越复杂的建筑物，其均衡中心的强调越重要。

不对称的均衡需要在均衡中心处加以强调（图 2-91），是不对称均衡的首要原则；杠杆平衡原理是不对称均衡的第二个原则。

动态均衡是现代建筑理论强调空间和时间的相互作用及其对人的视觉影响在动态中保持均衡的一种概念，它扩充了均衡的领域。旋转的陀螺、展翅的飞鸟、奔跑的走兽所保持的均衡，属于动态均衡。把建筑设计成飞鸟的外形、螺旋体形，或采用具有运动感的曲线等，将动态均衡形式引进建筑构图领域，例如美国肯尼迪国际机场（图2-92）。

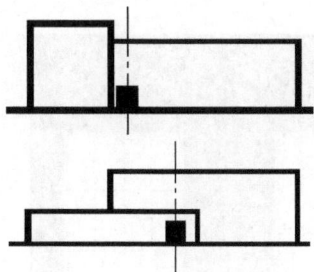

图 2-91　强调均衡中心

图 2-92　肯尼迪国际机场

2.4.4　节奏与韵律

节奏与韵律是建筑造型中连续变化的规律；节奏和韵律都是有组织的运动，在建筑构件中是连续组织构件的一种规律。

建筑中常用的韵律有重复韵律、渐变韵律、起伏韵律和交错韵律。重复韵律可参考肯贝尔艺术博物馆的造型（图2-93），该建筑的设计师为路易斯·康，博物馆采用了"C"形平面布局方案。屋顶采用覆盖了建筑跨度的摆线式拱形屋顶，整个博物馆是由16组这样的拱顶覆盖的，每一个都是22m×154m，从南到北排列贯穿整个建筑的长度。在它们之间是平屋顶的单元，与非结构的墙之间由细缝分开。结构墙是清水混凝土墙，内部填充墙是变质岩板。在拱顶中心处留出一条狭长的弧形天窗

图 2-93　肯贝尔艺术博物馆

可以让自然光进入。康认为博物馆应该由自然天光作为主要的采光光源，经过漫反射板使光线散射，不会直接照在艺术品上。漫反射板采用的是镂空的铝板，可以制造康所设想的银色光线，这种阻光结构被康称为"滤光器"。

2.4.5　比例与尺度

比例是指建筑物各部分之间在大小、高低、长短、宽窄等数学上的关系。尺度是指建筑物局部或整体与某一固定物件（可以是人或物）相对的比例关系。因此，相同比例的某建筑局部或整体在尺度上可以不同。

古希腊的毕达哥拉斯学派认为将整体一分为二，较大部分与整体部分的比值为 0.618：1

时最为理想，是最能引起美感的比例，这个比例被称为"黄金分割比例"。比例可以说是整体与局部之间存在着的关系，是合乎逻辑的、必要的关系，比例还具有满足理智和眼睛要求的特性。比例在建筑中的运用方式有古典柱式、几何关系的制约、要素之间呈相似形等。

尺度指的是建筑物的整体或局部与人之间在度量上的制约关系，这两者如果统一，建筑形象就可以正确反映出建筑物的真实大小，如果不统一，建筑形象就会歪曲建筑物的真实大小。只有通过不变要素才可以显示出建筑的尺度感（图2-94），表达建筑的性格，如雄伟的、亲切的等不同的感受。

图2-94　通过不变要素显示尺度感

2.4.6　主从与重点

主从与重点是视觉特性在建筑中的反映，建筑主从关系主要体现在位置的主次、造型及形象上的重点处理。例如，中国传统建筑空间组织上重要建筑布置在中轴线上（图2-95），亚特兰大高级艺术博物馆入口做了加长通道进行重点处理（图2-96）。

图2-95　中国传统建筑空间组织

图2-96　亚特兰大高级艺术博物馆

重点是指视线停留中心，为了强调某一方面，常常选择其中某一部分，运用一定建筑手法，对一定的建筑构件进行比较细致的艺术加工，以构成趣味中心。建筑中重点处理的应用包括利用重点处理来突出表现建筑功能和空间的主要部分，如建筑主入口、主要大厅和主要楼梯等。利用重点处理来突出表现建筑构图的关键部分，如主要体量、体量的转折处及视线易于停留的焦点。以重点处理来打破单调，加强变化来取得一定的装饰效果。

合理并灵活运用建筑的构图规律，进行建筑整体与细部的处理，使之符合多样统一的根本原则，达到空间与形体的完美组合。

2.5 建筑材料

2.5.1 建筑材料概述

建筑材料是建筑物中使用的各种材料的统称。它是构成建筑物的物质基础。从材料的种类来看，建筑材料包括结构材料、装饰材料和某些专用材料。结构材料主要用于建筑物的承重结构，如钢材、混凝土、木材等；装饰材料用于建筑物的内外立面装饰，如涂料、壁纸、瓷砖等；专用材料则是满足特定功能需求的材料，如防水材料、保温材料等。建筑材料的性能直接影响着建筑物的质量、耐久性、安全性和美观性。在选择建筑材料时，需要考虑其强度、耐久性、防火性、防水性、保温隔热性、环保性等多方面的因素。同时，随着科技的不断进步，新型建筑材料不断涌现，为建筑行业的发展提供了更多的选择。

2.5.2 建筑外立面材料

（1）外立面材料的主要功能

建筑物外立面的不同部位对材料的功能需求是不尽相同的。

1）装饰功能　质地、颜色给人不同感受。建筑外立面不要使用太多颜色，通常以一类色系为主。一般不要出现大面积纯度过高的颜色。可充分利用立面上的凹凸部分，适当点缀亮色或跳跃性颜色，使外立面不至于太暗淡。

2）保护功能　具有耐久性、耐候性。

3）节约能源的功能　注意一些新材料例如吸热玻璃、热反射玻璃等的运用。

（2）外立面材料的分类

按物质构成分为木材、砖材、石材、混凝土、金属、玻璃等。按功能性质分为结构材料、围护材料、装饰材料等。按应用部位分为墙体材料、饰面材料、门窗材料、屋顶材料等。按材料来源分为天然材料、人工材料、半天然半人工材料。

（3）外立面材料的发展趋势

① 拓展传统材料的表现力；

② 探索新的材料、结构、工艺与技术的发展；

③ 展现地域性、民族性。

（4）外立面材料的应用

1）石材　石材（图2-97）的优点：较高的强度与刚度，耐磨、耐久，较好的装饰效果。人造石材的优点：纹理、色彩丰富，易于加工塑形，应用范围也越来越广泛。石材在建筑外立面中的应用主要为作承重材料、墙体面材等，具有较强的抗压性和防水、保温性。

2）陶瓷面砖　陶瓷面砖（图2-98）的优点：具有较高的机械强度、硬度与化学稳定性，其色彩持久性强，易于清洗，具有较好的装饰效果，拼贴搭配自由且色彩多样。一般的陶瓷面砖外形规则、尺寸均一，便于粘贴施工。陶瓷面砖质地细密、强度高、防潮抗冻且经久耐用，优质陶瓷面砖的使用年限一般在50年左右，但由于其制造成本偏高，通常只能作为高档的墙面装饰材料，多采用干挂法。陶瓷面砖主要分为釉面砖、陶瓷锦砖（马赛克）、文化石三大类。在进行建筑外立面设计时，选用何种陶瓷面砖主要还是考虑墙面整体的色调、质感与构图比例。此外，还需考量面砖的拼接方式、勾缝宽度以及色彩搭配等细节。

图 2-97　石材

图 2-98　陶瓷面砖

3）玻璃　玻璃（图 2-99）具有良好的透光性，主要用于门窗、顶棚、隔断、外墙等，但是具有力学局限性。主要分为平板玻璃、超白玻璃、安全玻璃、节能玻璃、饰面玻璃。

4）金属　常见的有搪瓷钢板、不锈钢板，注意金属材料的特性。

另外，还有清水混凝土（图 2-100）、砖材、木材等材料，木材注意防火处理。

图 2-99　玻璃

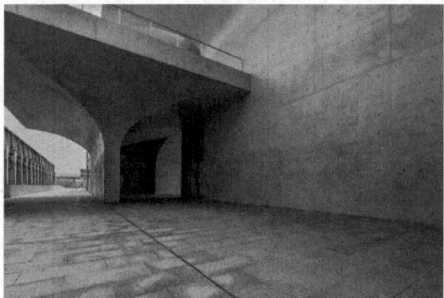

图 2-100　清水混凝土

2.6　建筑场地设计

2.6.1　场地分析的内容

（1）城市规划和法律要求

城市规划对场地设计的要求一般包括：对用地性质和用地范围的控制，对容积率、建筑覆盖率、绿化覆盖率、建筑高度、建筑后退红线距离、建筑范围等方面指标的控制，以及对交通出入口的方位规定等。它们对场地设计，尤其是布局形态的确定有着决定性的影响。除了上述几方面的要求之外，规划中对建筑高度、交通出入口的位置、建筑主要朝向、主入口方位等方面的要求，在场地设计中也应同时予以满足。

建筑布局和间距应综合考虑防火、日照、防噪、卫生等方面的问题，应符合下列要求：

① 建筑物间的距离应满足防火要求；

② 有日照要求的建筑应符合日照间距；

③ 建筑布局应有利于在夏季获得良好的自然通风，并防止冬季寒冷地区和多沙暴地区风害的侵袭；

④ 根据噪声源的位置、方向和程度，应在建筑物功能分区、道路布置、建筑朝向、距离

及地形、绿化和建筑物的屏障作用等方面采取综合措施，以防止和减少环境噪声。

对于场地中建筑物的布置与相邻场地的关系有如下规定：建筑物与相邻基地边界线之间应按建筑防火和消防等要求留出空地或道路。当建筑物前后各自留有空地或道路，并符合建筑防火规定时，则相邻基地边界线两边的建筑可毗连建造；建筑物高度不应影响邻地建筑物的最低日照要求。

（2）场地分析前期资料收集

解读景观规划设计的要求，收集与场地相关的当地的自然、人文信息，收集场地内对后续分析有指导意义的数据资料。收集资料主要有场地的自然条件、生态要素、人文历史、地形地貌、人工设施情况、交通道路、范围面积及周边环境、场地内的视觉范围等。

（3）场地区位分析

区位分析是指场地自身的定位分析及场地与周边区域关系的分析，在区位分析的基础上得出场地内部交通要素和周边各种交通道路要素的分析，例如场地出入口、停车场、主要人流方向、摒弃的要素等。

（4）场地地形地貌分析

地形地貌分析是进行场地的坡度分析和坡向分析。以此来找出适宜的建设用地，考虑到避免过多的人为破坏和控制工程造价，因地制宜充分利用场地现状地形地貌，通过分析得出最佳景观点，为后续总体布局设计提供依据。

（5）场地生态要素分析

场地生态要素分析主要是对场地中已有的原生植被类型、覆盖率等情况进行分析。场地中的植物可以调节场地小气候，也可利用原有植物打造景观节点，保留原有植被是突出场地气质，打造景观特色，控制工程造价成本的手段，搭配设计相适应的生态种类，同时延续场地原有生态特征。

（6）场地自然条件分析

通过各个渠道收集场地的风向、气候、日照、土壤、水文等信息进行分析，便于指导后续植物配置设计、景观特色布局以及动静空间布局。

（7）场地人文历史分析

通过调研当地的人文历史，例如历史文脉、民俗民风、人文作品等，为后续设计构思提供思想线索。

（8）场地服务人群分析

分析服务人群是因为人和环境的关系是相互的，人依附环境，又改造环境；反之，环境影响人的生活。分析服务人群的年龄、身份、行为习惯、需求，从而针对不同的需求为他们设计不同的功能性的景观设计。

（9）场地其他要素分析

分析场地上现有的建筑种类、体量及其他设施等，以及地下管线等设计的制约因素，分析出其他要素中的有利因素和不利因素，然后标注出来，在后续设计阶段进行利用和规避。

2.6.2　场地设计

（1）场地及场地设计的概念

场地有狭义和广义两个层面的含义。狭义的场地即基地内建筑之外的要素，通常指所谓的室外场地，与室内空间相对应。广义的场地即基地内所包含的所有物质要素。

基地是指建设用地，通常指设计或建设之前的状态。

场地设计是针对基地内建设项目的总平面设计，是依据建设项目的使用功能要求和规划设计条件，在基地内外的现状条件和有关法规、规范的基础上，人为地组织与安排场地中各构成要素之间关系的活动。场地设计提高基地利用的科学性，使场地中的各要素，尤其是建筑物与其他要素形成一个有机整体，保证建设项目能合理有序地进行使用，发挥出经济效益和社会效益。同时，使建设项目与基地周围环境有机结合，产生良好的环境效益。

东方场地设计思想以中国传统建筑思想为代表，注重营造与环境的关系，善于结合利用场地现有条件，"依山就势"，"因地制宜"，"巧于因借、精在体宜"。西方传统建筑思想更强调对场地的改造和对理性秩序的追求，表现出来就是将人为的秩序施加于场地，体现出明显的几何布局关系和抽象性效果。

中国传统建筑场地中，更注重建筑单体之外的部分，重视建筑物的组合以及场地内各要素之间的平衡关系，大到紫禁城，小到四合院，遵循的都是以空间为主、实体为次的设计思想，处处体现"虚"、"实"或者"图"、"底"关系，既存在秩序，又穿插融合。西方传统建筑设计中，建筑物成为场地的核心和支配者，场地的"虚"、"实"两部分显示出更多的独立性，并且以"实"为主构建起严格的秩序关系。

建筑场地设计是建筑设计重要的前期工作，主要体现在如下 3 个方面：

① 场地对建筑设计起着既制约又引导的双重作用，例如赖特设计的流水别墅；

② 场地条件包含了诸多复杂的影响要素，例如拙政园的待霜亭以红叶为景、杭州西湖西泠印社小巧的山地；

③ 场地设计衔接了规划和建筑设计方案，例如贝聿铭的卢浮宫改造设计、中国古代建筑杰作悬空寺、依山就势的吊脚楼、拙政园香洲。

（2）场地的构成要素

场地的构成要素有建筑物、构筑物、交通设施、室外活动设施、绿化与环境景观设施、工程系统等。

① 建筑物、构筑物是工程项目最主要的内容，一般来说是场地的核心要素，对场地起着控制作用，其设计的变化会改变场地的使用与其他内容的布置。

② 交通设施指由道路、停车场和广场组成的交通系统，可分为人流交通、车流交通、物流交通。主要解决建设场地内各建筑物之间及场地与城市之间的联系，是场地的重要组成部分。

③ 室外活动设施是适应人们室外活动的需要，供休憩、娱乐交往的场所；是建筑室内活动的延续及扩展。

④ 绿化与环境景观设施对场地的生态环境、绿化环境起着重要作用，给场地增加自然的氛围，体现场地的气质，营造优良的景观效果。

⑤ 工程系统是指工程管线和场地的工程构筑物。前者保证建设项目的正常使用；后者如挡土墙、边坡等，在场地有显著高差时能保证场地的稳定和安全。

（3）场地设计的内容

1）现状分析　分析场地及其周围的自然条件、建设条件和城市规划的要求等，明确影响场地设计的各种因素及问题，并提出初步解决方案。

2）场地布局　结合场地的现状条件，分析研究建设项目的各种使用功能要求，明确功能分区，合理确定场地内建筑物、构筑物及其他工程设施相互间的空间关系，并具体地进行平面布置。

3）交通组织　合理组织场地内的各种交通流线，避免各种人流、车流之间的相互交叉干扰，并进行道路、停车场地、出入口等交通设施的具体布置。

4）竖向布置　结合地形，拟定场地的竖向布置方案，有效组织地面排水，核定土石方工程量，确定场地各部分的设计标高和建筑室内地坪的设计高程，合理进行场地的竖向设计（园林工程）。

5）管线综合　协调各种室外管线的敷设，合理进行场地的管线综合布置，并具体确定各种管线在地上和地下的走向、平行敷设顺序、管线间距、架设高度或埋设深度等，避免其相互干扰（园林工程）。

6）环境设计与保护　合理组织场地内的室外环境空间，综合布置各种环境设施，创造优美宜人的室外环境。

7）技术经济分析　核算场地设计方案的各项技术经济指标，满足有关城市规划等控制要求；核定场地的室外工程量及造价，进行必要的技术经济分析与论证。

（4）场地设计的制约要素

1）城市规划对用地性质和场地开发强度的控制　城市用地可分为10大类、46中类、73小类，通常以所对应的用地分类序号来表示，如居住用地（R）、道路广场用地（S）、绿地（G）、水域和其他用地（E）。征地界线——由城市规划管理部门划定的供土地使用者征用的边界线，其围合的面积即征地范围。用地红线——也称建设用地边界线，是征地界线实际可用于场地开发建设的边界线。如征地界线内无城市公共设施用地，征地界线即用地红线；若有，则征地界线扣除城市公共设施用地后的范围线即用地红线。道路红线——城市道路（含居住区级道路）用地的规划控制边界线，通常由城市规划行政主管部门在用地条件图中标明（道路红线与用地红线可以重合、相交或分离）。建筑红线——又称建筑控制线，是建筑物基底位置的控制线，是场地内允许建造建筑物和构筑物的基线。场地内的建筑物考虑其他因素可后退用地红线一定距离。城市规划对场地开发强度的控制，如建筑密度、建筑限高、容积率、绿地率等。

2）相关规范的要求　《民用建筑设计统一标准》、《建筑设计防火规范》等。

3）场地自然条件的要求　地形与地貌、工程地质条件、水文条件、气候条件等。

① 地形与地貌包括比例尺、等高线、场地标高（确定场地总体标高及坡度，确定建筑物的室内外高差，确定道路的标高及坡度，确定场地的竖向无障碍设计）。

② 工程地质条件包括地质构造特征及其承载能力、地基土的物理力学性质指标、不良地质条件等。

③ 水文条件包括场地内及周边的江河湖海以及池塘、水库等地表水的状况。水文条件一般是指地下水的情况。

④ 气候条件考虑风象和日照等。风象包括风向和风速，主导风向的确定对场地的通风以及污染部分的布局有很大影响。日照表示建筑物在一定时间内受到太阳光线直接照射的情况。日照标准是建筑物的最低日照要求，国家规范对不同的气候区的住宅建筑有不同的要求。

（5）场地布局

场地布局包括场地分区、实体布局、交通安排和绿地配置。

2.6.3 外环境设计

建筑作为园林景观的重要组成部分，建筑的布局方式、与周边景观的协调以及如何实现它与园林景观相融合，是我们进行园林景观规划设计时所要着重思索的。

（1）外环境中常见的建筑形态

外环境中常见的建筑形态有矩形、"一"字型、"T"型、"十"字型、"H"型、"L"型、"回"字型、风车型、异型等（图2-101）。

矩形 "一"字型		"T"型	
"十"字型		"H"型 "工"字型	
"Z"型 "S"型		"L"型	
"U"型		"回"字型	
风车型		鱼骨型	
放射型		异型	

图 2-101　常见建筑形态

1）"一"字型建筑布局　这类建筑一般体量较小，常用于园务管理、厕所、小报刊亭、售卖等功能。建筑功能一般比较单一，形态要求不高（图2-102）。

2）"L"型建筑布局　这类建筑一般体量中小型居多，常用于游客中心、园务管理、综合性服务等较多功能，建筑功能偏服务管理较多（图2-103）。

图 2-102　"一"字型建筑布局

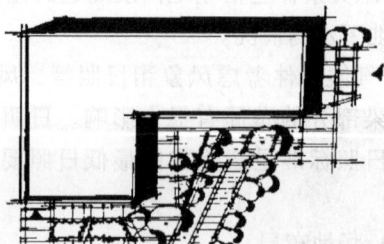

图 2-103　"L"型建筑布局

园林建筑设计

3）"U"型建筑布局　这类建筑一般体量偏大，为一些综合性建筑，常用于游客中心、餐饮、展厅等。建筑功能齐全，形态要求较高（图2-104）。

4）院落型建筑布局　适合创造出安静、安全、安心的庭院围合空间，这种布局适用于对建筑面积要求较大而且功能要求较多的情况（图2-105）。

5）单边型建筑布局　适合沿街、滨水、滨江的商业步行街（图2-106）。

6）风车型建筑布局　适合现代组团形式的建筑布局（图2-107）。

7）自由型建筑布局　依据整体风格形式，定义相适应的建筑形态（图2-108）。

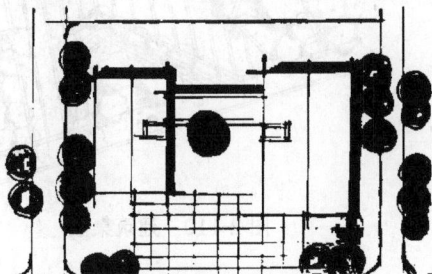

图2-104　"U"型建筑布局

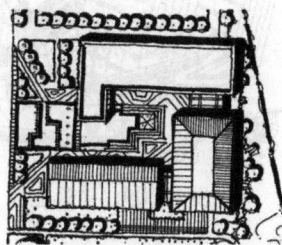

图2-105　院落型建筑布局

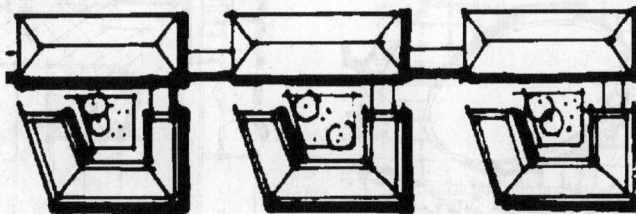

图2-106　单边型建筑布局

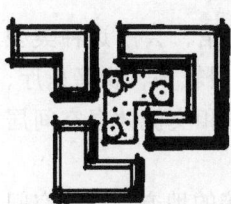

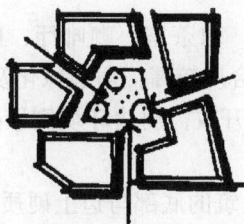

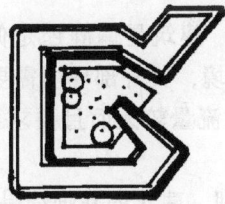

图2-107　风车型建筑布局

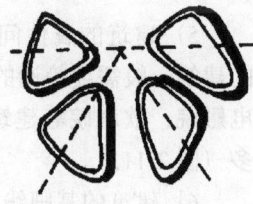

图2-108　自由型建筑布局

（2）建筑及其外环境处理要点

1）建筑的选址问题　首先，一般建筑物选择坐北朝南或者朝东南，主要考虑到中国盛行东南风和西北风；其次，建筑考虑到背山面水，视野开阔，地形、树丛这些元素一般放在建筑后方，水域、阳光草坪、观景平台一般放在建筑前方；最后，建筑物一般不放在场地的正中心，以设置在入口区集散广场边上为最佳（图2-109）。

2）建筑的集散问题　建筑的前方也就是主立面要有集散广场，忌道路直接接建筑的大门；大型建筑正门和侧门都要有硬质空间用于集散（图2-110）。

3）建筑的消防问题　凡园林建筑必须要有直达的消防车道（宽6～7.5m）以及消防登高面，重点消防单位（例如剧院、博物馆、电影院、藏书超过200万册的图书馆等）必须设置环绕式的消防车道（图 2-111）。

4）建筑的协调性问题　建筑的整体形态必须与全园的设计风格相协调，例如现代风格的园林建筑宜采用现代风格的平顶建筑或者构成感较强的建筑；建筑周边的硬质及绿化要呼应建筑的基本形态，也就是周边的环境要与建筑契合（图 2-112）。

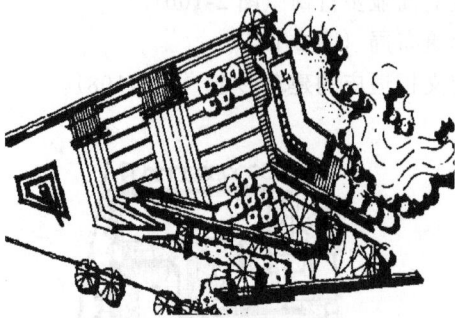

图 2-109　建筑选址

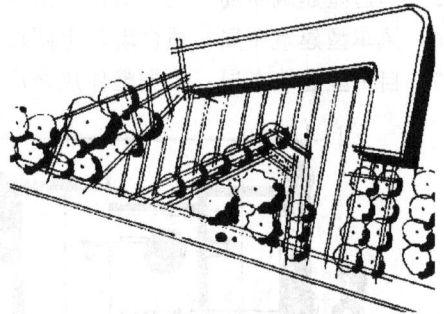

图 2-110　建筑集散

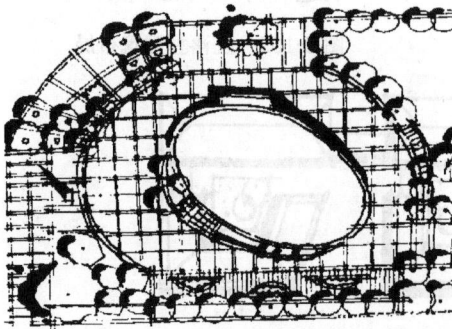

图 2-111　建筑消防

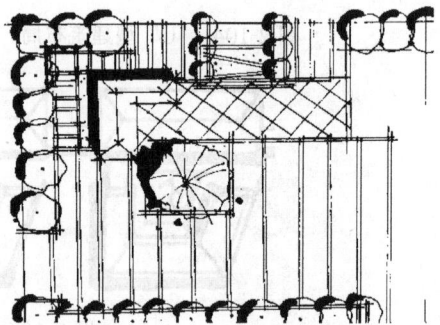

图 2-112　建筑协调性

5）建筑的属性问题　建筑是偏静还是偏动，像茶室、咖啡厅、图书馆、会所这种类型的建筑一般需要静谧的环境，其外部环境需要围合度较高，周边绿化及水景较多；像音乐厅、电影院、歌剧院等建筑人流量较大而且要求比较开放，周边环境则以硬质和交流休息空间居多（图 2-113）。

6）建筑的基脚线处理　建筑的基脚线是指建筑的底部与边上硬质交接的地方，这种空间往往需要绿化过渡，常用的是花带、草皮、灌木丛（图 2-114）。在植物与建筑位置关系的设计上应遵循以下原则：现状乔木树干基部外缘与建筑间净距离不得小于 5m；新植乔木树干基

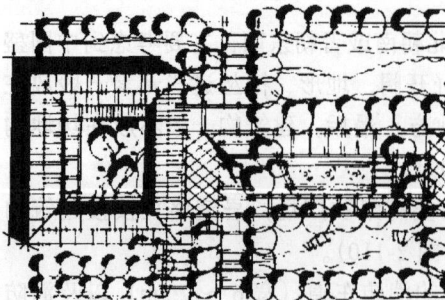

图 2-113　建筑属性

图 2-114　建筑基脚线

部外缘与楼房间净距离不得小于 5m, 与平房间净距离不得小于 2m; 灌木或绿篱外缘与楼房间净距离不得小于 1.5m。

2.6.4 场地分析步骤

(1) 结合场地用地指标计算的建筑尺度分析

在进行园林建筑设计前, 先需要根据其功能、服务对象及其他相关要求, 大概估出建筑面积和建筑的占地面积及层数。某些小品级的如亭、榭等不需要这一过程。但具有明确功能的如小商店、厕所、服务点、茶室等最好先做这一步。这样才能在建筑设计前做到心中有数。同时, 把握造型对建筑尺度的限制。现代造型如平屋顶的各方向尺寸较为灵活, 中国传统的古建造型则平面和立面比例相对固定。风景区内往往有建筑高度限制。这些都会影响到建筑高度进而控制基底面积。建筑用地指标计算完成后, 应将建筑面积和建筑的占地面积以及立体尺度对应起来, 即确定建筑层数和基底面积。应注意建筑的内部功能、柱网的要求: 对功能而言, 茶室、商店要求的开间进深小, 纪念馆要求的空间大。在明确了建筑体积的基本参数后, 就可以基本确定建筑的布局形式。一般而言, 建筑面积远小于场地面积时要牢牢抓住场地的特征点或者放在有轴线或对位关系的位置, 例如海螺塔; 建筑面积和占地面积较为宽松时可以优先考虑中庭或院落式的方式, 如威海的茶室设计; 建筑面积紧张的要结合地形, 适当开挖, 和地形紧密结合, 如流水别墅。

(2) 建筑定位

明确了基地的大小和占地面积后, 应该明确建筑在场地内的位置, 便于后期建筑设计时设置广场或者绿化, 可用建筑设计面积有限, 归纳原因:

① 地形或其他条件限制, 即基地面积很大, 但有的位置有不能移动砍伐的树木, 有的位置为陡坎, 场地被分割为若干小块, 每块的面积非常有限。

② 建筑有明确的朝向或对位要求。例如观湖亭必须开间面向某一方向, 又或者为了能够和场地内已有的园林建筑配合, 必须成平行或垂直关系。

③ 建筑本身有一定的服务功能, 必须设前后场, 如小戏台的前场, 咨询、服务建筑前的集散场地, 商店的后场, 厕所宜隐蔽等。

这些要素往往数个综合出现, 例如在威海茶室的设计中, 整个场地虽然较大, 建筑密度也较低, 但是, 建筑的选址位置和布局方式其实是相对固定的。由于其身处公园这一环境中, 故其布局优先考虑小体量组合的庭院式。整个基地左高右低, 呈台地状, 建筑基址应优先选在较为平坦的台地位置, 其方向应如前述的顺应坡轴线的走势。而景观水位于基地右侧, 也进一步明确了建筑场地的大小和建筑的朝向。在初步估算出茶室的合理面积指标后, 会发现其无法容纳在单栋传统形式的建筑内, 否则屋顶就会高出路面。这么一分析, 则其平面的基本形态可以说是基本确定了。整个场地的周边有若干处有特色的景观, 绘出对景线后, 建筑单体的位置也基本固定了。

(3) 交通组织

在图纸上大概确定建筑的位置和大小后, 要先用道路将预备的出入口和场地外道路连接起来, 这是非常基本但容易忽略的一步。之所以要在建筑设计阶段就设好出入口, 是因为建筑的主要出入口所针对的是建筑和外部环境的关系, 在场地设计阶段条件较为简单, 容易得出结论。一旦进入建筑内部空间的组织设计, 则可能因为很多要素共同出现反而导致出入口不合理。例如，威海茶室设计中，外侧道路和建筑场地平行，显然场地入口应设在靠公园景区道路一侧，但是到底设在什么位置才好呢？如果单从建筑内部空间关系分析，则几乎每个位置都可能。但是从整个场地关系看，从中间庭院进入无疑是最好的选择，一方面可以减少出入人流对建筑内部服务功能的影响，另一方面，庭院内直接毗邻山石和水体，有景可赏，使游人立刻萌生好感。

（4）明确场地限定条件

在上述工作完成后，建筑设计前期的场地工作就结束了，但是最好绘制一张综合了各种信息如视线、建筑对位关系、主要高差、场地内必须保留的地物等信息的总图，以便后续建筑设计时随时查阅。

2.6.5　经济技术指标

1）总用地面积　开发商办理土地使用手续时，经指界测量确定并办理手续的面积，就是红线内的土地面积总和。包括建设用地面积、代征道路面积和代征绿化面积。

2）占地面积　建筑物所占有或使用的土地水平投影面积，计算时一般用底层建筑面积。通常用于计划地块的建筑密度。

3）容积率　项目用地范围内地上总建筑面积（但必须是正负 0 标高以上的建筑面积）与项目规划总用地面积的比值：

$$容积率 = 地上总建筑面积 \div 规划建设总用地面积$$

一般而言，独立别墅的容积率为 0.2～0.5，联排别墅为 0.4～0.7，6 层以下多层住宅为 0.8～1.2，11 层小高层住宅为 1.5～2.0，18 层高层住宅为 1.8～2.5，19 层以上住宅为 2.4～4.5。住宅小区容积率小于 1.0 的，为非普通住宅。

4）建筑密度　在一定范围内，建筑物的占地面积总和与规划建设总用地面积的比例，它可以反映出一定用地范围内的空地率和建筑密集程度 。

$$建筑密度 = 建筑物的占地面积总和 \div 规划建设总用地面积$$

5）绿地率　准确的提法应为"绿化覆盖率"。绿化覆盖率是指绿化垂直投影面积之和与小区用地面积的比率，相对而言比较宽泛，大致长草的地方都可以算作绿化，所以绿化覆盖率一般要比绿地率高一些。

$$绿地率 = 绿地面积 \div 规划建设总用地面积$$

2.7　建筑设计依据

2.7.1　法规规范

园林建筑设计应遵循的法规规范主要有以下几类。

（1）综合类规范

《城市绿地设计规范》（GB 50420—2007，2016 年版）：规定了园林建筑设计的基本原则，如应遵循"因地制宜""精在体宜""巧于因借"，建筑与自然环境相协调；除公园外，城市绿地内的建筑占地面积不得超过陆地总面积的 2%；还对植物保护、地形设计等方面与园林建筑相关的内容提出要求。

（2）公园设计相关规范

《公园设计规范》（GB 51192—2016）：对公园内建筑的布局、风格、位置、高度、空间关系等作出规定。比如建筑的风格要与公园整体景观相适配；地下建筑范围宜限于出入广场或公园建筑物的轮廓范围内；管理用房和厕所位置应既隐蔽又方便使用等。对建筑物的层数与高度也有要求，游憩和服务建筑以1层或2层为宜，管理建筑层数不宜超过3层等。

（3）无障碍设计规范

《无障碍设计规范》（GB 50763—2012）：涉及园林建筑的无障碍设计要求，如出入口应为无障碍出入口；在两层公共厕所中，无障碍厕位应设在地面层；公共餐厅应提供一定比例的活动座椅供乘轮椅者使用等。园林建筑中的无障碍通道、休息区、轮椅坡道等设施的设计都需要遵循该规范，以保障特殊人群的使用需求。

（4）安全类规范

《建筑结构荷载规范》（GB 50009—2012）：园林建筑的结构设计需根据此规范确定建筑物所承受的各种荷载，包括恒载、活载、风荷载、雪荷载等，确保建筑结构的安全性和稳定性。

《混凝土结构设计标准》（GB/T 50010—2010）、《钢结构设计标准》（GB 50017—2017）、《砌体结构通用规范》（GB 55007—2021）、《木结构通用规范》（GB 55005—2021）等，这些规范针对不同的建筑结构形式，对材料的选用、结构的计算、构造要求等方面进行了详细规定，园林建筑在选用相应结构形式时需遵循此类规范。

（5）环保类规范

园林建筑的设计和施工过程中，应遵循环境保护相关的法规规范，如在施工过程中要控制噪声、粉尘、废水等污染物的排放，避免对周边环境造成破坏；对于建筑材料的选择，应优先选用环保、可再生的材料。

（6）消防类规范

园林建筑需满足消防方面的要求，如设置合理的消防通道、配备必要的消防设施等，以确保在火灾等紧急情况下人员能够安全疏散以及消防救援工作能够顺利进行。

（7）历史文化保护相关规范

如果园林建筑设计项目位于历史文化保护区或涉及文物保护单位等，还需要遵循相关的历史文化保护法规和规范，如对古建筑的修缮、改造要遵循"修旧如旧"的原则，保护历史文化遗产的真实性和完整性。

2.7.2 行为心理

人的行为心理与园林景观的设计建造之间存在相互作用的关系。园林设计师要透彻分析人类的行为心理，指出园林设计的不足并加以完善，使园林设计更为科学合理化以及人性化，设计出一系列人们心目中的理想住宅、公园、校园景观等。

园林设计中，设计师需要着重考虑绿化材料的选用以及公共设施的布置和后期维护工作。而一些设计者往往忽视人类心理活动的主观意识对园林设计所产生的影响。园林设计的本意应是为人类服务的。因此，通过对人类行为心理学的研究，将其应用到实际的园林设计中去，有助于设计者设计出一个具备良好生活环境以及陶冶人们情操的园林景致，从而满足人们精神层面以及心理上的需求。

行为心理学于20世纪初期由美国心理学家华生创立，旨在研究人类的行为与心理活动之间的关系，重点是对人类的行为进行深入研究，找出行为与心理之间相互影响的规律。行为心理学着重强调研究人的行为，而不应研究人的意识，所谓的行为指单个个体生物为适应环境变化而产生的各种身体反应，有的是外部反应，有的是内部反应。通过研究人类行为，找出刺激与反应的相互关系，最终实现预测和控制人类行为的目的。

园林设计则指一定的地域范围内，设计师通过使用园林艺术以及专业的工程技术手段，改造原有地形，种植树木花草，营造建筑以及布置园路，建成美丽的自然环境，满足人们的生活需求和生态要求。园林是反映社会意识形态的空间艺术，满足了人们精神文明的需要。园林是社会的物质福利事业，是现实生活的实景，满足了人们良好休息、娱乐的物质文明的需要。园林设计的本意是为人类服务，满足和丰富人们的精神文化生活。通过设计出合理美观的园林，设计师为人们营造出一个良好的生活环境。行为心理学在园林设计中的应用，有助于指导园林设计符合人类需求，设计出更为科学完善且人性化的园林景致，在丰富人们精神文化生活的同时，提高园林设计者的工作效率。

园林设计过程中，设计者要考虑到人们的心理需求，在园林景观的空间布局中，首先需要考虑的是景观的私密性与开放性要求。在越来越喧嚣且拥堵的城市中，人们尤为渴望能拥有一片开阔且清净的地方，能安静地活动，如读书、休息、静坐交谈等，以此陶冶情操。因此，园林设计过程中设计中需要满足景观的私密性以及开放性的要求。例如，在私密封闭场所设置冠荫树并设置一些休闲设施，同时摆上一些具有观赏价值的植物，使人们在私密空间能有良好的舒适感和愉悦感。此外，开阔空间需要尽量保证草坪的开阔，设置湖泊等景致，为人们提供开敞的环境，增加人们的活动空间，需要注意园林空间的安全性和稳定性，使人们能获得良好的安全感与空间领域感。园林设计的主要目的是满足人们的审美需求和对生活环境的要求，更多的在于精神层面的意义。然而除此之外，园林可以通过设置一些不同的植物和景致，如树、草药或者是科技设备等具有教学意义的物体和生物，设计一些树园、科普园之类的园林，有效增加参观者学习和认知大自然的机会。园林道路应具备引导性和方向感，在道路的形式设计上应有规律可循，暗示人们前方别有洞天，吸引人们深入探究。园林景观设计的一个重点是铺装，通过采用不同尺寸和颜色的砖块迎合园林景致的尺度与氛围，满足不同人群的心理需求。不同类型的园林景致采用不同的铺装方式以迎合人们的喜好，吸引人们进入园林参观。另外，设计中需注意园林中指示牌和广告牌的外观形式，需要结合园林的景致特点设计布置，体现时代精神和地方特色，强调景观的协调性和丰富性；需要注意季节的变化对园林景致的影响，在不同季节采用不同色调的灯以迎合季节特点。

目前，国内关于行为心理学在园林设计中的研究较少，仅有的一些这方面的研究不够全面完善，在内容上有着较大的局限性；国外这方面的研究仅限于理论层面，虽然具备一定的指导作用，但仍无法全面适用于实际的园林设计。科学、完善且人性化的园林景观应同时满足生态需求和人们的心理需求，在丰富人们精神文化生活的同时，要保护生态环境，一举两得。满足生态需求一般可以通过科学技术手段实现，然而满足人们的心理需求，则需要通过研究行为心理学实现。设计者通过研究行为心理学，深挖出人们的理想生活环境，结合生态需求，设计出一个成功的园林景致。

2.7.3 人体工程

园林景观作为城市生态环境系统的一部分，不能只从植物景观角度来感知和认识，而应将其理解为人和人、人和自然关系的感性和理性相结合的憩息空间。在园林景观设计和建设中应该充分体现以人为本的原则，使之成为能满足居民游憩的舒适、安全和合理的场地。人体工程学是研究人、机械及工作环境之间相互作用的学科，它主要研究在人类活动过程中，环境是否符合并满足行为主体的需求，以及如何符合并满足行为主体的需求。在园林景观设计和规划活动中，它可提供人体活动如人体尺度、行为习惯等的特征参数，也可根据人的知觉系统如视觉、听觉及触觉等的机能特征，分析人对各种工作环境的适应能力，确保环境的安全、舒适和有效。

（1）人体尺度与园林景观

人体的尺度与空间环境的关系十分密切，在园林景观设计中必须考虑人的体型特征、动作特性和体能极限等因素。户外设施及小品要能够满足人体基本尺度和从事各种活动所需空间，符合人体各部分活动规律，才能达到美观、安全和舒适的目的，取得最佳使用效能。在园林户外设施及小品中，栏杆、座椅、台阶等公共设计的尺寸均应符合人体工程学要求。如户外座椅的椅面高度为 350～400mm，就可以使大多数人坐下时感到舒适；老年人活动场所的座椅要设计有扶手和靠背；有防护作用的户外栅栏高度一般在 1100mm 以上，栏杆间距不大于 110mm，以防止儿童翻越或钻越。在设计高速公路绿化植物时，为了避免夜间行驶的司机受到对方灯光的干扰，公路中央分隔带植物需要经常修剪养护，始终维持一个合理的高度。植物的高度与司机的视高尺度有关，从小轿车司机的高度来看，树高需在 1500mm 左右，大轿车则需要 2000mm 左右。因此，在保持一定的间距的前提下，植物高度以 1500～1800mm 为宜，植株过高或过低都不符合人体尺度要求。

（2）人的行为习性与园林景观

根据人的行为特性，人在长期的生活习惯中，形成了一些特定的、具有共同性的行为习性，如抄近路、识途性、左转弯等习性。当人们试图到达一个明确的目的地时，会习惯性地趋向选择最短的路径，如果在行进过程中有某些可以跨越的障碍，则会人为地穿越这些障碍，以便更快捷地到达终点。因此，我们经常看到一些草坪、花坛或绿篱中，因为正好处于人们去往目的地的最佳路径中，被众多的行人长期践踏而形成了一毛不生的人行便道。另外，根据人的左转弯行为习性，在园区道路设计时，尽量使道路具有左转的洄游特性，尤其是在组织环形园路时要在避免走回头路的同时，可以有意识地将道路设计成左转的环形循环线，最终从右侧道路返回入口大门。因此，在园林规划设计中，优秀的设计者会将人的行为习性考虑到道路设计的因素中去，并且有意识地引导和满足游人的行为需求。

（3）人的知觉与园林景观

1）视觉因素　从视觉角度来说，人的视野范围、视觉适应及错觉等生理现象均可以运用在园林景观设计中。人眼水平视域角度控制在 60°范围以内，景观清晰而柔和，最宜静观。在此水平视野内，只有把握好合适的视距，即小型景物合适视距约为景高的 3 倍，主景与环境才能达到一定的平衡。景观布局时可重点布置景观小品，形成游人静观的驻足点，结合一定的行走路线，随游人视角移动纳入不同的景观，步移景异，构成连续的动态景观序列效果。园林景观仰角欣赏景物最佳垂直视角为 26°～30°，因此在景观设计时，可以在竖向设计上考虑带状景观序列的高低起伏变化，利用地形堆叠和植被配置的变化，在景观上构成优美多变的林冠线和天际线，形成纵向的节奏与韵律。

2）听觉因素　在园林景观环境中，听觉分为噪声和音乐环境两种情况。园林选址一般较为幽静和僻静，即使在城市中心，也要闹中取静，利用围合空间创建相对独立的园林景观环境，以减少不良听觉环境对游人的危害。合理地利用音乐则可以创造动听、悦耳的听觉环境，当环境噪声较低的时候，背景音乐的音量比噪声音量高出 $3 \sim 5$dB，可取得较好效果。当环境噪声较高甚至达到 80dB 时，背景音乐的音量比噪声低 $3 \sim 5$dB，在一定程度上可以抵制音量高的噪声，避免声环境条件更恶劣。一般游园及居住小区，可以在景区草坪或灌木丛中布置背景音乐系统，采用仿制成自然石头造型的音乐喇叭，点缀分布于园林游步道的路侧，行人漫步其中，隐约有"丝竹之声"萦绕耳侧，悠闲舒适，亲切感人。大型的公共游园，则可以结合灯箱制作音乐喷泉。例如汉口江滩公园的玻璃广场、"水池树阵"等音乐喷泉，每到夜间，喷泉随着音乐的节奏上下起伏，变化莫测的喷泉造型和五光十色的霓虹彩灯吸引了老人和小孩嬉戏其中，整个场景因此而兼具了声、色、形、意的美感。

3）触觉因素　触觉是人类最重要的感觉系统之一，因此材质肌理的触觉设计在园林设施的设计中占有重要地位。不同颜色和肌理的材料赋予景观不同的韵味，结合材料的图案、色彩及光感，将会为景观设计积累丰富的经验，拓展思路。在游园步道设计中，可以用不同质地的材料组合铺装来引导交通，联系节点。例如残疾人盲道和坡道的无障碍设计一般是在花岗石铺装上嵌入卵石路带或者专用盲道砖，引导残障群体自由到达景区的任何地方，感受自然气息。城市公园游步道一般以坚硬的花岗石铺装为主体，侧面衔接柔软草坪，草地中嵌入有韵律的铺装。当人们在石砌步道悠闲漫步，踏上草坪砖步入柔软草坪时，不同声响和触感能激发人们的多种感官感受。在健身器材场地，尤其是儿童游乐场，可以利用不同的材质，从肌理到质感改变触觉，例如在儿童游乐区的游乐设施下铺软质橡胶地板，可以避免或减轻儿童在嬉戏时出现意外伤害。

一个景观规划设计的成败、水平的高低以及吸引人的程度，归根到底就看其在多大程度上满足了人类户外环境活动的需要，是否符合人类的户外行为需求。人体工程学正是一门能够将人类与自然环境联系起来的综合学科，在园林景观设计和规划活动中，更应该突出其"以人为本"的基本原则，在保障安全、舒适和有效的基础上为人们提供安全、舒适的室外空间。

思考题及习题

1. 请简述基础的概念。
2. 请简述基础埋深的影响因素。
3. 请简述基础的构造形式。
4. 请简述墙的概念。
5. 请简述墙体防潮系统。
6. 请简述楼地层的概念。
7. 请简述楼梯的概念。
8. 请简述女儿墙的概念。
9. 请简述门窗的概念。
10. 请简述建筑三大结构形式。

11. 请简述墙柱梁板结构的概念和组成部分。

12. 请简述墙柱梁板结构的承重结构。

13. 请简述框架结构的概念。

14. 请简述框架结构的承重结构。

15. 请简述勒柯布西耶的"新建筑五点"。

16. 请简述大跨度结构的常见类型及概念。

17. 请简述内部空间的类型。

18. 请简述内部空间组合的类型。

19. 请简述基本模数的概念。

20. 请简述平面图的概念。

21. 请简述剖面图的概念。

22. 请简述建筑造型的概念。

23. 请简述建筑构图的艺术原理。

24. 请简述达到统一的手法。

25. 请简述对比的方法。

26. 请简述不对称均衡的原则。

27. 请简述建筑中常用的韵律。

28. 请简述比例在建筑中的运用方式。

29. 请简述建筑主从关系的主要体现方式。

30. 请简述建筑外立面材料的运用。

31. 请简述场地分析的内容。

32. 请简述场地设计概念。

33. 请简述场地设计的内容。

34. 请简述外环境中常见的建筑形态。

35. 请简述建筑及其外环境处理要点。

36. 请简述场地分析的步骤。

37. 请简述建筑场地设计经济技术指标的计算公式。

38. 请简述园林建筑设计应遵循的法规规范。

园林建筑设计初步

3.1 园林建筑设计图

园林建筑设计图主要包括总平面图、平面图、立面图、剖面图和透视效果图，另外还有竖向布置图、节点大样图和设计分析图等。

3.1.1 总平面图

（1）概念

总平面图是表示新建建筑物所在基地范围内总体布置情况的水平投影图。应表达出新建建筑工程的位置、朝向，以及室外场地、绿化、道路、地形、地貌、标高等情况，还有与原有环境的关系和邻界情况。

（2）绘制要求

1）比例选择 由于总平面图所表示的区域较大，常选用较小的比例绘制，如 1∶200、1∶500、1∶1000 或更小，尺寸单位为米（m）。

2）图例表示 用图例表示建筑区域的总体布置，包括新建、保留、拆除等建筑以及道路、场地、绿化等布置，并注明制图标准没有规定的图例。对建筑的附属部分，如散水、台阶、花池、景墙等用细实线绘制。

3）标注信息 建筑物首层室内地面应有标高标注、室外地坪及道路的标高、等高线的高程；新建建筑的具体位置要有明确的定位尺寸或数字；新建建筑的朝向由指北针来判断。若地下有管线或构筑物，图上也应画出其位置。

（3）表达内容

表达内容包括建筑屋顶外轮廓（有女儿墙用双线）、环境（道路、绿化、铺地等）、建筑层数、指北针、地坪标高、入口标识、加阴影体现高低关系等。

3.1.2　平面图

（1）概念

平面图指沿建筑物窗台以上部位（没有门、窗的建筑过支撑柱部位）经水平剖切后所得的剖面图。表达建筑物内部的空间布局、房间的功能划分、墙体的位置、门和窗的位置及大小等。

（2）表示方式

1）抽象轮廓法　将建筑或建筑群用小圆点、小方块或一个抽象的图案来表示，适用于小比例总体规划图，以反映建筑的布局及相互关系。

2）涂实法　平涂于建筑物之上，用以分析建筑空间的组织，适用于功能分析图。

3）平顶法　将建筑屋顶画出，可以清楚辨出建筑顶部的形式、坡向等，适用于总平面图。

（3）绘制要求

1）比例合适　根据建筑物形体的大小选择合适的比例绘制，通常可选 1∶50、1∶100、1∶200 的比例。

2）画定位轴线并编号　定位轴线是确定建筑物主要承重构件位置的基准线，需准确绘制并进行编号。

3）图线区分　不同的线型有不同的表达意义，如外轮廓线用粗实线，主要部位轮廓线如勒脚、窗台、门窗洞、檐口、雨篷、柱、台阶、花池等用中实线，次要部位轮廓线如门窗扇线、栏杆、墙面分格线、墙面材料等用细实线。

4）尺寸标注　标注建筑物内部各房间的尺寸、门和窗的尺寸、墙体的厚度等，以及与周边环境或其他建筑物的相对位置尺寸。

5）绘制指北针、剖切符号等　明确建筑物的朝向和剖切位置，方便施工人员理解图纸。注写图名、比例等信息。

（4）表达内容

表达内容包括：墙体、柱，门、窗（不同类型的表达形式），家具（也包括隔墙），环境（一层平面），房间名称、尺寸标注、室内外标高、剖切符号等。

3.1.3　立面图

（1）概念

立面图即将建筑物的立面向与其平行的投影面投影所得的投影图。主要展示建筑物的外观形态、高度、各部分的形状、材料的质感以及门、窗、阳台、雨篷等构配件的位置和形式。

（2）命名方式

可根据建筑物的朝向、主要出入口位置或轴线编号来命名，如正立面图、背立面图、左侧立面图、右侧立面图等。

（3）绘制要求

1）线型要求　立面图的外轮廓线用粗实线，主要部位轮廓线如勒脚、窗台、门窗洞、檐口、雨篷、柱、台阶、花池等用中实线，次要部位轮廓线如门窗扇线、栏杆、墙面分格线、墙面材料等用细实线，地坪线用特粗线。

2）尺寸标注　标注主要部位的标高，如出入口地面、室外地坪、檐口、屋顶等处，出入口地面标高为 ±0.000。

（4）表达内容

表达内容包括确定观察方向（以方位定义）、建筑形体及外部构件（女儿墙）、地坪线（与剖面的区别）、配景（示意建筑尺度）、标高（单位：m）、门和窗（画双线，可绘制阴影，体现三维关系）。

3.1.4　剖面图

（1）概念

剖面图是假想用一个或多个垂直于外墙轴线的铅垂剖切平面将建筑物剖切后所得的图。主要表达建筑物内部的结构形式、垂直方向的空间关系、楼层高度、屋顶形式以及梁、板、柱等结构构件的位置和尺寸等。

（2）绘制要求

剖切位置应选择在能反映建筑物内部结构和空间关系的关键部位，如楼梯间、门窗洞口、特殊构造部位等。剖面图中的线型与平面图、立面图相呼应，尺寸标注要准确、清晰，标注出剖切部位的标高、各层的高度以及其他相关的尺寸信息。

（3）表达内容

表达内容包括确定剖切位置和方向（剖切符号），剖到的墙体、屋顶、楼地层、地坪线（女儿墙），门、窗、能观察到的构件看线、标高（单位：m）、配景（示意建筑尺度）等。需要注意的是立面图是从屋顶剖到地面，地坪线注意高差（台阶）。

3.1.5　透视效果图

（1）概念

透视效果图是一种能够直观展示园林建筑外观效果、空间形态以及与周围环境关系的图纸。可以从不同的角度、距离展示建筑的整体形象和细节，帮助设计师和业主更好地理解建筑的设计意图和最终效果。

（2）表现方式

表示出透视关系，没有比例尺，要体现主要立面方向的建筑造型，不能太局部。可以采用手绘、计算机渲染等方式绘制。手绘透视图具有艺术感和表现力，能够快速传达设计师的设计理念；计算机渲染透视图则更加逼真、细腻，可以模拟出不同的光照、材质等效果。

3.1.6　设计分析图

设计者用一种象征和抽象的图解语言形式来概括表达具体的或抽象的图纸内容，称之为设计分析图，简称分析图。

（1）分析图的分类

分析图根据绘制目的不同可分为过程分析图和结果分析图两种。根据表达方式的不同，分析图可分为关系图、气泡图、循环图等。

① 过程分析图是设计者随手勾画出来的草图，不打算具有很好的视觉效果。所以，这些图可以很潦草，有的他人可以理解，有的只有作者本人能够明白。这种图可看作是一种分析过程的视觉记录，是设计者思维活动过程的体现。

② 结果分析图是用来与其他人交流的，希望被观看者理解和欣赏。

（2）常用分析图画法解析

1）区位分析图　在规划设计中我们最常用的区位分析图有写实的区位分析图、夸张的区位分析图、概括后的区位分析图几种。

2）功能分区分析图　纯度较低的底图搭配水果色，视觉舒适，颜色和谐且清新淡雅；灰色的底图搭配颜色艳丽的色块，色泽鲜艳，加深记忆。

3）用地性质分析图　色彩纯度较低的底图用简化的水和绿作为陪衬烘托主题，可采用简化公园突出主题、给人发散思维的余地，忽略公园地区的设计等方法；用规范颜色的同类色填色，给人清新淡雅的感觉，但也有一定的风险，可利用景观手法烘托主题，柔滑的边界避免了大块颜色的视觉疲劳等。

4）道路交通分析图　常用的画法有两种：第一种用不同的鲜亮颜色区分；第二种用线条粗细和色彩区分。用低纯度的底图作基础，用同类色不同粗细的线条作道路分析，给人精致、舒适的感受。

5）景观分析图　为达到好的效果适当夸大要表达的内容是非常必要的。

6）建筑高度、容积率等分析图　建筑高度、容积率等分析图只要突出核心，其他都是陪衬。建筑高度、容积率等分析图用模型体块展示也是不错的选择。

（3）绘制原则

绘制原则包括：一张图只说明一件事情；画出关键点；用"减法"来实现"加法"；明确关键信息；用图纸打动人心；利用可利用的一切来画图。

3.2　园林建筑设计图纸手绘表现技法

设计师将其设计意图通过图像或图形等形式表达出来的技术方法被称为表现技法。景观和建筑的手绘表现，则是通过运用手绘的方式，在二维空间的图纸上表现景观和建筑等三维环境艺术设计构思的表现形式，因此手绘建筑效果图又常被称为设计表现图。

景观和建筑手绘表现效果图在不同的历史阶段有不同的审美需求，也有不同的表现形式和特点。在设计作品表现的过程中，需要不同形式和作用的专业表现方法，它们因应用在不同的设计阶段，而具有不同的特点。

（1）手绘表现技法的作用和意义

景观和建筑的手绘表现技法，主要是为表达设计思想而服务的。在这个表现过程中，需要把美术技能和专业设计能力、设计思考过程结合起来，并把设计师的艺术审美观念融入景观和建筑环境艺术设计的各个阶段。在表现过程中融入设计师个人化的手绘语言，使得这种表现形式有时比电脑绘制更自然、更具有感染力。设计过程中的手绘表现图在设计过程中是心、手、眼相互配合并不断深入的过程，从最初的构思草图到最终的方案表现，能有效地推动和深化设计者的设计思考过程。

（2）手绘表现技法的练习基础

手绘表现是为景观和建筑设计服务的，如果要促进手绘表现技法方面能力的迅速提高，除了必要的美术基础外，对相关的景观和建筑方面专业基础知识的学习和积累也是同样重要的。在手绘表现基础方面需要学习和积累的知识，概括起来包括美术造型基础能力、景观和建筑设计基础、建筑制图规范、设计美学修养等几个方面。

1）绘画造型基础　通常我们所说的绘画基本功，要从造型能力与艺术素质上全面、整体地去进行训练，如绘画上的环境素描、色彩写生、速写、构图等方面。绘画语言方面的学习不仅强调基础能力在手绘表现图中的应用和良好的色彩感受，还强调诸如空间造型感受力中的比例、空间、尺度、造型、色彩等方面的综合修养。其中环境素描、色彩写生、速写的学习更是基础中的基础。

2）作品分析与临摹　运用良好的学习方法，掌握表现的基本规律，是手绘表现效果图技法学习的有效途径。其中，临摹练习可以实景照片临摹和作品临摹两种方式结合进行并长期练习，来不断提高手绘快速表现图的水平。

3）表现图透视基础　"透视"是建筑与环境手绘表现图创作的基础。为了适应快速的生活节奏，进行空间构思和造型设计时，现实工作中很少采用严格的透视图画法，而常采用简化快速的基本原理结合目测概括的透视图成图法。这种画法主要是按照透视图的基本原理，迅速画出较为准确的透视空间的主要透视框架，然后再运用目测概括的方式，结合交叉等分法、八点画圆法等快速简易方法，深入细部形成最后的表现图线稿。在景观和建筑的透视图应用中，应用最广泛的主要是根据灭点的数目类型，将透视图划分为一点透视图、两点透视图以及三点透视图。不同的透视类型有不同的画面效果和应用特点。

（3）手绘表现常用技法

园林建筑手绘表现技法的种类可以简单地分为单色表现和彩色表现两大类。手绘表现技法形式多样，工具也不同，总结起来主要有铅笔、钢笔、彩色铅笔、马克笔、水彩和水粉等，每一种工具所具有的个性语言使其视觉效果也各不相同。

1）水彩表现技法　水彩画既可以表现出通透、细腻的画面效果，也可以与钢笔、针管笔结合，表现出酣畅淋漓的画面效果，甚至可以采用平涂的方式迅速表现出环境气氛。

2）水粉表现技法　水粉表现技法也是常用的手绘表现方法之一，一般有专用的水粉纸，或用水彩纸的反面和水粉颜料来作画，这种表现方法的特点是具有综合性和灵活性，并能很好地表现建筑物的体积感和色彩感。水粉表现法比较容易控制色彩的纯度和明度关系，体现色调、体积等的素描关系。

3）彩色铅笔表现技法　彩色铅笔分为水溶性和油性两种，其中水溶性彩色铅笔质地比较细腻，而且可以与水结合使用。彩色铅笔在使用中的优点有很多，如彩色铅笔可控制轻重，画出淡雅的笔触；色彩种类较多，可细致表现多种颜色和线条；在表现一些特殊肌理，如木纹、灯光、石材肌理时容易控制；可以对各种场景效果进行细腻表现，虚实过渡自然等。很多设计师习惯采用彩色铅笔结合马克笔的快速表现方式。

4）马克笔表现技法　马克笔表达快速方便，而且表现力强，是快速绘制效果图的理想工具。马克笔有油性和水性之分。油性马克笔有较强的渗透性，颜色之间混合渗透性较好。油性马克笔在纸的选择方面比较自由，光面绘图纸、复印纸、硫酸纸均可采用。利用马克笔的各种特点，可以在不同的纸上创造出不同风格的建筑表现图。在实际作画中，马克笔经常和一些其他工具配合使用，如刻画肌理或退晕效果的彩色铅笔、调节高光的水粉甚至白色涂改液、画大面积天空或背景的水彩或水色、刻画出局部细节配景而配合使用的水粉等。油性马克笔的笔触可以有较多变化，并且有较理想的颜色叠加效果。

（4）构成要素表现

景观和建筑环境中包含许多联系在一起的不同类型、不同形态质地的实体要素。对这些构成要素的具体特征的分析、理解，是对表现图进行深入刻画的基础。这些构成要素主要包括材质肌理和环境配景等方面。

材料的质感与肌理虽然是一种触觉属性，但在表现图中，可以利用线条和色彩的虚实来模仿触觉上的体验。在景观和建筑表现图中，对这些材料的质感和肌理特征的表达，是对材料固有色彩、色调和反光程度的掌握，这些特征因其附着在材料表面而使得各种不同材料之间有差别。在表现时应首先抓住材料的固有色，然后刻画其纹理特征以及表面因光照和环境影响的反光，来模拟材料的自然效果，例如砖墙和瓦面表现、石材和木材表现、玻璃和金属表现等。另外，注意水景表现、植物配景、天空和地面配景、人物配景、交通工具配景等的表现方式。

（5）手绘表现基本原则

1）视点和构图　在园林建筑的表现图中，设计内容的各个组成部分需要精心地组织与安排，以调整整体的形式美感，达到表现目的，这在表现效果图中是非常重要的，通常决定着设计作品给观者的第一印象。在表现效果图的构图方面，除了构图的基本原则外，还应该注意视点高度和视野的确定等问题。不同特点的景观环境，需要不同的视点高度和视野来体现。在表现效果图时，常规的视点高度一般依据常人的视觉经验来确定，大约为1.7m，这符合大多数人的视觉规律，也可以较为全面地展现空间内容。常见的构图方式有中心式构图、三角形构图、交叉性构图、曲线构图。

2）空间层次　画面需要层次来丰富其表现力。所谓空间层次，通常是由近景、中景和远景的前后关系产生的，但空间层次的形成是由多方面的因素造成的。

3）明暗和色调　表现图虽然大多为色彩表现，但同样存在黑、白、灰的素描关系，即画面的轻、重节奏关系，这种明暗关系也同样在很大程度上影响着整幅建筑画的空间效果，如近处亮、远处暗，或者是相反。这种明暗的素描关系和色彩关系是关联在一起的，通常的规律是近景的色调深，颜色较饱满，而远景的颜色浅，饱和度较低，进而形成画面层次。但在实际应用中，有时最前面的景物为配景，可以降低其颜色饱和度，以达到衬托主体的目的。此外，色彩的冷暖搭配也是表现图的一个重要方面，根据场所的气氛特征采用不同程度的冷暖色调，或是在表现时充分应用补色原理进行主题景物和配景搭配，都是行之有效的办法。黑白关系和色调的冷暖关系处理得当会获得表现丰富的场景感。

4）主次取舍　表现图不是现实情境的临摹，如何经营画面自然需要根据表现主体的需要进行主次分明、有所取舍的艺术加工处理来突出重点。

5）场所气氛　场所是有人活动的空间，人们对景观和建筑空间的设计都是以为人服务为目标的，任何景观和建筑环境都位于特定的人文环境之中，所以应该将环境设计的内容与人的行为特征和区域特征联系起来。在具体的表现中，要有明确的设计意图和指向，以准确地传达概念以及烘托气氛。场所气氛的表现要把握景观主题及相关的构成元素组织，要善于捕捉景观环境中的气氛特征，一年四季、从早晨到傍晚，大自然的景象都在不断变化，这种变化为景观设计的表现图提供了丰富的表现语言。

3.3 园林建筑设计图纸计算机表现技法

园林建筑设计图纸计算机表现技法是计算机软件操作技巧与设计师艺术素养的综合表现，设计师不仅要熟练地掌握软件操作技巧，还必须有较高的艺术修养，才能制作出具有强烈视觉冲击力和艺术魅力的图纸。

园林建筑设计图纸的计算机表现技法主要包括以下几方面。

3.3.1 二维图纸绘制

（1）绘图软件

二维图纸绘制主要使用的专业绘图软件有以下 2 种。

① AutoCAD 是最基础且广泛应用的二维绘图软件，在园林建筑设计中用于绘制平面图、剖面图、立面图等。例如绘制平面图时，可精确绘制建筑的轮廓、布局、道路、植被等元素的位置和尺寸；绘制剖面图时能准确表达建筑内部的结构和各部分的高度关系。要熟练掌握各种绘图命令，如直线、圆、矩形、多边形等基本图形绘制命令，以及修剪、延伸、偏移等编辑命令，以提高绘图效率和准确性。

② 天正建筑是基于 AutoCAD 开发的专业建筑设计软件，针对建筑设计特别是园林建筑设计做了很多优化和功能扩展。它提供了丰富的建筑构件库，如门、窗、楼梯、栏杆等，方便设计师快速调用和插入，节省绘图时间。在绘制园林建筑的平面图时，可利用天正建筑的功能快速生成建筑的墙体、柱子等结构，并且可以方便地进行标注和尺寸测量。

（2）图层管理

合理的图层管理对于绘制清晰、易修改的图纸非常重要。创建不同的图层来分别放置建筑、植被、道路、标注等元素，每个图层可以设置不同的颜色、线型、线宽等属性，以便区分和管理。例如，将建筑的轮廓线设置为粗实线，植被用绿色的细实线表示，标注文字放在单独的图层以便随时隐藏或显示，这样在修改图纸时可以方便地选择特定的图层进行操作，避免误操作影响其他部分。

（3）尺寸标注与文字说明

准确的尺寸标注是园林建筑设计图纸的关键，应根据设计要求和相关规范进行标注，包括建筑的尺寸、道路的宽度、植被的种植范围等。标注的样式、字体大小和颜色要统一、清晰，以便阅读。同时，添加必要的文字说明，如设计说明、施工要求、材料说明等，使图纸的信息更加完整。

3.3.2 三维建模与渲染

（1）三维建模软件

三维建模软件主要选择以下 3 种。

① SketchUp 操作简单、易于上手，非常适合用于园林建筑的初步设计和概念展示。设计师可以快速搭建园林建筑的三维模型，通过拉伸、旋转、缩放等操作创建建筑的基本形状，

然后添加门、窗、屋顶等细节。对于园林中的地形、植被等元素，SketchUp 也有相应的工具和插件可以方便地进行建模。例如，使用地形工具可以创建起伏的地形，使用植物插件可以快速布置各种树木和花草。

② 3ds Max 功能强大、专业性强，是制作高质量三维效果图的常用软件。它可以创建非常精细的园林建筑模型，并且支持复杂的材质、灯光和渲染设置。在园林建筑设计中，使用 3ds Max 可以制作出逼真的建筑外观、室内场景以及夜景效果等。例如，通过设置材质的反射、折射、纹理等属性，使建筑的墙面、地面、屋顶等看起来更加真实；利用灯光的布置和调整，营造出不同的光影效果，增强场景的氛围和层次感。

③ Rhino（犀牛）擅长处理复杂的曲线和曲面造型，对园林建筑中一些具有独特造型的建筑或景观元素的建模非常有优势。例如，一些异型的建筑屋顶、雕塑般的景观小品等，都可以在 Rhino 中精确地建模。同时，Rhino 与其他软件的兼容性较好，可以方便地将模型导入渲染软件或其他设计软件中进行进一步的处理。

(2) 材质与纹理设置

为模型添加真实的材质和纹理可以增强模型的视觉效果。对于园林建筑的墙面、地面、屋顶等部分，需要选择合适的材质，如石材、木材、砖瓦等，并设置相应的纹理和颜色。可以通过拍摄或从互联网上获取真实的材质图片，然后在软件中进行材质贴图，使模型看起来更加逼真。对于植被，要选择合适的植物模型，并设置相应的颜色、大小和形态，使其与整体场景相协调。

(3) 渲染与后期处理

渲染是将三维模型转化为二维图像的过程，通过设置灯光、材质、背景等参数，使图像具有真实的光影效果和色彩。常用的渲染器有 V-Ray、Corona 等，它们可以与三维建模软件配合使用，生成高质量的渲染图像。渲染完成后，还可以使用 Photoshop 等图像处理软件对图像进行后期处理，如调整色彩、对比度、亮度等，添加特效、文字、标注等，使图纸更加完美。

3.3.3　虚拟现实与动画展示

(1) 虚拟现实与动画展示使用的软件

虚拟现实（VR）技术是利用 VR 设备，如 VR 头盔、手柄等，设计师可以将园林建筑设计模型转化为沉浸式的虚拟现实场景，让用户身临其境地感受园林建筑的空间和氛围。用户可以在虚拟场景中自由行走、观察，从不同的角度和位置体验设计效果，这对展示大型园林景观项目或复杂的建筑设计非常有帮助。设计师可以使用 Unity、Unreal Engine 等游戏开发引擎来创建 VR 场景，将园林建筑模型导入其中，并添加交互功能和特效，增强用户的体验感。

(2) 动画制作

通过制作动画可以动态地展示园林建筑的设计方案，如建筑的建造过程、不同时间段的光影变化、人流的流动等。动画可以使用 3ds Max、After Effects 等软件制作，将园林建筑模型的不同状态和场景按照时间顺序进行排列和渲染，生成连续的动画帧，然后将这些帧组合成动画视频。在制作动画时，要注意动画的节奏和流畅性，以及画面的构图和视角的选择，使动画能够清晰地展示设计意图。

3.3.4 人工智能绘图软件

可以用于园林建筑设计平面彩绘图和透视效果图绘制的人工智能绘图软件主要有 Midjourney（MJ）和 Stable Diffusion（SD）。MJ 可用于建筑设计初期构思，为设计师提供创意灵感；SD 可用于后期方案展示，可以利用草图、线稿、模型等对设计方案效果图进行精准控制。

（1）Midjourney（MJ）

MJ 是由创始人 David Holz 带领的团队研发的人工智能绘图平台。

1）功能特点　用户只需输入文字描述，软件就能通过智能算法和深度学习模型生成高质量的艺术作品。它生成的图像对比度较高，色彩强烈，风格独特，在艺术创作、设计等领域具有广泛的应用潜力。

2）使用平台　MJ 是基于 Discord 平台运行的。

3）操作流程　在 Discord 内的 MJ 频道中，输入"/image"指令，然后在对话框里输入描述想要绘制的图像的提示词，MJ 就会生成 4 张图片。生成图片后，下方有两排按钮。"U"按钮可以获取对应位置的高清图，并将生成的高清图自动记录在 MJ 会员画廊中；"V"按钮可以再生成 4 张类似的微调图；双箭头图标可以重新生成 4 张图。

4）应用场景　可用于视觉设计、游戏美术、电影美术、建筑和室内空间设计等设计领域。制作图标、海报、UI 设计等，帮助设计师快速获取创意和设计元素，提高设计效率。进行漫画创作，能够生成漫画人物、场景和背景，为漫画作者提供创作灵感和素材。进行游戏开发，可以生成各种游戏场景和装备图像，节省游戏公司的美术成本。

（2）Stable Diffusion（SD）

SD 是一种基于人工智能的图像生成技术，能根据用户输入的文字描述生成高质量的图片，就像一个能读懂用户想法的画师，只要给出描述，它就能创作出相应的画面。

1）使用平台　一般在电脑上使用，支持 Windows、macOS（仅限 Apple Silicon 版本）、Linux 等操作系统。

2）操作流程　分为文本生成图像和图像生成图像。

① 文本生成图像是在软件界面的文本输入框中输入描述性的提示词，根据需要添加反向提示词，以避免生成不希望出现的元素。选择合适的采样方法，设置采样步数、eta、sigma 等参数。一般来说，初学者可以先使用默认参数，随着经验的增加再进行调整。点击"生成"按钮，软件将根据输入的提示词和参数生成图像。生成过程可能需要一定时间，具体取决于计算机性能和参数设置。

② 图像生成图像是上传一张原始图片，可以通过点击软件界面上的"上传图片"按钮或拖拽图片到指定区域进行操作。输入描述性提示词，以指导软件对上传的图片进行风格转换或增强。选择适当的参数设置，如采样方法、步数等，以获得更好的生成效果。点击"生成"按钮，软件将基于上传的图片和提示词生成新的图像。

3）应用场景　可用于视觉设计、游戏美术、电影美术、建筑和室内空间设计等设计领域。进行艺术创作，辅助艺术家和设计师快速生成草图和概念图，为他们提供灵感和创意，帮助他们突破传统的创作思维，开拓新的艺术风格。进行游戏开发，可用于快速创建游戏中的角色、环境、道具等资产，加速游戏内容的迭代，降低游戏开发的成本和时间。进行广告设计，生成吸引人的广告图像，提高广告的吸引力和互动性，帮助企业更好地推广产品和服务。进行社交媒体内容创作，为社交媒体用户生成独特的图像内容，增加社交媒体帖子的互动性和关注度，满足用户在社交平台上的个性化表达需求。进行教育和培训，创建教学材料和视觉辅助工具，如教学课件中的插图、培训资料中的演示图片等，提高学习效果和培训质量。

总之，计算机表现技法的运用目的就是将建筑物各个部分的关系进行良好的呈现，所以对每一部分的细节处理和系统处理都要到位，选择各种适当的编辑和设计工具进行操作，从而全面提升设计整体效果和设计技术。

3.4　园林建筑设计模型制作

建筑模型的概念可简明定义为建筑"实物设计"或"概念设计"的模拟展现。其特点及作用为：

① 说明性，介于设计图纸和实际的立体空间表达之间；

② 启发性，设计师、业主和评审者在立体条件下分析和处理空间及形态的变化；

③ 可触性，探求感官的回馈、反应，进而求取合理化的形态；

④ 表现性，以具体实体使人感受到真实的形象载体。

建筑模型分为初步模型（包括概念模型）、标准模型、展示模型。

（1）制作准备

作品以小体量建筑、形体丰富为宜，比例根据作品尺度自定（一般以1∶50或1∶100为宜）。要求模型特点鲜明，能够反映外部造型及内部空间（可以酌情移开便于观察内部）或结构方面的特点。选题范围可参考理查德·迈耶、赖特、密斯·凡·德罗、安藤忠雄、贝聿铭、阿尔托、勒·柯布西耶、库哈斯、路易斯·康、格罗皮乌斯、艾森曼、隈研吾、伊东丰雄、丹下健三、矶崎新、哈迪德和赫尔佐格、德梅隆、马岩松、王澍、张永和等著名建筑师的小型建筑作品，以别墅住宅、教堂、展馆类为主。例如萨伏伊别墅（勒·柯布西耶）、流水别墅（赖特）（图3-1，书后另见彩图）、罗比住宅（赖特）、道格拉斯住宅（理查德·迈耶）、萨兹曼住宅（理查德·迈耶）、千禧教堂（理查德·迈耶）、美国国家美术馆东馆（贝聿铭）、德国历史博物馆（贝聿铭）、光之教堂（安藤忠雄）、水之教堂（安藤忠雄）（图3-2，书后另见彩图）、艾瓦别墅（库哈斯）、巴塞罗那世博会德国馆（密斯·凡·德罗）、玛利亚别墅（阿尔托）、悉尼歌剧院（约恩·乌松）（图3-3，书后另见彩图）、日本四叶草之家幼儿园（马岩松）（图3-4，书后另见彩图）等。

图3-1　流水别墅（学生作品）

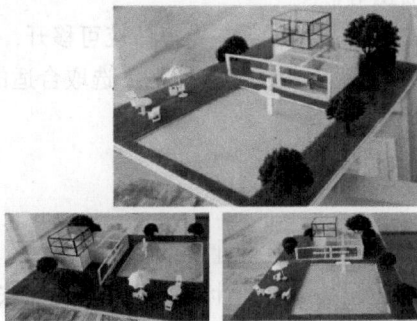

图3-2　水之教堂（学生作品）

图 3-3　悉尼歌剧院（学生作品）

图 3-4　四叶草之家（学生作品）

（2）制作材料

主体材料包括 PVC（聚氯乙烯）发泡板（雪弗板、白色）、透明塑料片、其他材料（可自己构思）。PVC 发泡板有不同厚度、尺寸规格，常见尺寸有 300mm×400mm×2mm、300mm×400mm×3mm、300mm×400mm×8mm；刀：精工刻刀、手工剪刀等；尺：不锈钢直尺；粘接胶：UHU 强力胶、103 胶、502 胶、双面胶、白乳胶等；辅助工具：草皮、模型树、A3 切割垫等。

（3）制作步骤

1）前期准备　选择合适的建筑，查找建筑图纸［带有尺寸或比例尺的平面图（各层）、立面图（东西南北）、剖面图、效果图或计算机模型］；确定建筑模型比例，一般采用（1：50）～（1：100），建筑模型长、宽 40cm 以内，以约 A3 纸张大小为宜，建筑尺寸控制在 30m×40m（1：100）或者 15m×20m（1：50），高度不超过三层（9m）。

2）制作基地地形　根据比例确定建筑在底板上的位置、面积，以及周围地形（山地、坡地、台地、平地、水体、草地、道路等）。

3）图纸绘制　各层平面图、立面图按照比例绘制在底板或相应尺寸的图纸上，可通过绘制网格的形式标注建筑墙体、门、窗的位置。

4）底板定型　将绘制好的平面图图纸用图钉固定在底板（PVC 发泡板 300mm×400mm×8mm）上，也可直接将平面图刻在底板上。

5）外墙固定　用粘接胶将外墙固定在底板相应位置，切割门洞、窗洞，用透明胶片表示；外墙、承重墙体、各楼层地板等用 PVC 发泡板 300mm×400mm×3mm，屋顶、分隔墙、台阶等用 PVC 发泡板 300mm×400mm×2mm。

6）各层制作　各层制作方法不定，视选取建筑而定。

方法一：如果建筑形体丰富，可以先做部分建筑，再逐步拼接粘到底板上等。

方法二：如果建筑形体简单，但是细部较多，可以分墙面做，再粘到底板上；分细部做，再粘到墙面上等。

模型屋顶、各楼层或主要墙体应可移开，以便研究内部空间。

7）环境处理　根据建筑比例，选取合适的模型草皮、树、花进行装饰，示意建筑尺度。

思考题及习题

1. 请简述园林建筑设计图纸绘制要求。
2. 请简述园林建筑设计图纸手绘表现技法。
3. 请简述园林建筑设计图纸计算机表现技法。
4. 请简述园林建筑设计模型制作方法。

第 4 章

园林建筑设计方法

4.1 任务解读与分析

4.1.1 设计要求分析

（1）图纸比例

就场地的认知和分析而言，首先必须知道，在设计的不同阶段需要不同比例的总图。总体规划图的图纸比例往往高达（1∶50000）～（1∶100000）甚至更高，这类图纸对了解建筑基地的区位特征很有帮助，可以获知所在场地周边的用地类型、空间形态，以及和城市或周边地区的关系。

（2）图例

场地认知一般从两个方向着手，即图面认知和场地踏勘。在场地踏勘之前和之后，设计师要反复读图，因此阅读各类总图的能力对一个园林建筑师来说是首要的。

必须熟悉国家颁布的《总图制图标准》（GB/T 50103—2010），能够读懂总图。总图由于要供很多专业使用，在基本的制图规则上增加了一些必要的图例。

4.1.2 资料调研与收集

明确场地范围、规划要求、场地环境、地形地貌、地质、水文（专业部门调研，以及自己预判）、当地气象、场地建设现状、场地内外交通运输、市政公用设施、人防、消防要求等。

4.1.2.1 地形地貌

在场地设计中，地形地貌是场地中最重要的特征，其直接制约着园林建筑的选址、方位、尺度等，还与其他各种自然条件如植被、日照等有着密切的联系。园林建筑设计师在读图和现场踏勘时，首要任务就是抓住地形地貌特征，进而帮助勾勒建筑的选址、造型和内部空间组织的轮廓。

（1）等高线的定义和基本特点

等高线就是一组垂直间距相等，平行于水平面的假想面与自然地貌相交切所得到的交线在平面上的投影。等高线图就是用等高线来表示三维地形的图纸。对地形等高线的认知，不能仅仅停留在等高距、等高线密度等基本概念上，还要能够通过阅读等高线图，获得对地形的三维想象能力。

（2）等高线的抽象理解

在了解场地的基本地形特征后，首先要合理选址。园林建筑选址时首先要考虑的就是建立建筑和环境的良好对话关系。但是，自然地形是丰富多变且有机的，建筑往往是几何化的，这就要培养抽象看待地形的能力。这些山体的基本构成部分可以用接近几何的方式来描述。等高线的线型大致有接近平直形、凸拐形和凹拐形等几种类型。平行直线段表示基本上没有凹凸变化的山体部分，部分椭圆表示凸形的山体部分或凹形的山体部分，而椭圆则可看作山丘顶部地段的原型。线和线的疏密表示了坡度的缓急。有时山顶地段纵向较长，两侧就有可能出现接近平直的等高线。与此相对应，描述地段原型的等高线可以概括为平行直线段、椭圆或部分椭圆。如果各等高线的拐点是突拐点，那么它们所代表的地段原型就是凸形山体部分；如果各等高线的拐点是凹拐点，那么它们所代表的地段原型就是凹形山体部分。这种几何拓扑的地形模型容易认知，把复杂的地形用平、凹、凸的形式突出出来。但是，这种模型对局部空间的描述能力好，对山体走势的概括性则不够强，需要配合坡轴线来综合应用。坡轴线即以等高线各主要凸拐点的连线即凸轴线为主要线索。这种方法可以更好地把握地形的走势。地形就像胶质流体一样向四周扩展，主要坡轴线的曲回与延伸，似乎暗示"气脉"，应以主要坡轴线的走向为具体的表现。坡轴线不仅在平面中弯曲，也在空间中起伏。等高线凸拐点的间距对主要坡轴线的动势起着十分重要的作用。若等高线凸拐点的间距较长，坡轴线在空间中的状态就较为舒缓，从主体部分伸出的山翼平缓地伏下，显得十分流畅；若等高线凸拐点的间距突然缩短，坡轴线在空间中的状态则急剧下倾，山翼有戛然而止之势。在山体轴线上等高线凸拐点变换了方向，就意味着坡轴线在空间中呈起伏状。坡轴线的种种变化可以与复杂多变的形态对应起来。除了坡轴线外，在水岸地带，岸线的形态也是一种重要的线索。其基本线型则可以抽象简化为平直岸线、凹形岸线、凸形岸线三种类型（这里的凹凸都是指陆地相对于水体而言）。不同的基本线型对应着不同的水陆关系。平直岸线是陆地和水面在同一个方向上延伸，彼此间没有凹进和凸出。凸形岸线表示陆地伸入水体中，同时也意味着水面对陆地部分边界的围绕。当凸形岸线形成封闭的环状时，水体位于岸线的外部，陆地就成为四面被水体环绕的岛屿。凹形岸线则是陆地对水面大部分边线的围合，同时也意味着水面伸入陆地之中。凹形岸线同样能形成封闭的环形，围合出相对独立的面状水体。

4.1.2.2 地质

地质特性不适宜发展的潜在灾害地区是考虑地质作用下发生灾害及潜在灾害的地区，共有11项规定地区准则，包括新填土地区、近代泥岩地质区、活动断层地带、膨胀性土壤区、地下水补注区、火山灰地质区、潜在崩塌地、崩积土区、河系侵蚀区、地盘下陷区及强震且频繁地区等。

1）新填土地区 山坡地开发建筑的区位宜为挖方区，因填土地区常因地质不良或土壤流失，而产生严重的地质灾害，故在填土地区应以配置开放空间为宜。但夯实确实者或者沉降数年后可考虑有条件时使用之。

2）近代泥岩地质区　泥岩由粉砂及黏土组成，其透水性低，但易受水冲蚀，使表面布满冲蚀沟，而且边坡不易保持稳定，以低密度发展为宜。

3）活动断层地带　是因岩体内部破裂，其两边岩层已产生位移者。一般断层线两边各30m禁止兴建；30～53m的条带内只能兴建独户、单层木屋等。

4）膨胀性土壤区　因为土壤中所含黏土矿物，有吸水膨胀、干燥收缩的现象，遇水后土壤体积持续膨胀从而产生上举力，破坏地上物。

5）地下水补注区　也常称为地下水补给区，是指能够为地下水提供水源补充的区域。

6）火山灰地质区　其地质特性在于本身一方面为岩体物理性的不连续，另一方面亦容易使地下水渗透而破坏地质结构。可能产生崩塌作用，如坠落、前倾、滑动、侧滑与流动等地质灾害的地区。虽非绝对不能开发，但有可能的情况下，要尽可能避让，并必须完善工程加固措施。

7）潜在崩塌地　具备一定的地质条件和因素，有可能发生崩塌灾害的区域。

8）崩积土区　崩塌后，坡地塌方堆积地区其土石组成杂乱无章，且这些土石分布地区的边坡亦会发生旋滑的现象，但崩积土不易辨认，故为一潜在危险地区。

9）河系侵蚀区　主要包括河岸侵蚀、向源侵蚀、海岸侵蚀，都需要工程处理。

10）地盘下陷区　地盘下陷可能是由自然因素或人为因素造成的，例如于石灰岩地区潜伏在地下采矿以及废弃的矿坑区所引起的下陷现象。

11）强震且频繁地区　配合过去地震资料的记录，综合划定强震且频繁地区，以限制建筑使用或加强耐震设计要求。

除了上述的分析与认知外，建筑师还应能判别出地形图中有利的建设位置和容易发生地质灾害的区域。例如一般而言平地适合建设，而某些坡地容易发生地质灾害。

4.1.2.3　水文

水文即江、河、湖、海与水库等地表水体的状况，这与较大区域的气候特点、流域的水系分布以及区域的地质、地形条件等有密切关系。

自然水体在供水水源、水运交通、改善气候、排除雨水及美化环境等方面发挥积极作用的某些水文条件也可能带来不利的影响，特别是洪水侵害。对建筑选址有重要影响的3个方面是水面高程、地表径流、地下水。

（1）水面高程

水是人类生活中必不可少的元素，但是离水面过近则可能会带来不便或危险。天然水系的水面高程会随着季节和年份而变化，在建筑选址时如果忽略这一条件，则可能造成室内进水的窘况。在进行场地的用地选择与布局时必须首先调查附近江、河、湖泊的洪水位、洪水频率及洪水淹没范围等。按一般要求，建设用地宜选择在洪水频率为1%～2%（即100年一遇或50年一遇洪水）、位于洪水水位以上0.5～1m的地段上。

（2）地表径流

地表径流是天然降水各种形态中的一种，在一般的测绘图纸中，会标出明显的地表径流。建筑选址应以不阻断天然地表径流为前提，在确实无法避免的场所，要设置排水沟、涵洞等工程措施。但是仅做到这样对于一个园林建筑师来说是不够的。园林建筑不仅在视觉景观上，而且在生态系统上，都应该是园林环境的一部分，这就要求减少建筑排水对原有场地径流状态的过大改变。例如在山坡上某场地，为避免场地流水冲刷，原本以排水沟引走从本场地流下的水，在对暴雨径流量和速率进行计算后，发现完全可以用凸起的小坡挡住流水并引走，这样既可以使整个场地在景观上比较柔和，避免生硬，而且还没有完全挡住水流，有利于区域场地的水土保持，更进一步，还可以和生态建筑中提出的雨水收集利用结合。径流可能造成的另一种影响就是径流侵蚀，由于水体的侵蚀和搬运能力，某些场地的地质可能不稳定，尤其是建筑建造砍伐地表植被后。在径流侵蚀这一问题上，很多人误认为场地坡度越陡，侵蚀越严重，这是很不全面的。场地坡度越陡，坡面水流的流速越大，土壤颗粒受地面径流的冲刷力也越大，土壤侵蚀量也越多。尤其是在陡坡上进行开荒、伐木活动，更人为地加大了这种侵蚀量。但随着坡度的继续增大，人类的活动也变少，在陡坡上将会长满各种植物，这些植物的根系使土壤表层密实，加之坡度很陡，径流在坡面上滞留时间短。这些因素都增强了坡面表层土自身抵抗径流侵蚀的能力。场地坡面径流侵蚀随坡度的变化规律还与坡面径流和泥沙运动的机理有关。

（3）地下水

地下水除作为重要水源外，对建筑物稳定性的影响很大。当地下水位过高时，将严重影响建筑物基础的稳定性，特别是当地表为湿性黄土、膨胀土等不良基地基土时，危害更大，选择用地时应尽量避开。地下水水质状况也会影响到场地的建设。地下水中氯离子和硫酸根离子含量较多或过高，将对硅酸盐水泥产生长期的侵蚀作用，甚至会影响到建筑基础的耐久性和稳固性。

4.1.2.4 土壤

土壤是场地的一个重要特性。一方面，土壤的类型是决定动植物生态链的一个主要影响因素，会间接影响到建筑的选址；另一方面，不同的土壤具有不同的工程性质，会直接影响建筑设计工作。

土壤的一个重要性质是安息角，安息角是指土壤自然堆积，经沉落稳定后的表面与地平面所形成的夹角，超过安息角的土壤在没有外在因素前提下是不稳定的。

在对场地进行坡度分析后，凡是大于安息角且植被不良的地区都是较危险的。由于土壤安息角还受到含水率的影响，因此若水文分析中显示有较高的地下水可能则会更危险，在选址时应争取避开。

另外，土壤的密实度不同，其承载能力也不同，排水能力也不同。如能在选址时选择承载力优良的区域，会为后期工作带来极大的便利。在方案前期，最好能获得地质钻探报告，将建筑布置在承载力较高的区域。

4.1.2.5 气候与气象

气候要素包括气候带、季风、降雨、气温、气象灾害等。我国地域广袤，南北从热带到寒带跨越纬度47°，东西也因距海远近而气候差异悬殊。场地所在小地区范围内还可能存在着地方气候与小气候。

（1）太阳辐射——日照

太阳辐射既具有重要的卫生价值，也是取之不竭的能源。日照的强度与日照率在不同纬度和地区存在着差别，分析研究太阳的运行规律和辐射强度，可以帮助确定建筑的间距、荫向及遮阳设施，有助于各项工程热工设计。

由于太阳与地球之间的相对运动，在地球上某一点观察到的天空中太阳的位置，是随着时间有规律地变化的。在这种变化过程中，主要由太阳高度和方位角的改变引起建筑北面阴影的变化。

园林建筑不像医院、住宅或者学校，不必保证一定的日照时间，其朝向也未必是南北向。但考虑到园林建筑所起的或多或少的服务作用，其选址及设计应尽可能考虑建筑空间内冬暖夏凉。可通过计算机分析，绘出自然地形或植被的阴影区，帮助选址工作。在建筑布局时，也应考虑到建筑之间庭院的尺寸，避免南侧建筑对北侧建筑造成过多的影响。在中国的传统园林中，园林建筑之间的庭院大多与建筑进深之间维持着（0.75∶1）～（1.2∶1）的比例，这和日照是有关系的。

（2）风象

风对园林建筑的利用有着多方面的影响，如防风、通风、特殊情况下的工程抗风设计等。风以风向和风速两个量来衡量。风向一般是分成 8 个或 16 个方位进行观测。累计某一时段各个方向风向的次数，累计各风向风的次数，可得该时期内风的总次数，再求出各个风向上风的次数占该时期风的总次数的百分比值，即为各个方向的风向频率。为了直观起见，通常以风向频率玫瑰图表示。由于地理位置的巨大差异，我国南方地区和北方地区受风的影响截然不同。北方地区需要考虑到冬季的防风保暖，道路走向、绿地分布、建筑布置等避开冬季主导风向的影响，有利于场地的自然通风。园林建筑，尤其是小区内的园林建筑也应注意合理利用风向。

（3）温度

地表气温主要取决于纬度的变化。一般纬度每增加一度，气温平均降低 1.5℃ 左右。此外，所处海陆位置及海陆气流的分布，也是影响气温的重要因素。气温长期影响着人们的行为方式，并使人们形成不同的生活习惯，使得建筑具有鲜明的地方特色。不同的气温条件对建筑提出了不同的要求，例如北方建筑须处理好冬季的保温采暖，南方建筑则要解决夏季的防晒降温问题。

虽然气候条件对园林建筑的影响方面有很多，但主要集中在以下 3 个方面：

① 建筑设计必须顺应气候条件，例如古代埃及的民居多使用平屋面，墙体厚而开洞小；中国南方的民居多用坡屋顶和干栏式，是与多雨潮湿的气候相一致的。

② 在建筑布局时要充分考虑日照、风向、降雨等的影响。

③ 在选址时避开易遭自然灾害侵袭的地点，例如台风登陆点、海啸淹没带等。

4.1.2.6　植被、动物栖息地

植被和动物栖息地是重要的自然资源，进而有成为景观资源的潜力，值得保护。对植被和动物栖息地的重视可以成为影响建筑选址和设计的重要因素。美国曾经发生多次改变童子军营地以避开灰熊觅食路线的案例，我国的青藏高铁为了保护动物迁徙路线而局部架空，这些都是设计者尊重动植物并影响设计的重要案例。

在园林建筑设计的选址阶段，并非一定要避开动植物的栖息地或是动物迁徙流线。对于那些会对环境造成严重影响的服务类建筑如餐厅、会所，应当避让；但某些以观赏动植物景观为特点的园林小品如观鸟亭、赏鱼亭或者观花亭，都应尽可能靠近对象。设计者要学会主动分析。

4.1.3　场地解读

4.1.3.1　规划条例解读

首先要明确的是场地自身的区位特点和对应的规划条例，以便查阅。例如，场地位于城

市中，总场地是公园用地，这就要求满足公园设计的规范要求和城市规划相关规范、条例。而若场地毗邻或是位于风景区内，就要满足风景区设计的相关规范。

（1）相关规范

例如《公园设计规范》（GB 51192—2016）、《风景名胜区总体规划标准》（GB/T 50298—2018）、《风景名胜区条例》（2006 年版）、《城市用地分类与规划建设用地标准》（GB 50137—2011）、《中华人民共和国城乡规划法》（2019 年修正）、《城市居住区规划设计标准》（GB 50180—2018）、《城市公共厕所设计标准》（CJJ 14—2016）、《城市综合交通体系规划标准》（GB/T 51328—2018）。

（2）规划红线

规划红线是指在城市规划和建设中，为了明确不同区域的使用性质和范围，保障城市的合理布局与有序发展所规定的具有法定意义的控制线。规划红线包括城市建设红线、水系蓝线、绿化绿线和文物紫线。

1）城市建筑红线　红线包括道路红线和用地红线。

① 道路红线，即规划的城市道路（含居住区级道路）路幅的边界控制线。

道路红线宽度包括机动车道宽度、非机动车道宽度、人行道宽度、道路侧向带宽度（敷设地下、地上工程管线和城市设施所需增加的宽度）、道路绿化宽度。其中道路绿化宽度根据道路红线宽度的多少决定。

任何建（构）筑物不得越过道路红线。为确保红线以内的各种地上或地下管线及红线以外建筑物与道路红线保持一定的几何关系，必须通过规划测量予以保证。

在道路的不同部分，道路红线宽度有不同要求。例如，在道路交叉口附近，要求车行道宽，利于不同方向车流在交叉口分行；在公共交通停靠站附近，要求增加乘客候车和集散的用地；在公共建筑附近，主要增加停车场和人流集散的用地。这些场地都不应该占正常的通行场地。所以道路红线实际需要的宽度是变化的，红线并不总是一条直线。

② 用地红线，也称征地红线，即规划管理部门按照城市总体规划和节约用地的原则，核定或审批建设用地的位置和范围线，即基地范围线。建筑控制线，也称建筑红线，即建筑物基底位置（如外墙、台阶等）的边界控制线。未实施的规划城市道路沿规划实施后的城市道路布置基地范围时，一般在道路一侧的用地红线和道路红线重合。而该规划道路还未实施时，用地红线中有可能包含道路红线。但最为常见的是基地与城市道路有一定的距离，在用地红线和道路红线之间有通路相连的情况，即建筑物后退道路红线的情况，这为将来道路红线拓宽留有充分余地。

当用地红线和道路红线重合时，应按照当地规划要求建筑控制线后退道路红线若干距离。建筑物后退道路红线距离的大小视建筑物的高度、规模、与周围环境的关系及道路性质而定。用地红线范围面积一般比建筑控制线范围面积大，用地红线范围面积除了包括建筑控制线范围外，有时还包括建筑物的室外停车场、绿化及相邻建筑物的空间距离。

2）水系蓝线　蓝线是指水域保护区，包括河道水体的宽度、两侧绿化带以及清淤路的边界范围线。设立蓝线有利于统筹考虑城市水系的整体性、协调性、安全性和功能性，改善城市生态和人居环境，保障城市水系安全。在蓝线内禁止如下行为：a.违反城市蓝线保护和控制要求的建设活动；擅自填埋、占用城市蓝线内水域；b.影响水系安全的爆破、采石、取土；c.擅自建设各类排污设施。

特殊情况下，在城市蓝线内进行各项建设，必须符合经批准的城市规划。

3）绿化绿线　是指城市内各类绿地范围的控制线。按建设部出台的《城市绿线管理办法》规定，绿线内的土地只准用于绿化建设，除国家重点建设等特殊用地外，不得改为他用。

4）文物紫线　是指国家历史文化名城内的历史文化街区的保护范围界线，以及优秀历史建筑的保护范围界线。根据规定，在城市紫线范围内，禁止违反保护规划的大面积拆除、开发；禁止对历史文化街区传统格局和风貌造成影响的大面积改造；禁止损坏或者拆毁保护规划确定保护的建筑物、构筑物和其他设施；禁止修建破坏历史文化街区传统风貌的建筑物、构筑物和其他设施。

4.1.3.2　交通组织

交通组织主要包括两类：一类是建筑场地和外部干道的关系；另一类是场地内部的交通组织。

对外关系可以归结为场地和干道的连接关系，对内则可归结为是否需要设置广场、停车场以及形成环线等问题。有部分设计师误认为园林建筑规模小时，不需要考虑这类问题，这是非常错误的。虽然就某一个园林建筑自身而言，可能不必像大型公建那样组织复杂的交通流线，但是也应该做到至少不妨碍其他建筑或整个区域的安全和使用。这种对于规范的漠视，使得某些小区内的园林小品出现在了不应该出现的位置，如消防通道或疏散通道位置。

对外关系就是建筑场地和周边道路的关系。由于建筑内可以容纳一定的人数，故会对建筑外部的交通造成影响，一般来说，需要避让交通节点足够的距离。园林建筑设计在城市中或距离城市干道很近的位置设置出入口或达到一定规模时是要考虑其影响的。其要求包括：出入口距机动车、人行地道（包括引道、引桥）的最边缘线应该≥5m；距地铁出入口、公共交通站台边缘应≥15m；距公园、学校、儿童及残疾人使用建筑的出入口应≥20m；当基地通路坡度＞8%时，为了行车安全，应设缓冲段与城市道路连接；人员密集的建筑的基地应至少一面直接邻接城市道路，该城市道路应相应于该基地情况有足够的宽度，以减少人员疏散时对城市正常交通的影响；人员密集建筑的基地应至少有两个不同方向的出口；基地内应设道路与城市道路相连接，其连接处的车行路面应设限速设施，通路应能通达建筑物的各个安全出口及建筑物周围应留的空地；基地内车流量较大时应另设人行通路，通路的间距（道路中心线）宜≤160m；停车场逐渐成为园林建筑设计时必须考虑的要素，一般大型停车场应该配合园林规划设计要求进行，但是园林建筑设计师应掌握基本的停车场设计知识，至少应该知晓3个方面的知识，即车辆自身的尺寸、转弯半径和各种停车方式的不同尺寸。

4.1.3.3　间距与密度

间距主要考虑的是建筑的日照间距、防火间距和噪声间距。此外，还有一些控制密度的指标，如容积率，即总建筑面积与用地面积的比率；绿地率，即用地范围内各类绿地的总和与用地的比率。

由于园林建筑一般密度不高，这几种间距对园林建筑设计的影响是比较小的。但是作为设计者，当其设计范围和城市直接接触或是建筑设计内容有这些方面的要求时应该要注意相关内容。

建筑自身需求是指建筑内部功能对外部场地的要求。作为一个熟练的建筑师，应该在具体建筑设计前就对建筑的种种基本要求有所了解。例如，商店、茶室等建筑需要后场，码头等交通建筑要有独立的出入流线，文化展馆的展览室的基本柱网尺寸，餐饮类建筑服务空间的基本面积比例，疗养或临时住宿时标间的基本尺寸等。这些内容虽然是建筑设计的内容，但是由于其会对场地造成影响，应当在场地设计阶段加以考虑。

4.2 方案构思

4.2.1 设计构思方法

设计是创新作品的程序，设计构思的形成是设计方案能否成立的关键所在，建筑教育的根本在于培养设计师的构思能力，没有好的设计构思，就不可能产生优秀的设计作品。构思建筑设计方案要正确理解和认识设计构思中不同深度的构思概念，学会设计构思的方法。

(1) 设计构思的几种同义词

决定设计方案思想性的因素是设计观念的见解是否优异，这体现在在具体项目中设计理念要有想象力和主题。凡被认为是呆板的千篇一律的设计作品，并不是因为其材料有问题或是造价低廉，主要是建筑师缺乏明确的设计意图，在表达设计构想时缺乏情节性和有感染力的深度。表达设计构思技巧的能力至关重要，此外，还应掌握把构想诠释为图解的能力。建筑教育的根本目的则是有效地培养建筑师的这种职业性的有创造性构思方案的能力和技巧。

见解是设计作品最初的直觉反应，这种初步的见解是由个人的经验以及外界的观感而萌发的最新鲜的创作思路的一闪念。见解有时是偶然发生的，不像意图那样具体，当一闪念的见解被确认为比较成熟可行之时就形成了设计构思的意图。创作中最初反应的见解常常是新鲜可贵的，要抓住多种可能的设计见解，搜索新颖的设计思路。

设计意图是设计构思的源泉。设计作品要有明确的创作意图，不能表现设计意图的作品或是抄袭，或是平庸，都没有创造性可言。设计意图代表建筑方案的构思。

设计构思要有专注明确的主题思想，清晰、简练、突出，和其他艺术如音乐、绘画、文艺作品一样，建筑要表现设计的主题。例如康（Louis Kahn）经常以"光"为主题，通过光感与阴影的变幻，创造出动人的有情节性的空间效果。贝聿铭的作品中出现过许多以三角形为构图的主题。

把设计意图进一步条理化，做出图解式的分析，有助于设计方案的深入发展，这是设计意图发展到了比较成熟的阶段。

充分完善的设计意图就形成了完整的设计概念，概念或理念是清晰而明确的，并且可以有条理地表现在图纸上。设计理念比设计意图要深入和成熟得多。

设计理念不仅要有工程技术或环境方面的充分分析和思考，还要表现出特殊的情节性特征，也像其他艺术作品那样富有感染力，能抓住人心。

方案草图是巴黎布札艺术学院古典主义时期最流行的设计构思的专业术语。方案能力和草图技术是统一的，方案草图是设计构思与设计概念化的全面表现，方案草图不单是专业的表现技巧，更注重其表述的设计内涵。从那时起方案草图的训练就成为建筑设计初步学习的基本功，是表述专业语言的基本技能，设计理念就蕴含在方案草图之中。因此方案草图的能力就代表了设计构思的能力。

把设计方案的构想诠释为专业语言，把抽象的设计构想具象化、图形化、图解化，用专业语言表现出来。建筑构想过程也就是自我表现的过程，学会表述建筑构思的方法，也就掌握了建筑设计的技能。

(2) 表述设计构思的方法

学习建筑设计，我们常认为方法比知识更重要。表述设计构思的方法，常用的有以下

2 种。

　　1）比拟法　从近似的作品中获得启发，是最常用的设计构思方法。在建筑作品的实践中不乏优秀的实例。例如，我们从北京颐和园的谐趣园中可看出对无锡寄畅园的模拟手法，从承德避暑山庄金山亭的意象中可看出对镇江金山寺的模仿。设计师的创作理念不是凭空产生的，因此建筑师广博的阅历与经验是至关重要的。

　　2）隐喻和近似法　是对事物之间的关系作抽象的比喻，它和比拟法不同的是把事物两者的比喻关系置于平行的地位，不求表面上的相似，而是探求事物内涵的比喻与近似。例如，后期查尔斯·摩尔等人的作品，隐喻美国新奥尔良意大利广场设计表现的罗马文化充满着丰富的想象力和戏剧性的色彩。

　　对事物本质的追求在是合计构思创作中寻求建筑项目的本质所在，不是从表面上分析作品，而是注重寻求建筑设计中不可见的建筑本质的表现。有些建筑师认为这是建筑设计构思应该寻求的根本所在。例如，巴黎的逢皮杜艺术中心要表达的艺术形象是把建筑内在的技术要素全部暴露出来，可以说是如实地追求建筑本质表现力的成果。

　　把设计构思中最直接、最简便的解决问题视为设计构思的最初反应和最根本的设计原则，并且关注建筑功能的最基本的需求，这是很常用的设计构思手法，特别是在对功能性要求较强的建筑项目中。例如，美国华盛顿航空与空间博物馆的平面布局，完全是根据参观的人流流线和展品在空间布置的次序而设计的。美国明尼波里斯艺术博物馆，是根据参观人流流线垂直安排的，参观者沿展室逐层向上行进，到达顶层乘电梯下达出口，自上而下的流线布局直接反映了人流观览的路线，最直接地解决了观览建筑的流线问题，达到了最合理的功能布局效果。

　　许多成功的建筑大师创造了各自设计思路的独特原则，形成个人的风格特色，在理论上有独特的设计理念和追求。例如，米斯的作品追求表现同一性的空间，赖特追求草原式住宅的有机建筑理论，其他还有诸如白色派、高科技派、新陈代谢派、解构派等，无不表现其某种设计创作的理想目标，作为理想化设计的依据。

　　(3) 在设计初步中表达构思存在的问题

　　在学习设计初步的练习中，对设计构思能力的培养和训练面临着一个普遍性的问题，即初学者对设计创作的理论既不容易理解，又不能得到确切的直观的回答。其原因在于以下几方面：

　　1）词不达意　初学者不会运用专业语言，词不达意，隐藏在心中的设计理念不能够与教师交流。由于初学者不会把构想抽象地化解为图形和图解式的语言，凭借语言表述、不动笔画就不能取得进步。因此，在建筑设计初步的训练中，最重要的是要教会他们建筑设计中表述与交流的方法，即以图解式的专业技巧陈述设计构思中复杂的想象力。

　　2）经验不足　初学设计者对设计项目缺乏经验或不熟悉有关方面的情况，表现出束手无策，画出的方案或条理不清，或缺乏设计意图。这是对设计任务项目的知识不足以及缺乏经验与阅历所致，只能通过知识面的扩展和经验的积累，或建筑素养的形成来提高。设计构思是不能依靠教师给予或代替的。

　　3）缺乏判断　恰如其分的自我判断只有在学习的过程中才能逐步建立，对建筑设计作出恰如其分的判断与评价始终是个难题。设计构思的新颖与否，涉及的因素非常复杂，没有简单的量化标准，判断或评价往往因人而异，因此很难被初学者所理解和接受。只有积累了一定的设计创作经验之后，恰如其分地判断与评价才能逐步地取得共识。正确的恰如其分的判断力需要具有设计经验和教学的经历。

了解设计构思中不同阶段的含义、见解、意图、概念之间的层次关系，学会设计构思的方法，有助于解决初学设计时产生的词不达意、缺乏经验与自我判断的问题。

4.2.2　选址与布局

园林建筑的选址与布局不同于一般建筑，一般建筑总会选在较易建设的场所，按照经济技术指标推算布局方式。在很多建筑设计相关规范中，都会给出建设的适宜坡度。中国传统民居选址时会依据适宜人居的日照、气候、水源等因素，常选在山水之间，既近水又保证汛期不被山洪淹没的场所，还常避开山谷底部，择处溪流的扇形冲击地或坡度较小的山之南坡，并经历千百年积累了一整套规则和范式——风水。这些经验（指风水）是园林建筑选址时一个重要的参考，但园林建筑往往会选择在有视觉特点的地点，起到点景作用。所以园林建筑师还应能快速地抓住地形中的"景观特质点"及其相应特征，才能正确地引导后续建筑设计的选址工作。一般建筑布局时可选在如下位置：沿地形坡轴线的方向或水岸线方向，地形体积的特征点（如顶部、切线位置），地形体积变化明显或相交处（如水陆边界、陡壁、坡度突变位置），体积上具有完形需要的位置（如山坳、平坦小丘靠近顶部位置）。如南通狼山上的组群建筑，其建筑群体布局时的基本特征就是沿山体坡轴线和水岸线布置。具体选位时也是选在其地形起伏较为明显的顶部或完形位置，以达成高者显、低者隐的良好建筑、环境对话关系。总体而言，建筑选址和布局与地形的关系应是"顺势而为，因势利导，主次分明，显山露水"，即顺应地形坡轴线的基本走势，突出地形的主要特征或局部特点，建筑体积与地形布局或整体体积关系要主次分明，尽可能使优美的山水成为建筑的一部分。在山体下部，山谷、山麓地带，一方面，其地面坡度往往较小，地势也较为开阔，地段的包容度相对较大，有利于建筑的展开。但另一方面，地形的体积和坡轴线方向不明显。建筑一旦出现，容易成为视觉焦点，故必须严格控制高度体量，使山体的主体能作为建筑的背景出现，并在建筑布局时顺应坡轴线或其他几何要素。凸形地段有利于建筑物的展现，而凹形地段易于建筑物的隐藏。比较特别的是盆地和山谷这种具有明确向心性的体积，建筑的布局如果能够加强这种围合式的空间关系，则能大大提高场所的魅力。但是由于其几何形心位置排水不畅，很少有建筑放在盆地中央。

在山坡地带，地形体积感强烈，坡轴线方向明确，这一区域的建筑的体积往往和山体之间会有冲突，故凹形地段比较适合作为建筑用地。凹形地段往往具有一定的包容度，从一定角度看去，建筑常可被山石、树木遮掩一部分，选址于这样的地段，有利于山体轮廓线的维持。中国古代山地建筑就熟谙此道，所谓"深山藏古寺""曲径通幽处"，表达了人们对这种选址方式的倾向。凹形地段外，山坡地带的建筑选址大多是在那些体积上特别明显或山体走势特别显著的区域，用建筑来点出或者突出地形上有特征、形态变化的部位。往往以前伸的山翼、突起的陡崖等为依托，但这时建筑的体量要严格控制或留有足够的余地。例如，苏州灵岩山东南山翼上的印公塔院，灵岩山翼自东南麓拔地而起，坡度较陡，至山体中部转而变缓，逶迤而与山峰主体相接。由于建筑的群体体量较大，印公塔院没有选择坡度突变的边缘部位营造，而是退向北部，前面留出较大的开阔场地。山体顶部具有视线上一览无余的天然优势；此外，山顶也是地形体积重要的几何位置所在，故其一般均为重要的建筑基址。但是由于其基地狭小，所以尤其要控制好建筑的总体量，绝对不能出现超过或压制山体体积的感觉，一般以对山体顶部进行点缀或完形居多。中国古代的塔作为最常见的地标性建筑，常常建造于山顶部位。在平直岸线地段，沿岸线伸展方向，水体与水岸之间没有明显的凹进与凸出，尤其是在地形较为平坦的情况下，水陆关系缺乏对建筑定位有意义的参照。因而，建筑的定位往往受到其他外部景观的决定性影响。而在岸线深纵方向，地段包容度的大小对建筑定位有直接的影响。在平直岸线地段营造建筑，建筑易于沿岸线方向展开其里面和整体形象。在倾斜的坡地上，坡顶部位的建筑能够获得对水面的俯瞰视角。欧洲莱茵河畔，河道两岸的山坡崖岸上矗立着中世纪的城堡，山坡下散布着乡村集镇，两者呈现奇妙的衬托、对比之美。泛舟而下，风景如同画卷般展开，为著名的胜景。平直岸线的主要问题是岸线僵直导致沿水立面造型呆板，布局时要充分利用进深，并争取立面上的变化，例如莱茵河畔。岸线的突出部分，水岸大部分为水体环绕，水体对陆地起到了很好的背景和烘托作用。凸形岸线地段（当地段包容度足够大时，尤其是其前缘）是滨水建筑常见的建造部位。在半岛形地段上营造建筑，能够获得面向水面的多方向的视角，同时建筑自身形象也能够在立面上得到充分的展示，并对整个水面空间界域具有较强的控制性，因而是这一类建筑的理想基址。当地段的包容度较大时，建筑可以位于坡面中段，凸出的坡面起到建筑的基座和背景的双重作用，水岸的伸展方向也有利于建筑体量的展开。山东蓬莱的瞭望塔就建造在山坡的坡面而非坡顶，在获得对水面更强的鸟瞰感的同时，后部的山坡和建筑物是它从正面看去很好的依托。此外，中国传统建筑对水体中的岛屿也比较重视。江、河、湖泊中的岛屿点缀于碧波之中，本身就具有很强的标志性。在其上营造建筑，可以在周围水面基底和开阔舒展的空间界域的烘托下获得趣味中心的地位。沿水的凹形岸线，陆地对水体呈现合抱之势。当建筑沿岸线展开时就具有了对水体的向心趋势，这种向心趋势使得建筑与水体的关系更为紧密，同时有利于建筑对水体的烘托与突出。尤其是在较为狭窄的地段，当水岸有坡度时地段就更具有幽奥、隐僻、内向的属性。

在等高线的基础上，还可以利用 GIS（地理信息系统）软件进行一系列如坡度、坡向、高程的综合分析，来帮助建筑选址、选型。

4.2.3　剖面处理

在初步确定了建筑在山地上的布局方式后，还要进一步研究剖面关系，以确定是否可以采用这种方式。首先要根据建筑选址的大概平面位置画出剖面图，在做出剖面后要根据建筑的需要，调整其位置、高低和关系，以获得较好的立面和空间组织效果。例如，在威海茶室设计中，整体地形左高右低，坡轴线也为左高右低，故其建筑选址在水陆交界的边界，建筑的总体朝向也为左右向，但是建筑的尺度如何？应采用何种布局方式？在绘出剖面后，可以看出，最好的景象就是建筑前的水面，道路到建筑基地的高差约 3m，基地两端的高差为 4m。所以如果建筑布局时置于基地两端，充分利用高差，则既可以使在景区环路上的人看不到建筑凸显的形体，又可以使后侧建筑的视线不至于被前侧建筑遮挡。

4.3　方案生成与深化

在可供发展方案基础上，尽可能对每一个细节设计反复推敲，仔细研究，使之达到完善程度。首先应明确并量化其相关体系、构件的位置、形状、大小及其相互关系。包括结构形式、建筑轴线尺寸、建筑内外高度、墙及柱宽度、屋顶结构及构造形式、门窗位置及大小、室内外高差、家具的布置与尺寸等具体内容。该阶段的工作还应包括统计并核对方案设计的技术经济指标，如建筑面积、容积率、绿化率等，如果发现指标不符合规定要求须对方案进行相应调整。方案的深入过程必然伴随着一系列新的调整，除了各个部分自身需要适应调整外，各部分之间必然也会产生相互作用、相互影响。

从完善方案设计的要求出发，园林建筑设计在很大程度上依赖表现。犹豫不决常常是由于缺乏依据。决定本身就包含选择的意思，我们要认识到解决问题就可以有多种可能性。

设计过程可以看成是从含糊通向明确的一个系列变化。草图必须简单、清晰才有效果。如果包含的信息太多以致无法一目了然，草图就失去了其有效性。但必须能提供足够的信息，并能勾勒出具有特征的设想。从抽象的概念构思到具体的空间图形，其过程是一个质的飞跃，每一轮深化表达，一方面要保持图形的清晰性，另一方面要不断校验所传达信息的准确性。深化过程中的图纸要尽量以快速徒手表现为主。设计最初可从小比例着手；随着设计的深化，可放大比例进行细致研究（可以用硫酸纸附在底图上画）；对于比较复杂的空间，先以电脑生成三维形态或手工制作工作模型，在内外空间立体形象的基础上不断深化调整，最终定稿。

4.3.1 平面深化

功能布局是脚踏实地着手建筑设计的第一步。对相似功能的分群或分区是一个逻辑性很强、条理化程度很高的过程。通常我们对相互关联的建筑、部门、区域、空间做比较，依照紧密程度将其安排为毗邻或疏远的关系。而睡眠休息空间则可按照夫妇、子女、父母等进行单元化设置，每组除卧室外还包括盥洗室、更衣室、储藏室等附属空间。以"小型博览类建筑"为例分析，博览建筑是"对人类和人类环境的物质见证，进行收集、保护、研究、传播和展览"的机构。基本构成是展览陈列区、观众服务区、藏品保管区、文保技术区、行政管理区、学术研究区、设备后勤区。在这七个功能区中，展览陈列区是核心部分，并与观众服务设施部分构成对外开放部分；而藏品库区、技术用房、学术研究用房、行政用房、设备辅助用房构成了内部作业部分并服务于对外开放部分。

注意三种流线要素。首先是普遍存在的一般流线。无论是何种建筑类型，我们都应考虑人、货分流，另外，对外客流与内部服务供应流线应分开。其次，在一些特点功能空间中，还要考虑专业流线的差异。最后一种流线叫作紧急疏散流线，是针对人流集中的建筑，出于防火需要所设置的专用流线。

交通空间包括走廊、过厅、门厅、出入口、楼梯、电梯、坡道等。它的主要作用是把各个独立的功能使用空间有机地组织联系起来，形成一幢整体的建筑。交通空间可以分为水平交通空间、垂直交通空间和枢纽交通空间。

① 水平交通空间是公共建筑同层各部分空间联系的重要手段，主要呈走廊空间形态。可以采用弧线形或者折线形，相互交错、分出岔道，或者形成回路。如将其图形化，可归纳为线式、辐射式、螺旋式、方格式、网式或以上形式的混合。

② 垂直交通空间包括楼梯、电梯、自动扶梯、坡道等形式。楼梯作为最常采用的垂直

交通手段，它不但起着各层之间的功能联系作用，而且以其独特的形态对室内外空间起着造型作用。楼梯分为公共楼梯和消防楼梯。公共楼梯一般位于醒目的厅堂空间中，是联系水平不同层面与标高的纽带。它不仅是能够满足交通连接功能的"角落"，而且它的这种空间"斜线"要素的飞跃视觉效果还带来"跨越"的心理含义。传统楼梯大多相对封闭对立，倚墙设立直跑、双跑或三跑等。交通厅是空间句法中的"顿号"，使其不至于因廊道过长而变得单调乏味。垂直交通大都安排在水平交通的交接点、端点、角落、中心点等特殊位置，厅的设置也解决了从水平交通方向到垂直交通方向的转换，为人流停留等候提供缓冲余地。

③ 枢纽交通空间的廊道还可与空间合并而加宽。在一个大空间中，廊道可以是任意而不规则的，既无形状又无边界，完全由在空间里的活动方式来决定。人在建筑中的行动路线越短，效率越高；越简单明快，动作便越轻松。走廊、坡路、楼梯、电动扶梯、电梯等若采取透明化的设计方法，可使其组合对比或营造出故事性。

4.3.2 立面深化

完善立面设计就是以三维空间的概念审视立面诸多要素的设计，常见的要素有立面的轮廓、立面的虚实、色彩与质感等。建筑形式美的创作规律经过人类长时间的实践与总结，已形成约定俗成的美的法则，如对比律、同一律、节韵律、均衡律、数比律等。它要受到平面内容、结构形式、材料技术的制约。形式与内容应该是一个有机的整体。我们可以竭力追求美的形式，但却不应该不顾建筑的内容而陷入形式主义之中。立面形式与平面布局、空间构成的完美结合是我们完善立面设计的指导思想。

（1）立面的轮廓

在园林建筑设计中，轮廓线造型是最直接的造型方法。设计一个完整的轮廓，也就是创造了一个形状。建筑的边线包括以下几种：

1）屋顶轮廓线　屋顶是建筑中最引人注目的部分，屋顶的形象有史以来一直受到建造者的重视。不同文化区域的传统建筑中都有突出表现屋顶的杰作。

2）平面轮廓线　平面的外缘轮廓线反映建筑体态的特征，是决定建筑外观造型的根本因素。现代建筑以后，为使简单的几何体富有变化，往往在平面设计形成富有变化的外轮廓线。

3）竖向边线　建筑边线是建筑物建成后的外边线。结构边线是现浇梁、板、柱成功后的外边线，它与建筑外边线相差装饰层的厚度。竖向边线是沿高度方向的建筑边线。

4）地面线　地面线的设计也不应该被遗忘。地面的高低起伏为建筑底面轮廓的变化提供了机遇，建筑师应该有意识地利用坡地创造富有变化的地面轮廓。地面轮廓的变化会使建筑具有特色。

5）内轮廓线　建筑的内轮廓线指建筑边线以内的轮廓线，它反映建筑局部和构件的形状，如门窗洞口、楼梯间、台阶、雨篷、柱廊、局部装饰构件等。

（2）立面的虚实

虚是指行为或视线可以通过或穿透的部分，如空廊、架空层、洞口、玻璃面等。实指行为或视线不能通过或穿透的部分，如墙、柱等。决定虚实比重的主要因素为结构和功能。

（3）色彩

色彩可以在形体表现上附加大量的信息，使建筑造型的表达具有广泛的可能性和灵活性。色彩能有力地表达感情，其中冷暖感、远近感、轻重感在建筑造型设计中具有广泛的实用意义。色彩在建筑设计中的作用集中在表现气氛、区分识别、强调重点，以及对建筑形象的再创造。色彩表现气氛与基调色有很大的关系。基调色反映色彩表达的基本倾向，它相当于音乐的主旋律，建筑色彩表现气氛在很大程度上借助于基调色的感染力。色彩具有区分作用。色彩区分可以给人清晰的印象。区分可以传达多种信息，如区分功能、区分部位、区分材料、区分结构等都具有实际的意义。建筑的形体造型由于受到实用、经济等多种条件的制约，往往难以实现人们的审美理想。色彩具有从多方面调节建筑造型效果的功能。色彩和质感都是材料表面的某种属性，很难把它们分开来讨论。就性质来讲，色彩的对比和变化主要体现在色相之间、明度之间以及纯度之间的差异性。

（4）质感

质感向人们展示小的形式单位群集组合的界面效果。界面的纹理反映界面基本样式单位组织的秩序和式样。基本形式单位的形态及组合变化的差异构成了质感表达的丰富性。建筑中质感的感觉还与观赏距离密切相关，砖缝显示的纹理效果只能在近距离被感知，在近处看是粗质感、粗纹理的效果，随着视距的增大会成为细质感或细纹理。质感不同，给人的感觉不同。有些质感富有视觉联想因素，如大理石、木材面的纹理，艺术家利用它本身就足以创造出意味深长的作品。含蓄的变化斑纹富含柔情，适合长期性的、日常性的视觉欣赏要求。明显的对比可以在很短的时间内给人以深刻的印象，如金属面、镜面。

4.3.3 剖面深化

高度方向的尺寸由层高和屋顶形式确定。

常见的空间变化与利用的方式有以下几种：

1）夹层 也可叫技术层、设备层，一般用来布置专用的管线和设备。位于两自然层之间的楼层，是房屋内部空间的局部层次，如一栋房屋从外部看是两层楼房，从内部看是三层，这三层中间的一层就叫作夹层。一般不超过总高度的1/2。

2）错层 指一层建筑内的各种功能用房在不同的平面上，用30～60cm的高度差进行空间隔断，层次分明，立体性强，但未分成两层，结构上指的是同一层的楼板不在同一平面上，有一定的高差。

3）中庭 指建筑内部的庭院空间，其最大的特点是形成具有位于建筑内部的"室外空间"，是建筑设计中营造一种与外部空间既隔离又融合的特有形式，或者说是建筑内部环境分享外部自然环境的一种方式。中庭的应用可解决地下建筑固有的一些问题，诸如不良的心理反应、外部形象与特征不明显、观景与自然光线的限制、方向感差等。

4.3.4 空间序列

建筑的感染力贯穿于人们从连续行进的过程之中来感受空间。因此，我们必须越出单一空间的范围，进一步研究两个、三个或更多空间组合中所涉及的问题。需要考虑空间的对比与变化、空间的重复与再现、空间的衔接与过渡、空间的渗透与层次、空间的引导与暗示、空间的序列与节奏等。

思考题及习题

1. 请简述设计构思的方法。
2. 请简述平面布局交通空间的类型。
3. 请简述立面深化的要素。
4. 请简述剖面深化常见的空间变化与利用的方式。

第5章

游憩性园林单体建筑设计

5.1 亭

5.1.1 概述

亭是一种有顶无墙的小型建筑物。主要功能是供人们在游赏活动过程中休憩（驻足休息，纳凉避雨）、观景（眺望景色），以及在造景功能上起到点景作用。

我国园林中亭子运用的最早史料记载于南朝及隋唐，正如汉代许慎《说文解字》释名："亭，停也，人所停集也。"建筑学家刘致平在《中国建筑类型及结构·亭》中曾提到："亭在园林建筑里是最常用的，它在中国园林里已是不可缺少的东西，一有了亭子便算是花园了，所以有人将园林叫作亭园。"因此，中国古典园林中常有以"亭"来给园林命名的，如绍兴兰亭（图5-1）、苏州沧浪亭（图5-2）、北京陶然亭（图5-3）等。

图 5-1 绍兴兰亭

图 5-2 苏州沧浪亭

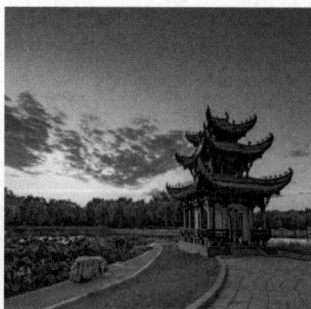

图 5-3 北京陶然亭

周维权在《中国古典园林史·绪论》中提到："亭这种最简单的建筑物在园林里随处可见，不仅具有点景的作用和观景的功能，而且通过其特殊的造型体现了以圆天法、以方像地、纳宇宙于芥粒的哲理。"

亭的空间构成最大的特点就在于它的"空"。我们从苏东坡《涵虚亭》"惟有此亭无一物，坐观万景得天全"与乾隆《昭旷亭》"四柱虚亭不设楹，天容寥廓水清泠。适然俯仰得佳会，迥绝寻常色与形"中都可以品读出亭的框架之空恰巧与景色碰撞出的另类美感。

5.1.2 类型及特点

5.1.2.1 按平面形态分类

亭按平面形态可以分为单体亭、半亭、双亭和组合亭等。

（1）单体亭

对于单体亭来说最常见的为几何形亭，如正三角亭、正四角亭、正六角亭、正八角亭、长方形亭、非正多边形（圆形、异形）亭等。经典单体亭代表有西湖小瀛洲开网亭（三角亭）、故宫乾隆花园耸秀亭（四角亭）、上海古猗园白鹤亭（五角亭）等（图5-4）。此外还有为数不多的仿生形亭，如睡莲形亭、梅花形亭等。

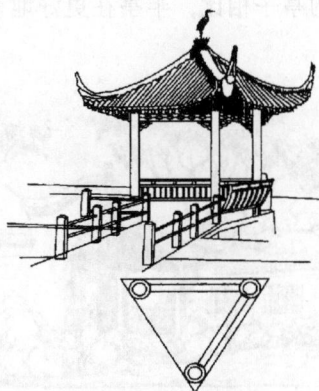

(a) 三角亭(西湖小瀛洲开网亭)　　　　　　(b) 四角亭(故宫乾隆花园耸秀亭)

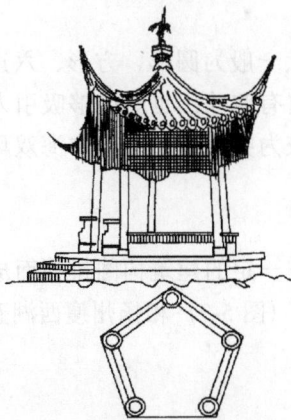

(c) 五角亭(上海古猗园白鹤亭)　　　　　　(d) 六角亭(北京中山公园)

图 5-4

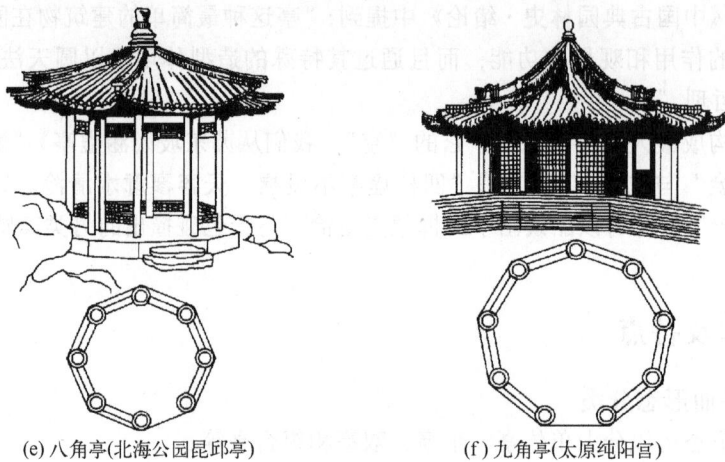

(e) 八角亭(北海公园昆邱亭)　　　　　　　　(f) 九角亭(太原纯阳宫)

图 5-4　单体亭常见平面形态

除单体亭外，亭的平面形态包含了平面组合上的变化。

（2）半亭

当亭的平面一般呈完整亭平面的一半时称之为半亭。通常半亭需要有一定的依附才能稳定地存在，主要依靠于墙体、房屋或山石。与完整的亭子相比，半亭在更好地节约空间的同时，也能使建筑形态更加丰富（图5-5）。

图 5-5　苏州网师园半亭

（3）双亭

由两个相同形状的亭子拼接组合而成的亭，形状一般为圆形、方形、六边形的组合。双亭在视觉层面与单亭相比，建筑层次更加丰富，更富有韵味，也更能够吸引人的视线。虽然双亭在数量上不如单亭多，但具有代表性的双亭也较为突出，如北京中海双环亭、北京中南海方胜亭及北京颐和园荟亭（图5-6）等。

（4）组合亭

即亭与廊、墙、石壁等的组合，或若干个亭子按一定的建筑构图排列而成，形成一个丰富的建筑群和空间组合，如桂林芦笛岩水边亭廊组合（图5-7）和扬州瘦西湖五亭桥属于组合亭的平面类型。

5.1.2.2　按屋顶形式分类

亭按立面造型可分为单檐亭以及重檐亭。

（1）单檐亭

指的是亭顶只有一层屋檐，是最常见的一种形式（图5-8、图5-9）。

(a) 北京中海双环亭   (b) 北京中南海方胜亭   (c) 北京颐和园荟亭

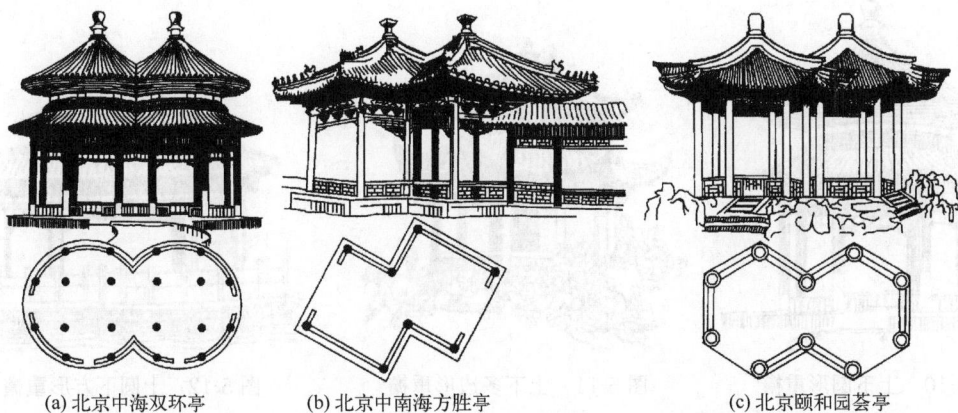

图 5-6　有代表性的双亭

图 5-7　桂林芦笛岩水边亭廊组合

图 5-8　扬州瘦西湖单檐亭   图 5-9　镇江金山公园单檐亭

（2）重檐亭

指的是中国传统亭子中有两层或多层屋檐者，在基本型屋顶重叠下形成，作用为增添亭顶的高度和层次，增强雄伟感和庄严感，在北方皇家园林中应用较多。按屋顶形式分为古代形式的攒尖顶、歇山顶、悬山顶、卷棚顶、盝顶、盔顶；现代形式的平顶、蘑菇顶等（图 5-10 ～图 5-12）。

图 5-10　上下圆形重檐　　　图 5-11　上下多边形重檐　　　图 5-12　上圆下方形重檐

（3）亭的特点

体形小，种类多，结构与构造一般比较简单，功能单纯，分布广，布局灵活。

5.1.3　设计要点

综合亭子的特征、特性，对于亭的设计主要考虑以下两个方面：一方面是亭的位置选择；另一方面则是亭的造型设计。还需要兼顾考虑观景（观景面、观景视线）和点景（点缀风景）两方面的要求。

（1）亭的位置选择

亭子的位置选择对亭子本身及配合周边景观起到画龙点睛作用来说十分重要。根据地形的不同，可分为山地设亭、临水设亭、平地建亭、其他位置四种情况。根据以上四大类型进而细分为各类设亭情况（图 5-13），因此基于不同的地形地貌，亭子选择的位置和原则也各不相同。

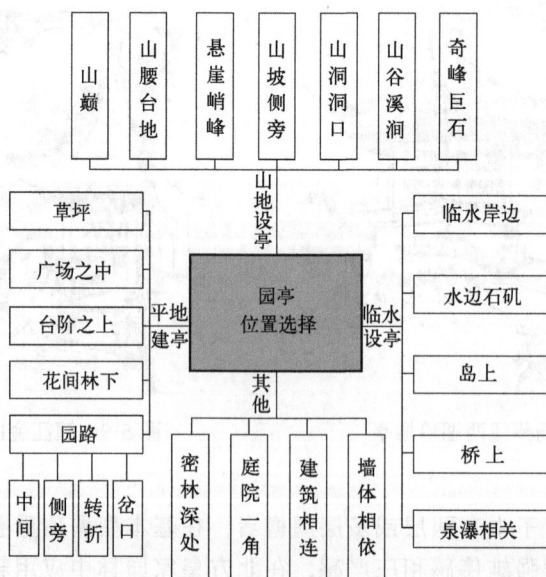

图 5-13　园亭位置选择

1）选择在山地设亭　需要适于登高远眺、视野开阔，不仅可以供游人休息和赏景，而且在丰富山形轮廓的同时，也可控制全园景区，丰富园林的空间构图。设亭位置可分为山巅、山腰台地、悬崖峭峰、山坡侧旁等。选择在小山设亭时，亭可建于山顶，以增加山顶的高度和体量，更能丰富山形轮廓；选择在中型山设亭时，亭宜在山脊、山腰或山顶设亭，应有足够体量，或成组设置，以取得与山形体量的协调；选择在大山设亭，一般在山腰或次要山脊设亭，亦可将亭设在山道坡旁，要避免视线受树木遮挡，并有合理的休息距离。

2）选择临水设亭　应尽量贴近水面，最好是三面临水或四面临水。临水亭的造型宜低不宜高，体形宜小，其体量大小应根据所临水面的大小而定。一般会在小岛上、湖心台基上、岸边石矶上临水设亭。

3）选择平地建亭　应尽量结合山石、树木、水池等，形成各具特色的景观效果。通常位于道路的交叉口上、路的一侧、林荫之间、花木山石之中，形成不同空间气氛的环境，也可在廊的重点或尽端转角处，用亭来点缀。

明代著名的造园家计成在《园冶》中有极为精辟的论述："亭胡拘水际，通泉竹里，按景山颠，或翠筠茂密之阿，苍松蟠郁之麓。"可见水边、湖心、山顶、竹丛、松林等都是布置园林建筑的合适地点，在这些地方筑亭，一般都能构成园林空间中美好的景观艺术效果特点。

（2）亭的造型设计

就亭本身的造型设计而言，一般小而集中，要求有其相对独立而完整的建筑形象。其立面一般可划分为屋顶、柱身、台基三部分。而亭的造型主要取决于平面形状、平面组合及屋顶形式，因此建设亭时需要因地制宜，结合地形、自然景观和传统设计，以其特有的娇美轻巧、玲珑剔透的形象与周围的建筑、绿化、水景等结合，构成园中一景。

亭的平面形状种类多样，常规的有三角形、四角形、五角形、六角形等。

① 正方形亭具有最严谨、最规整的特点，用于强调庄重、严肃的环境，更能体现其庄严的气氛。此外，正方形不但图形严谨，且中心轴线明确，宜布置在园林中轴线上，以强调其空间轴线中心。

② 长方形亭的图案狭长，具有通过性与联系性的特点，故可作桥亭等通过性联系性建筑。由于其平稳、开阔的特性，有时亦适于在园林主轴线上作主体景物。

③ 扇形亭平面两边均为曲边，很适合建在弯曲地段，如弯曲的池边、拐弯的道路等处。在墙角处也可布置扇形亭，直角墙与扇面亭之间形成小天井，更适合布置山石、花木，变生硬、死板的墙角为精致、优雅的小院空间，以供游人品赏。

④ 六角亭、八角亭、圆形亭等，其形状具有多边、多向的性质，故可面对多方位的景物，多向观景。同样，亦可集多向视线于一体，故可建于多向视线交集处的山顶、湖心、小岛、突出水体的岸边、数条道路的交集点等。

园林的性质不同或空间布局形式不同，对亭的平面形式有很大影响。一般而言，游赏性质强的活泼空间，亭的平面形状丰富，形式活泼；严肃空间或规则布局的空间，亭的平面形状单调、划一。

（3）亭的体量设计

亭的体量大小设计需要因地制宜，与周围环境相协调。对于基地环境宽阔、观赏视距较远的空间，应选择较大的平面尺寸；而对于基地环境狭窄、观赏视距较近的空间，则应选择较小的平面尺寸。

独立亭平面尺寸的确定，是指亭子的通面阔和通进深尺寸（图 5-14）。

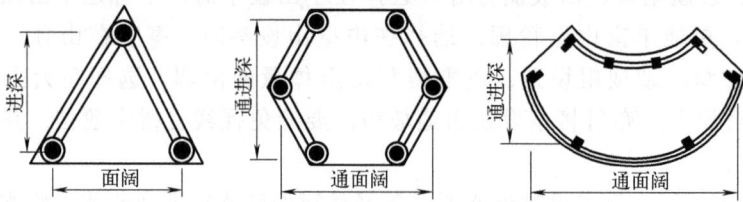

图 5-14　亭的进深与面阔

正多边形和圆形平面的"通面阔×通进深"尺寸，可按下述范围灵活取定：旷大空间的尺寸为（6m×6m）～（9m×9m）；中型空间的尺寸为（4m×4m）～（6m×6m）；小型空间的尺寸为（2m×2m）～（4m×4m）。矩形和扇形平面的尺寸，可按通进深：通面阔 =1：（1.5～3）的比值确定，面阔一般为 3～5m，还要根据具体情况确定。

传统做法（木结构）的屋顶、柱高、面阔的比例为：北方亭屋顶：柱高略小于 1：1；南方亭屋顶：柱高略大于 1：1；四角亭柱高：面阔 =（7～8）：10；六角亭柱高：面阔 =15：10；八角亭柱高：面阔 =16：10。

檐角起翘的高度与屋顶的高度有关，屋顶高则起翘高，反之亦然。一般起翘高度不超过亭顶或柱高的 1/3。在亭的细部装饰上，既可精雕细刻，也可简单质朴。宝顶及屋脊是亭的点睛之笔，一般宝顶宜长不宜短，屋脊也应具有一定高度。挂落与花牙等精巧装饰可丰满亭的造型；鹅颈靠椅（美人靠）、坐凳及栏杆可供游人休息，使亭的形象匀称；漏窗能丰富景物，增加空间层次。

除以上通用亭子体量及尺度要求外，根据地域不同，相同类型亭子的体量、造型、粗细也各不相同，尤以北方亭与南方亭最为突出。

北方亭与南方亭异同点比较：

① 北方亭体量较大，屋顶高度略小于亭身；南方亭体量较小，屋顶高度略大于亭身。

② 北方攒尖顶亭翼角起翘低而缓；南方攒尖顶亭翼角起翘较高较陡，有轻巧欲飞之感。

③ 北方亭柱子较粗壮；南方亭柱子较纤细。

5.1.4　案例分析

亭的景观作用不容小觑，在园林中有点睛之用，有些园林甚至以亭为主景，其他风景要素起到突出亭景或辅助的作用。在园林中或高处筑亭，既可仰观又可供游人统览全景；在叠山脚前边筑亭，以衬托山势的高耸；在临水处筑亭，则倒影成趣；在林木深处筑亭，半隐半露，既含蓄又平添情趣。

亭既是重要的景观建筑，也是文人雅士挽联题对点景之地，古典园林史上以亭闻名的园林不在少数，以沧浪亭最为人所熟知。

（1）沧浪亭

沧浪亭（图 5-15）为北宋诗人苏舜钦之园，根据《孟子》中"沧浪之水清兮，可以濯我缨；沧浪之水浊兮，可以濯我足"取名"沧浪"，后有欧阳修"清风明月本无价，可惜只卖四万钱"的诗句千古流传，内有核心亭——沧浪亭。

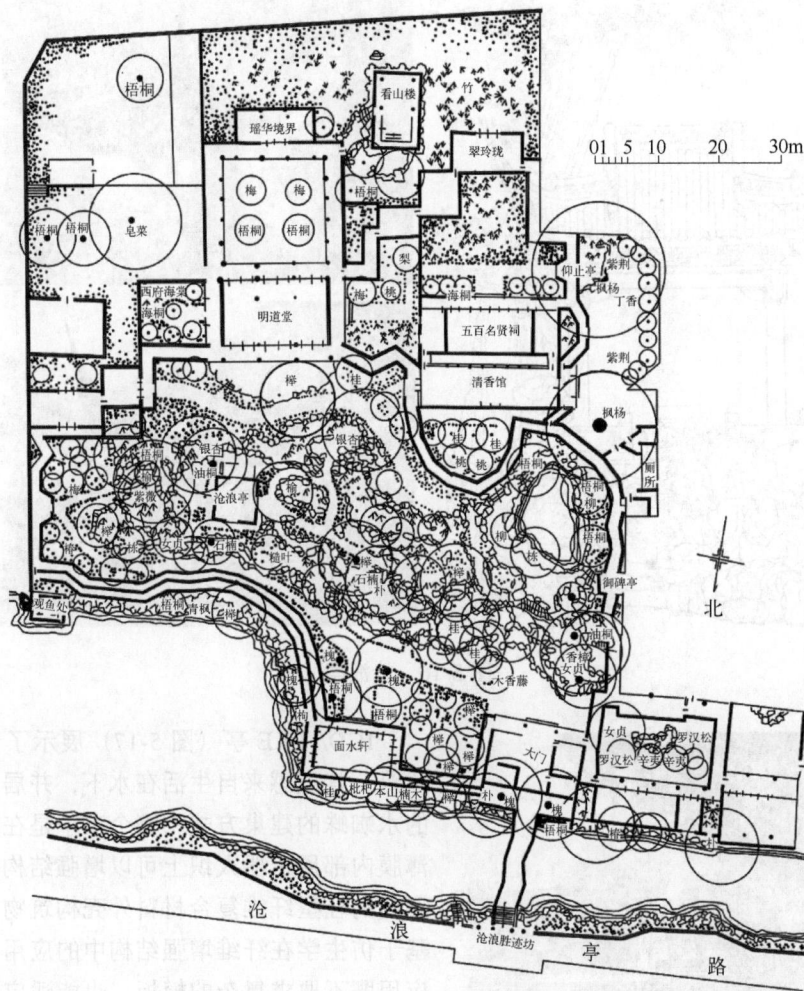

图 5-15　沧浪亭平面图

　　沧浪亭（图 5-16）隐藏在山顶上，高踞丘陵，飞檐凌空。此亭是一座方形单檐歇山顶之亭，是标准的江南园林之亭。

　　亭的结构古雅，与整个园林的气氛相协调，以比例、尺度、韵致及色调等取胜。亭四周环列有数百年树龄的高大乔木五六株。亭上石额"沧浪亭"为俞樾所书。石柱上石刻对联：清风明月本无价；近水远山皆有情。上联选自欧阳修的《沧浪亭》诗中"清风明月本无价，可惜只卖四万钱"，下联出于苏舜钦《过苏州》诗中"绿杨白鹭俱自得，近水远山皆有情"。

　　（2）ICD/ITKE 亭

　　自 20 世纪 70～80 年代以来出现了许多新式的亭，新材料、新技术、新结构和新思潮在亭的设计中都得到了应用。亭不再是造型简单的木质亭廊，更多的是弧面亭、异型亭、仿生亭，材料也多种多样，由木材、竹材、石材、金属、玻璃、混凝土、纤维等其他材料凝合而成，而且目前有些亭廊还引入了高科技。

图 5-16 沧浪亭

图 5-17 德国斯图加特大学 ICD/ITKE 亭

ICD/ITKE 亭（图 5-17）展示了一种全新的建筑，其灵感来自生活在水下，并居住在水泡中的水蜘蛛的建巢方式。整个亭子是在一层柔软的薄膜内部用机器人织上可以增强结构的碳纤维而形成的轻型纤维复合材料外壳构筑物，设计理念基于仿生学在纤维增强结构中的应用研究。这种应用既不要求复杂的模板，也能适应不同结构的不同要求，作为水泡支撑结构的蜘蛛丝能让水泡在遭遇水流变化时承受机械应力，保证水泡内的安全和稳定，亭子的轻薄薄膜先在机械产生的空气压力下成型，机械臂进入在薄膜内部植入碳纤维束，碳纤维变硬后就成了牢固的结构，成就了一个高性能的节省材料的综合建筑皮肤。

该建筑原型由德国斯图加特大学计算研究所（ICD）和建筑结构研究所（ITKE）在 2014 ~ 2015 年研究成功。亭占地 40m^2，体积 130m^3，跨度 7.5m，最高处 4.5m，总重量仅有 260kg，也就是每平方米 6.5kg。这个先进的计算机设计、仿真以及制造技术的作品展示了跨学科研究和教学的创新潜力，有广泛的应用前景。这是一个不仅在材料上特别的构架，也是一个创新的建筑展示。

（3）云在亭

竹材作为植物中最适合用于结构的材料之一，与木材相比具有明显的特点，原竹的抗弯性能和抗拉性能优异，且易弯曲加工，通过与现代竹构工艺的结合，便于在工厂甚至现场进行可控的定型加工，并且定型干燥后放置室外不易变形。

"云在亭"（图 5-18）位于北京林业大学校园内的一片小树林中，是为 2018 年"竹境·花园节"建造活动设计的一座竹结构亭，占地约 120m²，用于建造节期间的信息发布，活动结束后将为师生们日常休闲、小型聚会等提供一处灵活的户外场所。

图 5-18　云在亭

大风起兮云飞扬，竹亭取风起云扬之意，将原竹建构与现代建筑技术结合，尝试先有概念方案，再利用数字化工具逆向生成结构整体及指导施工的设计方法。与传统的小模型推敲放样相比，一方面，数字化设计可以贯穿从方案产生到施工落地的整个过程，利用竹材在工厂内的可控预制弯曲定型，到现场进行装配搭建，最终相对准确地实现方案落地；另一方面，经过数学逻辑控制生成的曲面及关键竹梁结构曲线，可以更加符合结构受力和建造规律。

竹亭结合校园主要道路的朝向以及树木、绿篱和纪念石的位置，设计了多处高高低低的曲线形开口，方便人从各个方向自由穿越，原有的部分绿篱保留延续到亭内，顶部升高束起设为圆形采光口，将风、阳光和绿植引入内部，打破遮棚的沉闷感，形成了云卷飞扬的概念方案。概念方案引入数字模型，与结构工程师及竹构厂家进行建造逻辑梳理后分步生成关键构件。

首先，确定基本曲线的定位和形态，包括各个方向的开口以及顶部的圆洞，据此生成曲面屋顶和中心圆锥筒。其次，根据经验估算的梁间距，从曲面生成所有曲梁，并在曲梁上方附加一层菱形交叉的竹篾网格，将整个屋面结构连成一体。最后，兼顾防雨与采光的需求，采用两种适用于曲屋面的材料——竹瓦和有机玻璃板进行曲面定位。

原竹结构由来已久，尤其在盛产竹材的南方，多用于房屋、桥梁等。虽没有明确的结构计算，但是经竹构厂家和结构工程师的经验估算，依然可以满足建造需求。本次竹亭方案的形体尺寸、结构形式以及构造节点，均与竹构厂家和结构工程师共同推敲完成。经过数字设计工具提取的竹梁在工厂内预制加工编号，再到现场搭接。竹梁落地处利用金属连接件与现浇混凝土条基础固定，不同方向的竹梁采取通用的传统竹构交接。

屋面兼顾防雨遮阳和引入阳光的需求，考虑到局部曲形屋面的近人感受，采用了竹瓦和有机玻璃板，竹瓦下方覆盖防水卷材及苇席。中心圆锥筒既作为结构支持，又结合日光和照明，为竹亭夜间使用提供灯光。场地由内而外找坡，外侧局部设卵石渗水坑，避免竹梁基础落地部位积水等。原竹工艺与现代工具技术结合的过程中，各种材料和节点的选择也保留了一定的容错度，这与现在精准的装配式钢、木结构有所不同，原竹的工厂加工允许一定的误差，在现场通过竹篾、竹瓦等进行灵活调整，依然保存了传统的手工艺特征。通过竹亭的建构逻辑梳理，我们不仅是设计了这一片云，更是与竹构厂家共同尝试了一种适应当下条件的可操作类型方案，结合不同的场地条件灵活进行复制变化应用。

5.2 廊

5.2.1 概念

廊是指屋檐下的过道、房屋内的通道或独立有顶的通道，包括回廊和游廊，具有遮阳、防雨、小憩等功能。廊是建筑的组成部分，也是构成建筑外观特点和划分空间格局的重要手段。

明代计成《园冶》对廊的解释为："廊者，庑出一步也，宜曲宜长则胜。古之曲廊，俱曲尺曲。今予所构曲廊，之字曲者，随形而弯，依势而曲。或蟠山腰，或穷水际，通花渡壑，蜿蜒无尽。"

5.2.2 功能和类型

（1）廊的功能

1）联系建筑　廊本身是作为建筑物之间联系而出现的。当在参观游园时，廊打破原有的露天环境，并提供一定的遮阴休憩功能。另外，通过廊与建筑物之间的联系来组织园林建筑，从而丰富了游览路线。

2）划分和组织园林空间　设计时通常会选择把廊布置在两个观赏点之间，使得廊成了空间联系和空间划分的一种重要手段。设计师通过施加以廊的这些作用来进行整个园区的空间塑造。

3）过渡空间　廊本身的构型决定了其是一个虚的建筑，由于其自身介于明暗、室内外空间之间，此时的廊作为划分两个区域的一条无形的界限，使游客观赏时可在不知不觉中便被引入下一个截然不同的景象，因此具备空间过渡的功能。

4）组廊成景　廊的体态通透、开朗，其本身就具有良好的观赏体验性，增设部分组团的廊进行园区景观规划组件，宜与各种园林元素组合构成独立、完整的景观效果，具备别样风采。

（2）廊的类型

按横剖面分为双面空廊、单面空廊、双层廊、复廊、支柱廊；按位置分为平地廊、爬山廊、水廊；按平面形式分为直廊、曲廊、抄手游廊、回廊等。

1）按横剖面分

① 双面空廊（图5-19）。有柱无墙。双面空廊是中国园林中最常使用的一种形式，适用于景色层次丰富的环境，因为其列柱透空并且没实墙，廊的两面有景可赏，更好地增加了园区景观观赏性，如北京颐和园长廊（图5-20，书后另见彩图）。

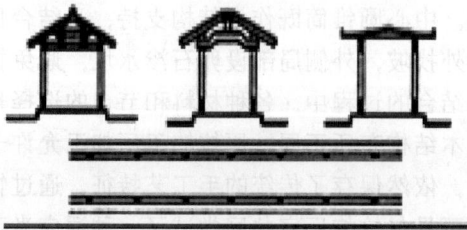

图 5-19　双面空廊示意图　　　　图 5-20　颐和园长廊

② 单面空廊（图 5-21）。一边用柱支撑，另一边沿墙或附属于其他建筑物，形成半封闭的效果。单面空廊为典型的半封闭式，主要表现形式有两种：一种是在双面空廊的一侧列柱间砌上实墙或半实墙；另一种是一侧完全贴在墙或建筑物边沿上。单面空廊的廊顶有时做成单坡形，以利排水一侧，同时可做实墙处理，进行书法展览，其墙上可做漏窗或空窗处理，增设风格各异的漏窗、门洞或宣传柜窗，使整个廊隔中有透，似隔非隔，更激发游人探索的趣味心理，如拙政园水廊（图 5-22，书后另见彩图）。

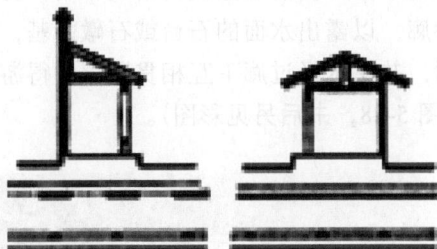

图 5-21　单面空廊示意图

图 5-22　拙政园水廊

③ 复廊（图 5-23）。复廊又称"里外廊"。因为廊内分成两条走道，所以廊的跨度大些，中间设有漏窗墙，两面都可通行。复廊一般安排在廊的两边都有景物可赏，而两边景物的特征又各不相同的园林空间中，用来划分和联系景区。此外，通过墙的划分和廊的曲折变化来延长景观线的长度，增加游廊观赏中的兴趣，达到小中见大的目的，如拙政园复廊（图 5-24）。

图 5-23　复廊示意图

图 5-24　拙政园复廊

④ 双层廊（图 5-25）。双层廊又称"楼廊"，上、下两层，不仅为游人提供了在上、下两层不同高程的廊中观赏景色的条件，而且便于联系不同高程上的建筑和景物，增加了廊的气势和观景层次，如何园双层廊（图 5-26）。

图 5-25　双层廊示意图

图 5-26　何园双层廊

2）按位置分

① 平地廊（图5-27，书后另见彩图）。平地廊往往沿边界墙及附属建筑物以"占边"的形式布置，可以达到隐去界墙的作用，更好地配合环境整体氛围打破原有的单调，在平乏之处争取变化，做到曲折迂回。

② 水廊。顾名思义，供欣赏水景及联系水上建筑之用，有利于形成以水景为主的空间，常见的有位于岸边的水廊和凌驾于水上的水廊。位于岸边的水廊，紧接水面，平面也贴紧岸边，尽量与水接近，在尊重水岸曲折自然的情况下，廊便沿水边做自由式布局，更好地勾勒出水岸形态之美。而凌驾于水上的水廊——桥廊，以露出水面的石台或石礅为基，廊基一般宜低不宜高，最好使廊的底板尽可能贴近水面，并使水经过廊下互相贯通，使得游人有一种穿水而行却片衣未沾湿的，如拙政园小飞虹（图5-28，书后另见彩图）。

图5-27　平地廊

图5-28　拙政园小飞虹

③ 爬山廊。爬山廊的屋顶和基座有斜坡式和跌落式两种。不仅可以供游人登山观景和联系山坡上下不同高程的建筑物，而且可以丰富山地建筑的空间构图，使游人谈笑间将全园景观尽收眼底。斜坡式廊紧随山体形式，尊重原有山体形态之美，平添观光乐趣（图5-29）。跌落式廊犹如泉水层层叠叠跌落而来，一方面增加了攀爬时的乐趣，另一方面则是更好地丰富了山体的形态美（图5-30）。

图5-29　斜坡式爬山廊

图5-30　跌落式爬山廊

3）按平面形式分　廊平面可设计成直廊、曲廊、抄手游廊（四面连通且每个面都连接建筑）、回廊（四面连通）（图5-31）。

园林建筑设计

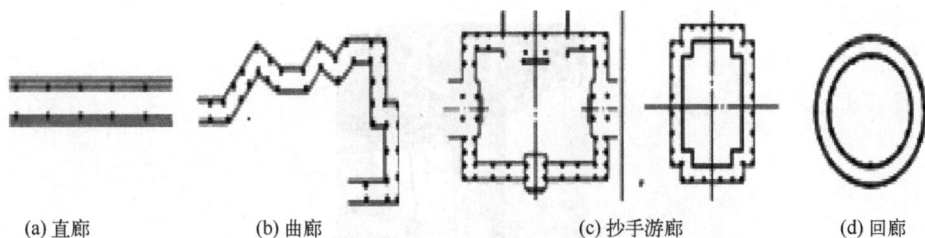

| (a) 直廊 | (b) 曲廊 | (c) 抄手游廊 | (d) 回廊 |

图 5-31　直廊、曲廊、抄手游廊、回廊平面示意图

5.2.3　设计要点

（1）廊的尺度

廊的尺度需要做到精准把控，通常开间（柱距）3～4m，净宽（跨度）1.2～2.5m，柱高2.2～2.5m，柱径150mm。其廊顶的选择十分多样，可以为平顶、坡顶、卷棚等样式，需要根据不同风格的景观来增设，这样才能更好地增添园林风姿。

（2）廊的立面设计

对廊的立面设计需要做好细部处理，可设挂落于廊檐、高1m左右的栏杆或在廊柱之间设0.4～0.5m高的短墙，上覆石板或木板，以供停坐。而许多设计者为开阔视野，设计立面时多选用开敞式的造型，更能体现出廊通透的特性。

5.2.4　案例分析

（1）留园爬山廊

留园爬山廊（图5-32）位于涵碧山房西侧，依山高下起伏、曲折逶迤布局于中部假山上。

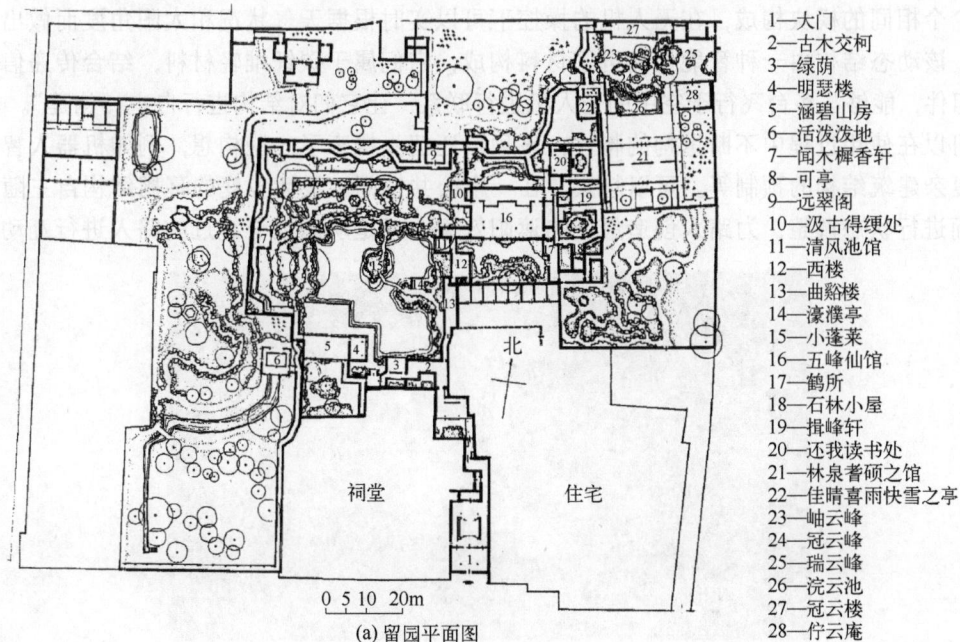

1—大门
2—古木交柯
3—绿荫
4—明瑟楼
5—涵碧山房
6—活泼泼地
7—闻木樨香轩
8—可亭
9—远翠阁
10—汲古得绠处
11—清风池馆
12—西楼
13—曲谿楼
14—濠濮亭
15—小蓬莱
16—五峰仙馆
17—鹤所
18—石林小屋
19—揖峰轩
20—还我读书处
21—林泉耆硕之馆
22—佳晴喜雨快雪之亭
23—岫云峰
24—冠云峰
25—瑞云峰
26—浣云池
27—冠云楼
28—伫云庵

0　5 10　20m

(a) 留园平面图

图 5-32

(b) 留园西部爬山廊

图 5-32　留园平面图及西部爬山廊

这条爬山廊分为上山廊和下山廊，起伏于山体之上时还伴随依墙的实廊、离墙的空廊，随着场景的转化，整个廊始终处于高、下、明、暗等不同的光线和地势的变化过程中。

爬山廊在实用功能上还有以下几方面的作用：夏天遮阳，雨日挡雨；是联系景点之间的纽带，是一条天然的游览路线；平缓而巧妙地将游人在不知不觉中引到中部假山之上的"闻木樨香轩"。据说以前留园的主人刘蓉峰爱石如痴，并且喜欢将古人的美诗篆刻在青石上嵌入墙壁。从此，这种长约 1m、宽约 40cm、石面上刻着文章诗词或名家书法的书条石就成了留园的一大文化特色，它极大地丰富了留园作为古典园林的文化内涵。至今，留园共保存有 370 多方书条石，堪称留园一绝。

（2）动态智能幕棚

通过无人机操控的动态智能幕棚（图 5-33，书后另见彩图）由德国斯图加特大学的计算机设计学院（ICD）发起，旨在探索一种全新的智能建筑形式并使其可以在公共空间实现。这个可以灵活变动的幕棚结构由分布在结构上的机器人构件和可编程控制器组成。该幕棚结构由一个个相同的模块构成，在无人机的操控下可以实时根据天气状况和太阳角度而做出调整变化。该动态结构由一种智能化的电子材料构成，它们属于碳纤维轻材料，结合传递信号的电子组件，能够与多台飞行于空中的无人机进行联系，让它们对结构进行自主"构建"。由于这种可以在使用过程中不断重构的特性，该项目还初步探索了一些构想，例如机器人智能制造、复杂建筑结构的预制等。可以想象，在一个公共空间，灵活多变的幕棚结构自主随太阳角度而进行状态调整，为路人创造最佳的遮阳效果，或是动态地与经过的路人进行互动，又

图 5-33　动态智能幕棚

或是模拟成类似四周建筑的屋顶结构。得益于这种物理形态上的灵活性，以及分布在结构上的智能化，该设计达到了全新的人工智能及联动模式的水平，提供了快速激活公共空间的可能性，完全超越了传统且毫无生气的建筑设计。

（3）英国 Elytra 展厅

历经四年极具突破性意义的探索研究——英国 Elytra 展厅（图 5-34，书后另见彩图），这座凝结了建筑、工程和仿生技术研究人员心血的全新装置正式亮相伦敦 V&A 博物馆，也标志着博物馆工程技术主题展的开幕。设计团队着眼于自然，将甲虫前翅的轻质生物纤维结构转化为建筑结构，打造了这个占地约 200m² 的展厅 Elytra。Elytra 模数化的结构单元体全部交由斯图加特大学的自动化机器人制作，再漂洋过海至 V&A 博物馆，在 John Madejski 花园中庭组装完成，设计人员将利用内嵌于纤维雨棚结构中的实时传感器，收集大量的结构与动态数据，分析到访者的使用模式和行走路径，并根据结果扩大或调整 Elytra 的空间格局。这种创新型的缝纫技术利用碳纤维的材料特性，以编织的手法将其转化为更强韧的结构单元体，一个个如细胞般的单体被串联在一起，创造了一个造型独特的展厅，这个集设计、工程和制造于一体的设计方法，也用于探讨新兴的计算机和机器人技术对各学科的影响。

图 5-34　英国 Elytra 展厅

5.3　花架

5.3.1　概念

花架是用刚性材料构成一定形状的格架供攀缘植物攀附的园林设施，又称棚架、绿廊。

5.3.2　功能和类型

（1）功能

把植物生长和供游人游憩的功能结合起来，是园林中最接近自然的建筑物，能增加园林风景深度，并且起到点缀风景的作用。

花架与廊在园林功能等方面均极为相似，其不同之处在于花架没有顶盖，只有空格顶架

图 5-35　花架

（图 5-35）。

（2）类型

按平面形式分类，常见的有直线形、曲线形、多边形、圆形、扇形以及它们的变形图案。一般来说，直线形和曲线形花架占地面积和体量较大，适合布置在较大的园林空间中，往往以植物为主体形成遮阴覆盖，供游人坐歇、观景（图 5-36）。几何形花架体量不宜过大，宜轻巧通透，施工方便，经济美观，占地面积也较小，能够灵活地布置（图 5-37）。

图 5-36　直线形花架

图 5-37　几何形花架

按结构形式分为单柱花架和双柱花架。单柱花架即单臂花架，在花架的中央或一侧布置柱，在柱的周围或两柱间设置休息椅凳，供游人休息、聊天、赏景。此类花架以其造型美观、简洁大方的特点而广泛用于点缀、装饰园林环境（图 5-38）。双柱花架即两面柱花架，在花架的两边用柱来支撑，并且布置休息椅凳，游人可在花架内漫步游览，也可坐在其间休息。此类花架以植物为主，更接近自然，能够给游人增添一定的游览兴趣（图 5-39）。

图 5-38　单柱花架

图 5-39　双柱花架

5.3.3　设计要点

（1）花架与植物搭配

花架所选用的植物要与花架的尺度、结构、梁的宽窄以及外部造型相适应。一般可与花

园林建筑设计

架相匹配的植物有紫藤、蔷薇、牵牛花、金银花、丝瓜等。另外，常春藤耐阴，凌霄花（图 5-40，书后另见彩图）、木香花则喜光，布置时应加以注意。

（2）花架的尺度

花架的高度控制在 2.8～3.4m，利于植物攀附和行人通行。花架开间（柱距）3～4m，净宽（跨度）2.2～3m。花架椽条间距 400～600mm。

（3）花架的造型

花架常被植物覆盖，因此比较适合近观，除考虑结构稳定外，还要求造型美观，外形轮廓要富有

图 5-40 凌霄花花架图

表现力。在花架上设置花格、挂落装饰，也有助于植物的攀缘。

（4）花架的制作材料

① 竹木花架制作简便，经济，富有质感，肌理自然，但易腐烂。

② 砖石花架以砖块、石板、块石等砌成虚实对比的样式。

③ 钢筋混凝土花架造价低，制作方便，坚固耐用，可现浇或预制。

④ 金属花架加工方便，美观经济，造型独特。

（5）花架的构造

花架由柱子和格子条构成。柱子可采用木、铁、砖、石、水泥、钢筋混凝土等材质，用混凝土作基础。柱子顶端架格子条，可采用木、竹、铁条、钢筋混凝土等材质，由横梁、椽条、横木三部分构成。

5.3.4 案例分析

意识门户（图 5-41）位于墨西哥的城市街道。这是该市最重要的一个大道，意识门户主要的材料是 1500 个金属咖啡杯。意识门户将常见的日常用品马克杯与常见的建筑结构材料钢筋结合在一起。网格的钢筋用作杯子的主要结构，然后机械地连接到杯子上。网状物由 41 个主要拱门编织而成，长度从 10m 到 12m 不等，每个拱门都有对角线相交，在杯子所在的位置创建了 1497 个节点。门户的最终形状以及所选杯子的不同颜色增强了作品的运动感，这是该

图 5-41 意识门户

项目的一个关键概念。葡萄藤在钢筋之间生长，随着时间的推移，结构的外部将覆盖绿色叶子，而内部将继续显示杯子的色彩梯度。网格的阴影在一天中移动，投射到人行道上，为项目增加了一层额外的动态美，在公共场合提供了表达和互动的空间。

5.4　园桥

5.4.1　概述

园桥是具有园林道路的特征，兼具园林建筑特性的桥体，不仅可以联系交通、联系风景点和组织游览路线，同时可以分隔水面，划分水域空间，增加空间层次与进深。因此，园桥一般布置在园林和风景区主要景点处成为景区标志。

在我国园林中，常见的园桥类型有石板桥、木桥、石拱桥、多孔桥、廊桥、亭桥等。园林中的桥，或矫健秀巧，或势若飞虹，或小巧多变，或精巧细致，不仅具有实用功能、景观功能，部分园桥还具有一定的历史价值。例如，"三潭印月"的九曲桥、网师园的引静桥（图5-42，书后另见彩图）、北京颐和园中的十七孔桥（图5-43，书后另见彩图）、拙政园的小飞虹。在园林中，或在重要的风景点，有些桥也因有著名诗人的咏词赞颂，而使园林或风景区留名千古，与园林风景相得益彰，如苏州寒山寺的枫桥，因为唐代诗人张继写了著名的《枫桥夜泊》，寒山寺园林更加闻名遐迩。

图 5-42　苏州网师园引静桥　　　　　　　　图 5-43　颐和园十七孔桥

中国桥是艺术品，不仅在于它的姿态，而且还由于它选用了不同的材料。石桥之凝重，木桥之轻盈，索桥之惊险，卵石桥之危立，皆能和湖光山色配成一幅绝妙的图画。

5.4.2　位置选择

① 园桥的位置应与园林道路系统配合，联系游览路线与观景点，方便交通。如紫竹院公园（图5-44）就实现了这一点，通过园桥沟通两岸园路，既起到串联交通的目的，又使园林景观层次得到极大的丰富。

② 注意景观要求。水面的分隔或聚合与水体面积大小密切相关。水面大的应选择窄处架桥；水面小的要注意水面分隔，使水体分而不断，使环境空间增加层次，有扩大空间的效果。如苏州网师园的园桥与园路布局（图5-45）。

图 5-44　紫竹院公园平面图

图 5-45　网师园布局图

③ 注意水路通航与桥上的通行。根据交通情况的要求，如桥上是否通车，桥下是否通航，载重能力和净空高度，以及与环境造景统一效果等，选择合适的形式与结构。

④ 考虑结构的经济性和合理性。考虑园桥结构的经济性、合理性，根据水体的宽窄、水位的深浅、水流的大小与地质基础条件考虑。

5.4.3　类型

(1) 梁桥

园林中小河、溪流宽度不大的水面常设独木桥，宽而不深的水面多设梁桥。梁桥按形式分为独木桥、平桥，可设桥墩。

1）独木桥　独木桥是我国古代劳动人民最初发现、建造的，距今已有多年历史（图 5-46）。

图 5-46　独木桥

2）平桥　又称梁桥、跨空梁桥，是以桥墩作水平距离承托，然后架梁并平铺桥面的桥。一般布置在园林中的小河、溪流、宽度不大的水面或宽而不深的水面上。例如，北海濠濮涧石桥（图 5-47）、北京颐和园中谐趣园知鱼桥（图 5-48），即属平桥，桥身贴近水面，可近距离观赏游鱼。

图 5-47　北海濠濮涧石桥

图 5-48　谐趣园知鱼桥

（2）拱桥

拱桥桥梁的上部结构，承受荷载的主体构件是"拱"，因而称其为拱桥。拱桥因其曲线圆润，造型优美，富有动态感，在中国古典园林中应用较多。此外，拱桥施工方便，材料易得，立面形象比较突出，可以和水面倒影成环，具有美感。

1）布局位置　单拱的砖石拱桥，可置于环境僻静的水口溪流上；多拱桥可设于较宽的水面上。

2）形式　一般用石条或砖砌筑成圆形拱券，有单孔、双孔、三孔、五孔、七孔、九孔乃至数十孔不等；有半圆形券、双圆心券、弧状券等。

园桥南北方设计皆有不同的侧重。南方做法多为半圆形券洞，北京地区最常见的桥是拱券形石桥。这种桥的特点是用石块砌做圆券，桥面载重力强，而且跨度较大。清代宫式石桥拱券是近于尖券式样，即双圆心券，高略小于宽，券的顶部是尖的，券顶正中安放雕有吸水兽的龙门石。

卢沟桥（图 5-49）位于北京广安门西南 10km 处，建于 1189 年，是一座联拱石桥，长约 265m，有 241 根望柱，每个柱子上都雕着狮子。

五亭桥（图 5-50）位于扬州瘦西湖内，桥基为 12 条青石砌成的大小不同的桥墩，桥身为拱券形，由 3 种不同的券洞联合，共 15 孔，孔孔相通，亭亭之间的廊相连。

图 5-49　卢沟桥

图 5-50　五亭桥

赵州桥（图 5-51）位于河北赵县的河上，是一座单孔石拱桥，桥面宽 10m，两侧 42 块模仿板上刻有龙兽状浮雕。

近年来，钢筋混凝土材料构筑的拱桥，其造型更加轻薄而跨度较大，其桥拱也较为平缓，颇有新意（图 5-52）。

图 5-51　赵州桥

图 5-52　钢筋混凝土拱桥

（3）浮桥

1）位置　南方多见，多是简单、临时性建筑。

2）形式　用竹或木连接在一起，漂浮于水面之上，无桥墩，船或浮筒代替桥墩架梁板；一面或两面靠岸（图 5-53）。

（4）吊桥

1）位置　两山之间的水中。在急流深涧，高山峡谷，桥下不便建墩的条件下，如我国西南地区，最宜建吊桥。

2）形式　桥下不设桥墩；轻巧的悬索吊桥更具有优美的曲线造型（图 5-54）。近代科学技术的发展和新的高强耐拉材料的生产，使吊桥有可能实现以前无法建造的大跨度。随着我国科技的发展，今后必将出现更多的具有优美曲线、轻巧的吊桥。

图 5-53　水上浮桥

图 5-54　山间吊桥

（5）汀步

汀步桥是一种较特殊的园桥类型，园林中又称为点式桥或跳墩子，是在小溪涧、浅滩中散置的天然石块。随着园林的不断发展，汀步也不再仅仅使用天然的石块，还包括其他材料和形状，其应用范围也相应扩大。位置位于小溪涧、浅滩、草坪。

汀步以零散的叠石、树桩点缀于窄而浅的水面，形式上分为自然式和规则式两种。

1）自然式　用天然石材自然式布置，设在自然石矶或假山石驳岸，最容易取得协调效果，也是最简便的步行过水形式（图 5-55，书后另见彩图）。

2）规则式　由形状规则的几何形材料组合而成，有圆形、方形，或塑造荷叶（图 5-56）等水生植物造型，可用石材雕凿或耐水材料砌塑而成。

图 5-55　自然式汀步

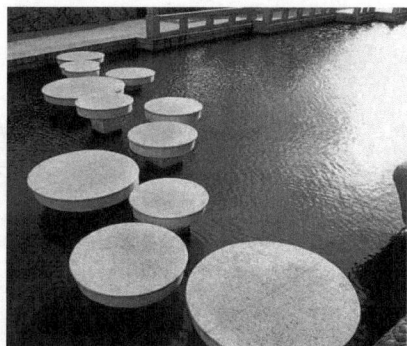

图 5-56　荷叶形汀步

汀步既可布置在水面上（图 5-57），也可布置在草地上（图 5-58）。

图 5-57　水上汀步

图 5-58　草地汀步

过水用汀步为了安全，间距不可过大，高度能出水面即可，不宜过高；表面应平整、防滑；基础要求稳固；注意到北方冬季冻结时的景观效果，限于行人量不大的通路使用。

园桥上部结构包括桥面、栏杆等，是园桥的主体部分。下部支撑结构包括桥台、桥墩等支撑部分，是园桥的基础部分。

5.4.4 设计要点

桥梁应与水流成直角相交，大小与所处环境协调，注意两岸树木布置，尽量用自然材料或仿自然的人工材料（图 5-59，书后另见彩图）。

图 5-59　桥梁与环境的协调

（1）园桥的体量

大型水面空间开阔，为突出水景效果，常取多孔拱桥，使桥的体量与水体相称（图 5-60）。

小型水面架桥可选低临水面建单跨平桥，并偏于水面一侧，或者建平曲桥跨越两侧，使人能够接近水面（图 5-61）。

平静小水面及溪涧、浅滩，常设贴近水面的小桥或汀步（图 5-62）。

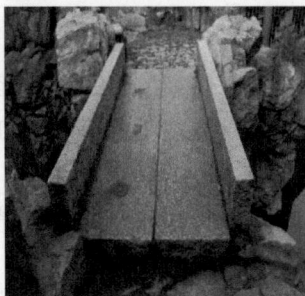

图 5-60　多孔拱桥　　　　　图 5-61　单跨平桥　　　　　图 5-62　水面汀步

（2）园桥的栏杆和桥岸

园桥一般应设栏杆围护，栏杆既有安全防护作用，又能丰富桥体造型。

常以灯具、雕塑、山石、花木丰富桥体与岸壁的衔接处，并以不妨碍交通为原则。桥的长度至少要保证能横跨水流，并延伸至岸边硬地，否则水岸边被侵蚀，桥有坍塌的危险。

（3）桥上与桥下的交通要求

除考虑水体大小、道路宽度及造景效果外，还应满足功能要求，即桥上行车、通车，桥下行船的高度、坡度要求，可设置亭桥、廊桥及桥头小广场。

（4）园桥的照明

园灯白天美化装饰，夜晚照明指示，可结合桥的体形、栏杆和其他装饰物统一设置（图 5-63，书后另见彩图）。

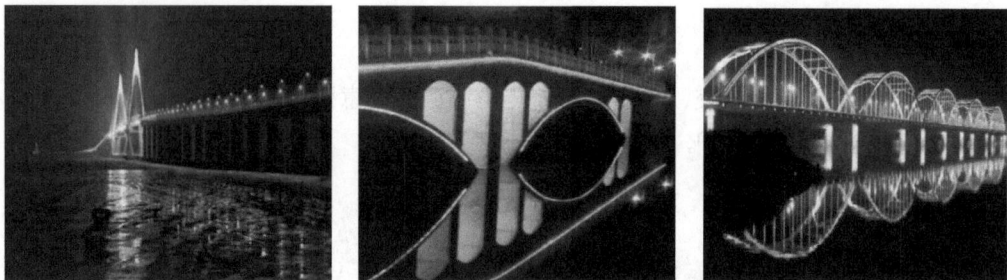

图 5-63　园桥照明

园桥是建筑与艺术的融合体，不同时代、不同地域的园桥的设计反映出不同的文化内涵，其艺术形式亦各有千秋。传统园林的服务对象往往是园林主本人，因此传统园林中的园桥追求的是精细化、个性化；而现代园林的服务对象是广大人民群众，因此，简洁大方、和谐统一就成为现代园林中园桥的构造标准。

随着科技的发展，国外园林理念的渗入，我国园林建设受到影响，园桥设计显然也受到影响。有的园桥大胆采用流线型设计，有的园桥采用特殊材质，给人耳目一新的感觉。但园桥来自传统古建筑，必然带有其传统的特征。总的来说，园桥的发展方向同园林设计艺术的发展方向相一致，注重以人为本的设计理念，强调园桥对人所起的功能与作用，强调园桥景观带给人的和谐与美好，在传统中创新，使园桥景观的设计达到人与自然的和谐统一。

5.4.5　案例分析

（1）颐和园十七孔桥

在北方皇家园林中，北京颐和园的十七孔桥、玉带桥、西堤等颇具特色。

颐和园的前身为清漪园，始建于清朝乾隆十五年（1750 年），咸丰十年（1860 年）被英法联军烧毁。光绪十二年（1886 年），清廷挪用海军经费等款项开始重建，1900 年又遭八国联军破坏，1902 年修复。中华人民共和国成立后，几经修缮，颐和园陆续复建了四大部洲、苏州街、景明楼、澹宁堂、颐和园博物馆、耕织图等重要景区。

图 5-64　颐和园十七孔桥

颐和园东堤上的十七孔桥（图 5-64，书后另见彩图），是昆明湖水面上不可少的点景和分割、联系水面的造型极美的联拱大石桥。桥面隆起，形如明月；桥栏雕着形态各异的石狮，极为生动。游人漫步桥畔，长桥卧碧波，又有亭、岛等园林建筑相映媲美。十七孔桥成为昆明湖上重要的点景之作。

十七孔桥是连接昆明湖东岸与南湖岛的一座长桥。桥由 17 个孔券组成，长 150m，飞跨于东堤和南湖岛之间，状若长虹卧波。其造型兼有北京卢沟桥、苏州宝带桥的特点。桥上石雕极其精美，每个桥栏的望柱上都雕有神态各异的狮子，大小共 544 只。两桥头还有石雕异兽，十分生动。桥额北面书"灵兽偃月"，南面书"修炼凌波"。

十七孔桥得名于桥下的十七个券洞。中间的一个券洞最为高大，由此向两侧逐渐缩小。从东西两端分别向中间的券洞数去，桥洞的数目都是 9 个。古人认为，"九"是最大的阳数，皇帝也被称为"九五"之尊，因此，十七孔桥券洞数的设置正反映了古人的这种思想。

桥梁孔数的设定与桥梁的长度有很大关系。昆明湖水面宽阔，从南湖岛到昆明湖东岸，距离有 150m 左右。石拱桥一个孔洞的跨度有限，需要较多的孔洞才能满足。根据茅以升《中国古桥技术史》中的数据，十七孔桥每个孔洞的净跨度在 4.1 ～ 8.5m 之间，是石拱桥较易达到的净跨度值。

另外，还要考虑桥本身的造型之美及与周边环境的协调。拱桥的造型设计有三个关键点：一是整体的高度；二是适当的墩跨比（桥墩宽度与石拱跨度之比）；三是孔洞的造型。十七孔，兼顾桥的高度和适当的墩跨比，十分巧妙。在此基础上，根据桥面的高度，设计出适合的半圆形桥孔形态。同时，桥东端岸上的廊如亭体量巨大，在桥梁高度的设计中也考虑了与亭子大小关系的协调。

十七孔桥之美，有四时之美，有晨昏之美，但更重要的是从不同角度去领略，即站在园中各处望桥，以及站在桥上望园中各处。站在桥上眺望万寿山，这是十七孔桥的最好镜头。扶着汉白玉桥栏，欣赏万寿山，水波、雕栏、长廊、绿树、崇阁、黄瓦、青天、白云，浑然一体。

和颐和园中的其他石桥一样，十七孔桥的桥孔两侧装饰着雕刻精美的汉白玉石栏杆。石柱头上还装饰着石狮，这些狮子各具形态，而且数目众多，据统计共有 544 只，是我国现存园林石桥中雕刻石狮最多的一座石拱桥（图 5-65）。

图 5-65　十七孔桥上的石狮子

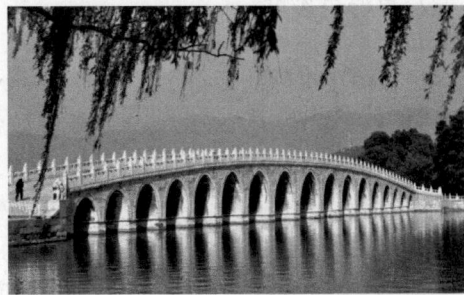

图 5-66　十七孔桥的分层作用

十七孔桥将昆明湖的水面分出层次（图 5-66，书后另见彩图），给人以千亩碧波尽收眼底的空旷观感，因此桥的点缀将空旷的孤寂感消弭无踪，这是造园设计者（神工巧匠）的神来之笔。

十七孔桥还有一个独特的奇观——金光穿洞（图 5-67，书后另见彩图）。古人在建造桥时掌握、利用了天文地理知识，当太阳在冬至前后下午最低点照射桥时，阳光会贯穿整个桥洞，呈现"红光穿洞"的自然奇观，这也是造园设计者的神来之笔。当冬至前后太阳直射南回归线时，落日的余晖正好照在十七孔桥所有桥梁开口的侧墙上，金色的阳光照亮了桥口，从远处看，桥口布满了明亮的灯光。从远处透过洞看到金色的光是壮观的，而穿过桥则是另一种风景。

图 5-67　金光穿洞现象

除十七孔桥外，颐和园昆明湖的玉带桥、西堤六桥也各具特色。玉带桥全用汉白玉雕琢而成，桥面呈双向反曲线，显得富丽、幽雅、别致，又有水中倒影，成为昆明湖中极重要的观赏点。桥采用亭桥组合的形式，亭东西备有牌坊一座，犹如护卫拥立。

昆明湖的西堤上又有西堤六桥，六桥各异，特点不同，桥与西堤成为昆明湖水面分割的重要组成部分。

中国传统石桥往往承载着大量文化历史信息，汇集了诗词、雕塑、书法等艺术；在历史上，造桥铺路是当时最为浩大的公益事业之一，人们怀着一颗朴实虔诚的心，精心打造每一座桥，为求做到完美从而使之流传千年。在桥栏及桥中心处往往做些精美石刻浮雕，题材及内容广泛，以吉祥如意的图案式民间传说故事为主，有时也会考虑镇邪治恶，会有一些瑞兽雕刻其上，并在桥头或桥主拱上设镇水兽。桥名和桥联也是中国传统桥所特有的一种文化，更鲜明地突出桥文化的历史，也成为历史诗人咏唱的一个主题。

以十七孔桥为例的中国传统桥梁特点鲜明，结构合理，形态简洁明快，充分考虑了与当地的水文、经济等状况的结合，因地制宜，与周边实际地形地貌和谐统一。时至今日，对我们现代的园林景观营造仍具有现实的指导意义。

（2）台湾月见桥

在过去，台湾省台南南区的小"竹溪"也被称为"月见溪"，新建成的月见桥（图5-68，书后另见彩图）也因此而得名。"Moon-Viewing Bridge"（月见桥）是南区竹溪流域周围整体景观改善计划的一部分。该项目还包括竹溪污水截流、水体净化，以及两岸完整的景观改造和复原。

图 5-68　月见桥

月见桥位于竹溪河畔公园中心的河道拓宽处，微微弯曲如月牙。月见桥连接了河岸两边的线性绿色走廊。桥的主体被设计成钢木混合结构。它以竹子的自然特性为主要设计理念：轻盈，容易在风中弯曲，但又非常坚固。

该桥上层由钢弦结构和正交胶合木（"CLT"）木梁组成，下层为钢弦结构和不锈钢二级支撑结构（图5-68）。桥体的总跨度约为80m。由于对桥下水路的要求，桥下不允许有柱子。设计的灵感还来自对河岸两侧连接点位置的限制。这导致了新月形桥梁的想法。横跨望月溪的小弯桥本身的形状就像一弯新月。

　园林建筑设计

桥上的连接点是略微弯曲的。每个部件都有一个不同的形态，由其功能决定。桥的木梁是用激光切割而成的，也是传统建筑材料木材的可变性和可操作性的一个展示（图 5-69）。

图 5-69　月见桥使用材料

月见桥连接了河岸两侧的不同城区。同时，它延续了台湾省台南地区以木材为建筑材料的悠久传统。于桥顶上看风景，日夜变幻，再加上弧形结构本身的轻质木构设计，不仅给竹溪河畔公园增添了诗意，也增加了与自然以及当地传统的联系。

5.5　榭

5.5.1　概念

榭是建于水边或水上，以供游客休息、观赏风景的中国传统式建筑。其平面常为长方形，一般四面多开敞或设窗扇，平面形式较自由，常与廊、台组合在一起，临水处多设鹅颈栏杆，供游人观赏水景。

榭的功能以观景为主，也可满足社交休憩需要，还可作为园林中的功能性建筑物，如茶室、接待室或游船码头。

5.5.2　类型

按照榭与水体结合的基本形式，其平面形式可分为一面临水、两面临水、三面临水以及四面临水（通过桥与湖面连接）。剖面形式可分为实心土台（水流只在平台四周环绕）、石梁柱结构支撑（图 5-70，平台下部以石梁柱结构支撑，那么水流可流入部分建筑的底部或整个建筑底部）、钢筋混凝土挑台（图 5-71，具有伸入水面的挑台，榭临水面效果更佳）。

图 5-70　石梁柱结构

图 5-71　钢筋混凝土挑台

对于不同地域水榭的形式，南北方有不同展示。

① 江南园林中的水榭，尺度不大，建筑物常以水平线为主，一半或全部跨入水中，下部以石梁柱结构作为支撑，或以湖石砌筑，让水深入榭的底部；建筑临水一侧开敞，可设栏杆或鹅颈靠椅；屋顶大多数为歇山式。建筑整体装饰精巧、素雅，以苏州拙政园芙蓉榭为典型代表（图 5-72）。

图 5-72　苏州拙政园芙蓉榭

② 北方园林中的水榭，建筑尺度增大，色彩艳丽，整体建筑风格相对浑厚、持重。此外，有些水榭是一组建筑群体，造型上更多样化。颐和园水榭组合"饮绿""洗秋"（图 5-73，书后另见彩图），在色彩及建筑尺度上具有明显的北方园林特色。

图 5-73　颐和园"饮绿"（左）"洗秋"（右）水榭

5.5.3　设计要点

1）选址　榭设计时的位置宜选在水面有景可借之处，既要考虑到有对景、借景，又要以湖岸线突出的位置为佳。

2）形式　应尽可能突出池岸，形成三面临水或四面临水的形式；或将平台伸入水面，作为建筑与水面的过渡。

3）建筑地坪　对于水榭的建筑地坪，在设计时以尽可能贴近水面为佳，且宜低不宜高。当建筑地面离水面较高时，可对地坪或平台做上下层处理，如颐和园鱼藻轩（图 5-74）。在建筑物与水面之间高差较大，而建筑物地坪又不宜降低的时候，应对建筑物的下部支承部分做适当处理，可以自然石叠砌，以创造新的意境，如严家花园水榭（图 5-75）。

4）建筑形体　建筑造型的形体多以水平线条为主，贴近水面，配合以水廊、白墙、漏窗、植物，可以在线条的横竖对比上取得理想的效果。体量不要"不及""太过"或"太露"，把握好"藏"与"露"的关系（图 5-76）。

5）建筑朝向　榭多设水边，切忌朝西，以防西晒影响游人的驻留。

6）与外部环境的关系　榭与园林整体环境需要衡量一个和谐的衔接，为此水榭在体量、风格、装修等方面都应与它整体环境相协调和统一。

图 5-74　颐和园鱼藻轩

图 5-75　严家花园水榭

(a) 水榭 "太过"

(b) 水榭 "太露"

图 5-76　水谢体量

5.5.4　案例分析

（1）拙政园芙蓉榭

苏州拙政园芙蓉榭（图 5-77）位于水池东岸，榭前为水，榭凌空架设，方形平面，内墙以粉墙漏窗予以分隔，四周设靠椅，其造型为我国的传统形式。

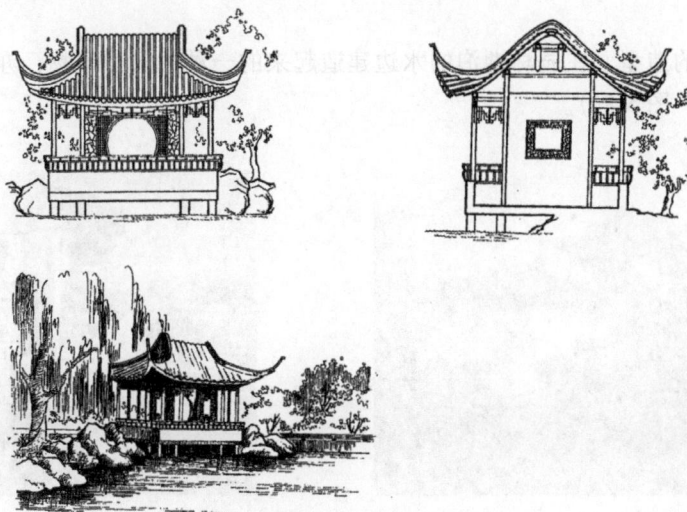

图 5-77　拙政园芙蓉榭

（2）上海动物园荷花榭

上海动物园荷花榭（图 5-78）建于池岸，结合池岸地形高差，在地坪上做两层处理，使平台部分尽量低临水体，增强临水效果。造型上采用平顶形式、钢筋混凝土结构，立面上结合花格墙、漏窗、鹅颈靠椅等，使各立面富于变化，形式活泼，色彩明朗。

图 5-78　上海动物园荷花榭

5.6　舫

5.6.1　概念

舫是依照船的造型，在园林湖泊的水边建造起来的一种船形建筑物，亦称"不系舟"或"旱船"（图 5-79、图 5-80）。

图 5-79　拙政园香洲

图 5-80　颐和园清宴舫

5.6.2 功能和组成

（1）舫的功能

供游人在其内游赏、饮宴、观赏水景，以及在园林中起点景的作用。

（2）舫的组成

舫的基本形式由船头、中舱及船尾三部分组成。船头较高，前部有眺台，似甲板，常作敞棚，供赏景谈话之用，其顶多为歇山式样。中舱低，为主要空间，供游人休息和谈话之用，其地面略低于一般地面，两侧面一般为通长的长窗。船尾最高，一般为两层，下层设楼梯，上层为休息、眺望远景用的空间，下实上虚，其屋顶一般为卷棚顶式。

5.6.3 设计要点

舫的选址宜在水面开阔之处，一般两面或三面临水，最好是四面临水。其一侧设有平桥，与湖岸相连，仿跳板之意。

5.6.4 案例分析

（1）怡园画舫斋香洲

苏州怡园画舫斋香洲（图 5-81）是此类建筑的传统形式中的典型实例，也是较突出的佳例。前半部伸入水面，后半部在岸上，全舫由前、中、后三舱组成，船头做敞棚便于观赏，中舱作休息宴客之用，后舱为二层楼可供远眺。造型轻盈舒展，有动感，具有强烈的江南园林建筑特色。在平面设计上与拙政园香洲相似，唯有仿船形造型上稍有不足，而且选址偏于角落，两侧水面不够开阔。

图 5-81　怡园画舫斋香洲

（2）白鹭洲公园石舫

南京白鹭洲公园石舫（图 5-82）三面临水，一面靠岸，船体与平台在平面上交错布置，富有变化，造型及色彩上均体现江南建筑的基本特色，造型优美，选址开阔，适于眺览休息。

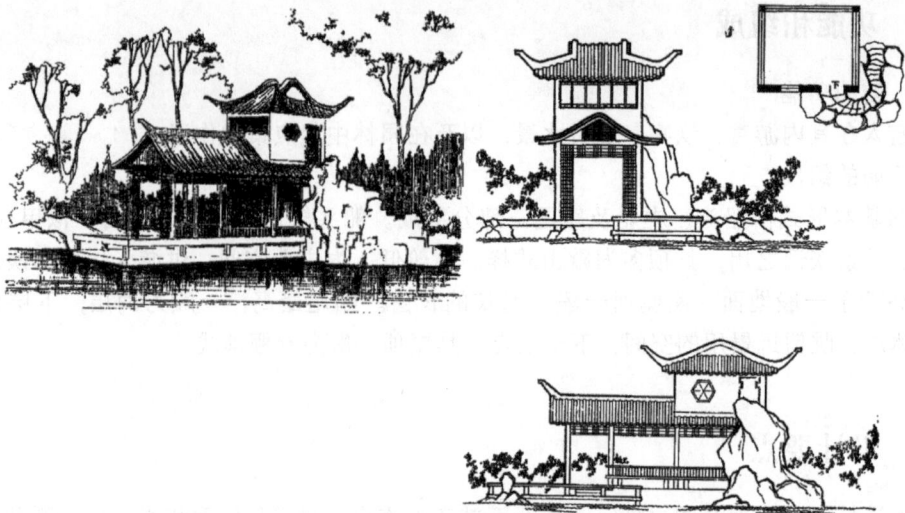

图 5-82　白鹭洲公园石舫

5.7　厅堂

5.7.1　概念

厅堂，国际学术界普遍认为厅堂的历史源点最早可追溯到斯堪的纳维亚的罗马铁器时代后期（公元 4～5 世纪，是体现古代北欧民族宇宙观与酋长权力运作机制的一种符号化的大型标志性建筑，在当时社会中占据着精神与权力中心这样不可替代的地位。

在我国，建筑概念"堂"起源甚早。《礼记》有"天子之堂九尺，诸侯七尺，大夫五尺，士三尺"的记述。与"堂"相比，"厅"的历史没有那么久远。"厅"的原字是"听"。听者，古时官吏听事，即受事察讼也。后来就把用于听事的建筑物称为"听事"，简称为"听"，六朝以来加"广"，乃成为"厅"。

现今，"厅"、"堂"往往混用，没有明显的界限，泛指供会客、宴请和举行礼仪的房屋。厅堂一般比较高大，在宅园中占据重要位置，具有公共性质。而隐私性较强的则称"房"，或称"屋"、"室"，绝不称"堂"。

刘敦桢在《苏州古典园林》中提到，厅堂多位于园内适中地点，周围绕以墙垣廊屋，前后构成庭院，是园林建筑的主体。厅堂造型比较高大宽敞，装修精美，家具陈设富丽，在反映园主奢靡生活方面具有典型性。留园五峰仙馆、狮子林燕誉堂均为这种例子。可观赏周围景物的四面厅，多建于环境开阔和风景富于变化的地点，四周门窗开朗，并绕以檐廊，既可在厅内坐观，又便于沿廊浏览，如拙政园远香堂。

在古典园林里通常对厅、大厅、四面厅、鸳鸯厅、花厅、荷花厅、堂、厅堂做如下解释。

1）厅　园林中的主体建筑，是全园精华之地，众景汇聚之所。厅多作聚会、宴请、赏景之用，其多种功能集于一体。厅的特点：造型高大、空间宽敞、装修精美、陈设富丽，一般前后或四周都开设门、窗，可以在厅中静观园外美景。厅有四面厅、鸳鸯厅之分。

2）大厅　园林建筑的主体，面阔三间、五间不等，面临庭院一边于柱间安连续长窗（隔扇），两侧山墙亦间或开窗，供通风采光之用，如留园五峰仙馆。大厅也可做四面厅形式，便于四面观景，面阔亦三五间，四周绕以回廊，长窗则装于步柱之间，不做墙壁，廊柱间多在檐枋下饰以挂落，下设半栏坐槛，可供坐憩之用，如拙政园远香堂。

3）四面厅　主要厅堂多采用四面厅，为了便于观景，四周往往不做封闭的墙体，而设大面积隔扇、落地长窗，并四周绕以回廊。

4）鸳鸯厅　用屏风或罩将内部一分为二，分成前、后两部分，前、后的装修、陈设也各具特色。鸳鸯厅的优点是一厅同时可作两用，如前作庆典时待客之用，后作待客、起坐之用，如留园林泉耆硕之馆。

5）花厅　主要供生活起居用，兼作会客之用，位置多接近住宅，厅前庭院往往布置花木、石峰，构成幽静的环境，如王洗马巷某花厅。

6）荷花厅　临水建筑，为便于观赏水景，厅前常有宽敞的平台，如怡园藕香榭、留园涵碧山房等。

7）堂　是居住建筑中对正房的称呼。堂往往为封闭院落布局，只是正面开设门、窗，它是园主人起居之所。堂多位于建筑群中的中轴线上，体形严整，装修瑰丽。室内常用隔扇、落地罩、博古架进行空间分隔。

8）厅堂　泛指体量较大的具有公共交流性质的建筑空间，一般比较高大，在宅园中居重要位置。

5.7.2　类型

（1）按不同的使用功能分类

厅堂有第宅厅堂、园林厅堂、衙署厅堂、寺庙厅堂等。衙署、寺庙的厅堂分别专用于行政、司法活动和行政活动。第宅厅堂按功能不同主要分为正规礼仪厅堂和日常起居厅堂两类。

1）正规礼仪厅堂　在空间布局中均位于宅院南北中轴线上，呈对称形式布置。礼仪厅堂内部的中心区也位于建筑中轴线上，体现出庄重、规整、严格的封建宗法伦理气氛。设置方式一般是在礼仪厅堂的北部屏壁上设一神龛，内部摆放其家族祖先的牌位或祖像。龛门平时多呈关闭状态，祭祀时才敞开，如闽清县坂东镇四乐轩厅堂（图5-83，书后另见彩图）。

2）日常起居厅堂　主要供家庭内部成员使用，一般以实用功能为主，相较于礼仪厅堂，更为随意和自由一些。在布局上仍旧采用中轴对称形式，其正中中心区的墙上一般设有屏风、隔扇或悬挂字画的板壁。人们活动区域的设计和陈设主要由对椅、方桌、条案、花几、挂屏等组成。日常起居厅堂中的布局陈设更为活泼、自由，其主人的兴趣品味往往都能反映其中，如拙政园枇杷园内玉壶冰（图5-84，书后另见彩图）。

（2）按地域分类

厅堂有南北之分。

1）北方厅堂　受地理环境、气候等自然条件的制约，北方厅堂建筑宏大、宽大、封闭、色彩鲜明浓烈，以范围较大、气势恢宏、豪华富丽的皇家宫苑为代表。

2）南方厅堂　一般比较小巧、通透、开敞、色彩素淡柔和，以规模较小、淡雅朴素、精致秀美的江南宅园为代表。江南厅堂形式多样，清李斗的《扬州画舫录·工段营造录》曾做归纳：因其在宅园中所处之地位及其使用性质，有大厅、二厅、照厅、东厅、退厅、女厅，以及到坐厅等。由其平面形状看，有一字厅、工字厅、之字厅、丁字厅、十字厅等。以所用材料不同分，有楠木厅、柏木厅、水木厅等。

图 5-83 闽清县坂东镇四乐轩厅堂

图 5-84 拙政园枇杷园内玉壶冰

据厅堂四周或庭院所栽花木分，有梅花厅、荷花厅、桂花厅、牡丹厅、芍药厅等。

四厅环合者为四面厅，鱼贯而入者为连厅，四面加廊、飞檐翘角者为蝴蝶厅（图 5-85），加抱厦者为抱厦厅（图 5-86），屋脊弯卷如弧者为卷厅。

图 5-85 扬州何园蝴蝶厅

图 5-86 河北正定隆兴寺摩尼殿抱厦

（3）按空间类型分类

根据中轴线上的厅堂与前方庭院之间是否用隔扇门等进行空间分隔，可以将民居的厅堂分为封闭型、开敞型和混合型三种类型。

1）封闭型　这种类型的厅堂与庭院之间有明显界限，一般采用隔扇门进行分隔，隔扇门可开闭，下部有门槛，使院和厅堂成为两个独立的空间，厅堂显得相对封闭，私密性较强。

2）开敞型　这种类型的厅堂与前面的庭院之间没有进行任何分隔，厅堂完全开敞，与庭院形成一个连续的半室外-室外空间。这种厅堂的礼仪性较强，从院子对面的"照厅"看过去，厅堂一览无余，是住宅内部完全的公共空间。开敞型厅堂既是待客、议事的空间，也兼作联系前后院落的交通空间，强化了内部空间的轴线和秩序性。

3）混合型　混合型是指一座民居的中轴线上，既有开敞型的厅堂，也有封闭型的厅堂。这种类型有前后几进院落，往往前院的厅堂开敞，后院的厅堂封闭。前院的厅堂主要承担交通和简单接待功能，在大型宅第中往往用作轿厅，为主人下轿之处。后面封闭型的主厅是家庭起居、举行仪式、接待重要客人的场所。因此，整体来看可以认为混合型厅堂更接近于封闭型而不是开敞型。

5.7.3　设计要点

厅堂建筑是园林中的主要景观和游憩、观景的重要空间环境。综合厅堂的功能、特征，对厅堂的设计主要考虑以下两方面：一方面是厅堂位置的选择；另一方面是厅堂类型的选择，需要结合厅堂的功能进行考虑。

（1）厅堂位置的选择

《园冶》中"立基"强调，造园的第一步是确定厅堂，这对园林的整体布局十分关键。

传统建筑的厅堂多为组群建筑中体量较大的主体建筑。园林中的堂往往是整个园林的主体建筑，堂的位置影响到园林的总体布局，故有"莫一园之体势者，莫如堂"之说。厅堂是园林建筑中"正"的代表，作为主体建筑，体量较大，需要首先进行确定，位置通常居于中央，优先选择对景和取景，并以坐北朝南为妙。通常按规制建造五间或三间，但"厅堂基"指出，这一规制可根据地势的宽窄大小，相应调整为四间、四间半。

例如，止园东区的主堂为水周堂（图5-87，书后另见彩图），周围各要素皆围绕此堂布置。这是一座三开间单层建筑，坐北朝南，堂前对植两片桂树，烘托其庄严气氛；堂南出平台，拓展了活动空间；台前开凿水池，池中栽植荷花；池南叠筑飞云峰假山，水周堂为观赏假山的最佳场所。以上各要素共同构成隔池望山的格局，正是园林主堂的经典配置方式。

图 5-87　《止园图册》水周堂

（2）厅堂类型的选择

厅堂建筑空间的设计要视厅堂的位置与周围的环境"因地制宜"。例如，苏州拙政园中的远香堂是园的主体建筑，居园之中，四顾无阻，故堂宜轩敞，空间不加分隔，设计成四面厅的形式。

5.7.4　案例分析

从厅堂的平面布局和室内陈设来看，厅堂是中国传统民居的重要组成部分；从堂的使用功能来看，厅堂是人们重要的居住空间；从历史文化的角度来看，厅堂是礼制文化的核心建筑空间。厅堂作为园林中的主体建筑，在园林中占据极其重要的地位。

（1）拙政园远香堂

远香堂（图5-88）地处拙政园中部，为中部主体建筑，建于晚清，檐高约3.4m，内厅长为9.1m，跨度为7m，内厅无一根木柱。堂名因荷而得，取北宋周敦颐《爱莲说》中"香远益清，亭亭净植"之意。

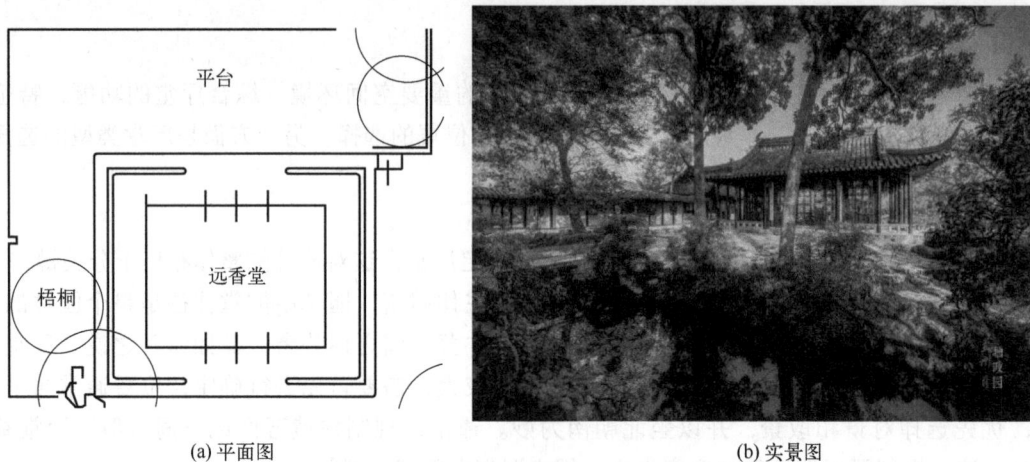

(a) 平面图

(b) 实景图

图 5-88 远香堂

远香堂为四面厅，四面玻璃花格古时长窗围护，无砖砌体围护墙，厅中可纵目四望。屋脊为五路瓦条暗花筒龙吻脊，吻头为龙头鱼尾，龙腰北塑丹凤朝阳，南塑狮子滚绣球，屋面为蝴蝶瓦铺设，四落水屋顶结构。厅堂回抱于山池之间，周围环境开阔，建筑为单檐歇山顶，采取四面厅做法，面阔三间，四周环廊，长窗透空，环观四面景物，犹如观赏长幅画卷。远香堂在 10 个直径为 90cm 的荷叶形石墩上架立梁柱，四周均为落地长窗（又称落地明罩），明朗大方。堂内家具、陈设、装修精美华丽。

置身堂内，可四面观景。南为水池假山；东望秀绮亭，牡丹一片；西接倚玉轩，翠竹数竿；堂北最为宽敞。夏日池中荷叶田田，荷风扑面，清香远送，是赏荷的佳处。园主借花自喻，表达了园主高尚的情操。堂内装饰透明玲珑的玻璃落地长窗，规格整齐，由于长窗透空，四周景物尽收眼底。

（2）留园五峰仙馆

五峰仙馆（图 5-89，书后另见彩图）梁柱用楠木，又称楠木厅，是留园东部主体建筑之一，被誉为江南第一厅堂。馆面阔五间，装修富丽，陈设古雅，取李白《望庐山五老峰》中"庐山东南五老峰，青天削出金芙蓉"而名。

图 5-89 五峰仙馆

众多家具将正厅空间分隔成明间、次间和梢间等空间系列，这样的空间分布较一般的江南厅堂更加错综复杂、典雅繁美。仙馆东西墙上分别设了一列开合非常大，但是装饰却简洁精雅的窗户。这样的做法是要把窗户外的两个小庭院的风景借鉴进来，拓展厅堂的视觉空间，保证建筑中有充分的光线。因此，我们走进五峰仙馆没有像以往走进其他老房子那样感觉阴暗、压抑甚至还有点阴森森，相反，这个厅堂宽敞明亮，宏丽而大气。

馆中后部，一排古朴的纱隔将厅堂分为南、北两部分。南部宽敞明亮，供宴饮会客用，家具用材均选用上等红木、楠木。供桌左右太师椅是上座，专为园主和主客而设；东西两排座椅，按尊卑长幼入座，不可僭越。北部专为女眷所设，透过纱隔可以望见南部活动。纱隔中腰夹堂板和裙板上精雕细琢，上半部装裱绢花鸟画。馆中陈列若干青铜器、古代铜器和汉代瓦当的拓片，引发人们的思古之情。

明文震亨《长物志·水石》云："大理石，出滇中……天成山水云烟，如'米家山'，此为无上佳品。"五峰仙馆有一座大理石大型圆屏，石面纹理如一幅天然"雨雾图"。两面素壁各挂两面大理石屏，上嵌圆石，下嵌方石，远看如清逸脱俗的"米家山水"（指宋代米芾、米友仁开创的画风）。

五峰仙馆的建筑用材非常奢华，梁柱全部采用楠木，中间也全部采用红木银杏纱隔屏风。使用如此贵重的木材可见五峰仙馆在留园中的地位非比寻常。但是在抗日战争期间，楠木殿成了马棚，饥饿的行军马把上好的楠木柱子啃得不成样子。后来抗日战争胜利后修葺留园时，不得不用水泥把楠木柱包裹住，外面又涂刷上涂料。

（3）墨西哥美利达音乐厅

墨西哥美利达音乐厅（图5-90、图5-91）设计方案在充分尊重其历史背景的前提下，运用了一种非常现代的造型设计，该建筑包含一座博物馆和一个音乐厅。

图 5-90　墨西哥美利达音乐厅

音乐厅位于充满活力的尤卡坦城市美利达，公共性很强，因此它的存在被定义为复兴其历史城区和公共空间的催化剂。音乐厅所在的场地内有历史意义重大的遗产建筑，为了在如此非比寻常的地点内为当代建筑开创先例，该建筑化身成一处广场，强调和勾勒出周围历史建筑的轮廓。其中绿色的屋顶露台进一步烘托了周围遗产建筑的宏伟性和尺度感。地下层有一个与游客进行互动的墨西哥音乐博物馆，它讲述了墨西哥民间音乐从起源到现在的演变。在首层平面空间中，开放的平面设计可以让行人穿过庭院进入音乐厅和档案馆，那里是除了墨西哥城以外收藏有最大数目唱片集的地方。屋顶设计成露台，有花园，可以俯瞰邻近的大教堂和"三阶寺"，为游客们观看传统遗址提供了新的视角。

(a) 地下层

(b) 首层

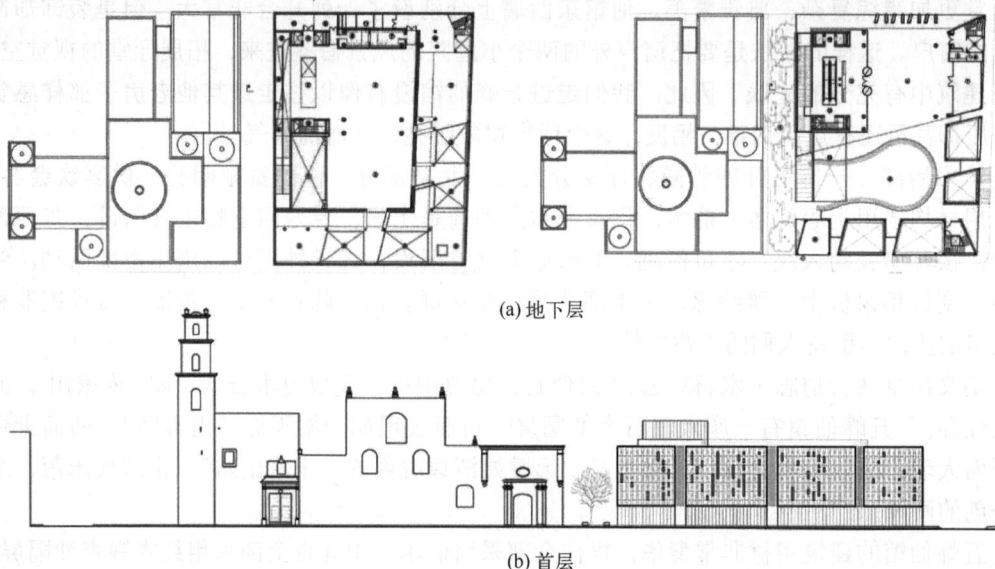

图 5-91　音乐厅地下层和首层平面图及剖面图

5.8　楼阁

5.8.1　概述

楼阁是中国古代建筑中的多层建筑物。

1）楼　"楼者，重屋也"。楼是供人居住的房屋，在园林建筑中多为两层，个别也有三层的。楼在战国时期就出现了，当时主要用于观敌瞭阵，后来发展为供人居住的住宅，主要用于居住女眷。严格一点说，楼只在一面或两面设窗，供人们凭窗观景之用。这有点类似今天的楼房，通常是南北屋，南北开窗。也有挑出平座的，但仅限于一面设有可走出室外凭栏观景的平座，有点类似现在楼房的阳台。楼的造型多种多样，但园林中的造型是一层为厅堂式建筑，外部设有立柱，用以支撑上层建筑，并形成一种外廊。楼的二层设有窗。若楼与楼之间的二层相通，称之为"串楼"；楼内有廊相通，可绕行一圈的，称之为"走马楼"，等等。

2）阁　"重屋为楼，四敞为阁。"这是楼与阁的重要区分点。通常我们很难区分哪座建筑是楼哪座建筑是阁，人们在日常生活中也是将楼与阁混为一谈，连楼阁一词也是混在一块使用的。但在古代楼与阁是有严格区分的。楼与阁的相同点是二者均为"重屋"，也就是说楼与阁都是两层或两层以上建筑。但阁四面皆有窗，且也设有门，四周还都设有挑出的平座，供人环阁漫步、观景。平座设有美人靠（一种类似凉椅式的坐椅），供人休息，凭栏观景。

5.8.2　类型

（1）风景型楼阁

所谓风景型楼阁即指建在风景奇特的地方成为一处人文景观的楼阁。这类楼阁一般建造在一个有着奇特的自然风景或者特殊的人文历史意义的场所，古代文人骚客们时常游览观赏并为之吟诗作赋、绘画题韵，使之广为传颂，名垂千古，这一类阁楼最为著名，影响力最大。在 11 座名楼中就有岳阳楼（图 5-92，书后另见彩图）、滕王阁（图 5-93，书后另见彩图）、黄鹤楼（图 5-94，书后另见彩图）、鹳雀楼（图 5-95，书后另见彩图）、大观楼（图 5-96，书后另见彩图）、蓬莱阁（图 5-97，书后另见彩图）、阅江楼 7 座属于这一类。

图 5-92　岳阳楼

图 5-93　滕王阁

图 5-94　黄鹤楼

图 5-95　鹳雀楼

图 5-96　大观楼

图 5-97　蓬莱阁

中国古代文人有游览山水，欣赏自然之美的传统。每到山水佳妙之处，触景生情，便欣然命笔，题诗作赋。而当某位文人有了经济能力，或执掌了地方权力时，他就可能在风景美好之处建起亭台楼阁，以装点景色，在自然之美中增添一些人文气息，形成了中国古代特有的风景文化。

所谓风景文化，就是对自然风景赋予人的主观情感，用建筑、绘画、文学加以装点、描绘，使自然风景之美与人文艺术之美互相融合，交相辉映。风景型楼阁就是这种风景文化的产物，也是风景文化的重要内容。

（2）祭祀型楼阁

中国古代有一类特殊的楼阁建筑，是专门用于祭祀的。中国古代的祭祀本是一种感恩和纪念某位有过重要贡献的被人们推崇敬仰的人物的活动，人们建立祠庙祭祀以纪念，例如孔庙（图5-98）、关帝庙等。另外还有一类祭祀，没有感恩和纪念的含义，只是纯粹表达人们的祈求，例如魁星楼（图5-99）。中国古代的名楼中也有一类就是用于这种祭祀的。

图 5-98　孔庙

图 5-99　魁星楼

中国古代的风水学（现人居环境方位学）中有一种重要的信仰，说某地风水好那里就会出人才，而中国古代出人才的主要标准就是读书做官，读书做官的主要途径就是科举考试，所以对科举仕途的追求就成了风水信仰的一个重要内容。祭祀性的楼阁建筑中就有专门一类，如"魁星楼"、"奎文阁"、"文昌阁"等，全国各地到处都有。各地建魁星楼、奎星阁，楼阁中塑神像以崇祀之，"文昌帝君"也是主管文运盛衰之神，人们建楼阁以奉祀祭拜都是为了求得科举仕途，功成名就。长沙的天心阁就属于这一类楼阁。

（3）钟鼓楼

钟鼓楼是用来报时的。古代没有钟表，市中以"晨钟暮鼓"来报告时辰。大的城市钟鼓楼是分开的两座楼，即钟楼和鼓楼；小的城市有些会合二为一，为一座钟鼓楼。因为钟声、鼓声用于给全城的人报时，所以钟鼓楼一般处在城市的中心位置而且建筑要高，因而钟鼓楼也就成了一个城市中的中心和标志性建筑。例如西安古城的钟鼓楼（图5-100，书后另见彩图），四方形平面，一条纵向道路、一条横向道路在正中相交形成一个"田"字，钟楼就矗立在这个"田"字的中心点上，这样敲钟的声音全城都能听到，鼓楼就在钟楼西边不远的地方与之构成一组。

图 5-100　西安钟鼓楼

与西安的钟鼓楼有所不同的是，北京古城的钟楼、鼓楼虽处在中轴线上但其位置靠后，这是因为当初元大都时的位置是在后来明清北京城的后部，皇宫在城南，钟鼓楼的位置是在城中心，明清时期北京都城建设向南扩大，皇宫即成为中心，钟楼、鼓楼的所在位置就比较靠后。

（4）藏书楼

中国古代还有一类楼阁建筑叫藏书楼。中国是文明古国，自古就有重视文化教育的传统，藏书成了中国古代文化人的一种普遍爱好。用楼阁藏书的最大好处就是可以防潮。宁波天一阁

图 5-101　宁波天一阁

（图 5-101）是私家藏书楼的典型代表，其建筑形式也很特别。中国古建筑的开间数一般都是单数，三开间、五开间、七开间、九开间，而天一阁则是下层六开间，上层一开间。这种做法在中国古建筑中绝无仅有，其含义取自《易经》中"天一生水，地六成之"。因为中国古建筑是木结构，尤其又藏书，最害怕火灾，"天一生水"，水能镇火，于是取这层含义，将建筑做成这样，"天一阁"的名称也由此而来。

5.8.3　设计要点

① 不同的楼阁有其独有的功能性。一些楼阁是专门用来供奉佛像的，由于佛像的体积比较大，楼阁既要保证高度，又要保证足够的空间能容纳人与佛像，那么这类楼阁就会采用空筒式结构，同时层层叠起。综合来讲，佛教的传入对楼阁建筑具有很大的影响。

当然，除了佛教外，道教的发展对楼阁建筑也产生了极大影响。根据道家的理念，登高可以寻找仙人，因此从汉代开始，楼阁的高度就不断增加。像武帝朝的时候，汉武帝为了能找到仙人，就修建了高达五十丈（1 丈 ≈3.33m）的高楼，在建筑材料上，当时人们使用的主要还是木石建筑，更多利用木材来建造高楼。现存最高的楼阁是将近 70m 的辽代木塔。

② 楼阁会依据风水，建造在不同位置。除了宗教的因素外，楼阁还有祭祀的用处。在传统的风水学里面，楼阁会根据星宿、山川河流的位置，被建在不同的位置。大部分的楼阁会选择在水边建造，一旦着火人们能就近取水。

③ 楼阁所建高度一般比较大。还有一些楼阁，本身修建的目的就是给人们提供游山玩水的地方。登高望远是古人的一个习惯，很多文人墨客，包括古代的很多君主贵族，都是非常喜欢登高观赏景物的，大家一边喝酒欣赏歌舞，一边欣赏外面的远景，那还真是非常美好的事情，例如著名的黄鹤楼就是这样的用处。

④ 楼阁往往都是分层建筑且相互之间的联系较少。

⑤ 具有外檐以观赏风景。在不同的屋层中，还要增加一些暗层。随着设计的改变，楼层也增加了外层设计，在外部有很多的外檐，方便人们观景。

⑥ 除了美观和实用外，楼阁建筑还必须要考虑到稳定。高楼的承重是一个技术活，明清时期的很多楼阁都是建立在高台上的，这么做本身就保证了楼阁的稳定。在建造楼阁之前，常常会想办法打造好楼台，这就是楼阁的基础。

⑦ 建筑用材极为丰富。在用料上，除了之前的木石结构外，打造方法更多，例如琉璃这些材料的使用就让楼阁建筑的艺术性大大提升。

楼阁是我国特有的传统建筑，随着华夏文明的发展，楼阁建筑被一直传承了下来，并且被传播到了日本等地，例如今日本等国外很多地方还有着传统的楼阁，这些都是模仿中国传统楼阁打造的。这也能看出我国之前的建筑文化是有多么发达，不过现在保留的楼阁有很多都是后来重新建造的，大部分的楼阁建造之后，不仅会承受风雨侵蚀，而且还会遭受各种自然灾害的袭击，况且像战争这样的因素，会给这些楼阁带来毁灭性的打击，像木制建筑能保留下来已经非常不错了。古代还有很多著名楼阁，我们后人也只能通过一些文献记载来感受它们的独特。

5.8.4 案例分析

(1) 佛香阁

颐和园是我国现存最大的、保存最为完整的皇家园林，是中国四大名园之一。它是以昆明湖、万寿山为基址，以杭州西湖为蓝本，汲取江南园林的设计手法进行规划设计的皇家园林，既有北方园林的雄浑气势，又兼具江南园林的细腻婉约。

颐和园全园根据使用功能基本可以分为 3 个区：a. 以仁寿殿为中心的政治活动区；b. 以乐寿堂、玉澜堂和宜芸馆为主体的生活居住区；c. 由万寿山和昆明湖等组成的风景游览区。前两个区集中在东宫门，而风景区则主要集中在万寿山和昆明湖。佛香阁位于颐和园的风景区之中，为全园的构图中心。

佛香阁（图 5-102，书后另见彩图）是一座宏伟的塔式宗教建筑，南对昆明湖，背靠智慧海，以它为中心的各建筑群严整而对称地向两翼展开，形成众星捧月之势，气势宏伟，为古典建筑精品。

图 5-102 佛香阁

清朝乾隆时期（1736～1795 年），在此筑九层延寿塔，至第八层"奉旨停修"，改建佛香阁。1860 年（咸丰十年）颐和园毁于英法联军，光绪时（1875～1908 年）在原址依样重建，重建、修复共计花费 78 万两白银，是颐和园最大的工程项目。

佛香阁高 41m，八面、三层、四重檐，建于万寿山前山 20m 高的巨大石造台基上，这座台基包山而筑，把佛香阁高高托举出山脊之上。佛香阁内有 8 根坚硬的铁梨森巨柱，结构复杂，独具匠心，高台矗立，气势磅礴。由于高度上占据优势，它能将东边的圆明园、畅春园、西边的静明园、静宜园以及万寿山周围十几里（1 里 ≈500m）以内的优美风景尽收眼底，把"三山五园"巧妙地融为一体，使之成为一个大型皇家园林风景区。

造园家为突出佛香阁在全园的主体地位，从地形处理与建筑空间布局两方面进行了细致的分析和规划。

1）地形处理　造园家通过地形的高低处理来吸引人的注意。佛香阁体量庞大，位于湖面的中轴线上，布局上的中心并不足以让其成为控制全园的主景观，但造园家将佛香阁置于万寿山的山腰位置，成为整个山体的制高点，突出其构图的中心位置。

2）建筑空间布局　由于万寿山山形不够突出，因此众多的建筑和景点构成了颐和园山体部分设计的主要内容，如何合理协调建筑、地形与构图的整体关系是研究的重点内容，其中佛香阁与周边建筑群的关系是梳理空间布局的重要代表（图 5-103）。以佛香阁为构图中心，由下而上形成排云殿—佛香阁—智慧海建筑群中央轴线；同时相同方向上，以该中央轴线为核心向左、向右分别形成两条减弱轴线，轴线上建筑体量随着距离中心线越远而越小，从而更加突出了中央轴线建筑的焦点地位。综合来看，该建筑群体整体脉络主次分明，在形成明显的等腰三角形的稳定构图的同时，通过体量和位置的渐变突出佛香阁所在中轴线的主体地位。此外，布局形式不仅很好地和原有的地形相结合，也成就了这座古典皇家园林的使用功能。

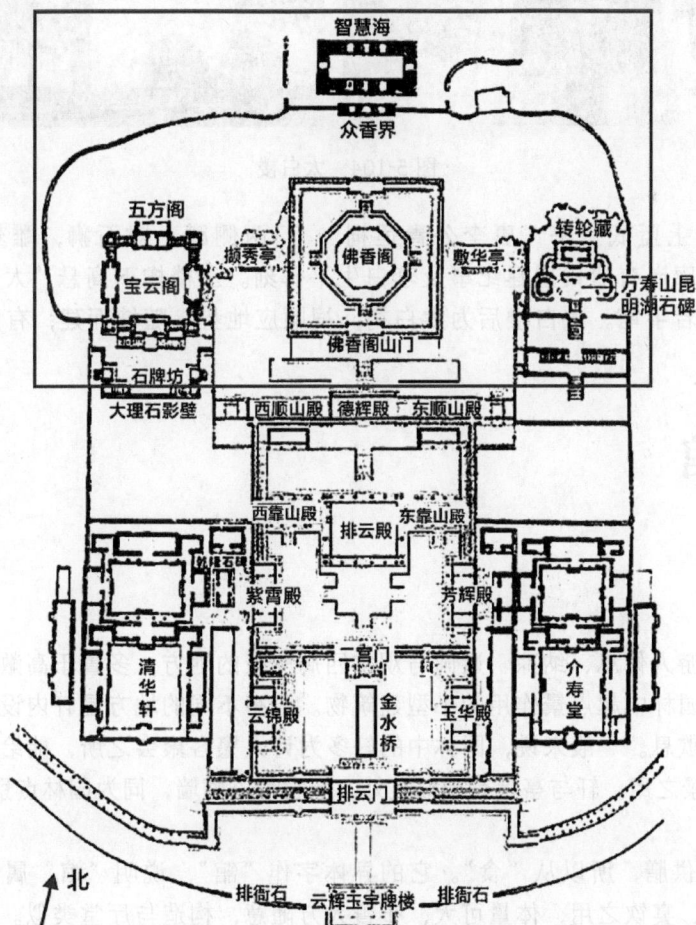

图 5-103　佛香阁与周边建筑群的空间关系

(2) 太白楼

马鞍山太白楼（图 5-104）位于马鞍山市采石矶西南 1km 处，面临长江，背依翠螺山，是一座金碧辉煌、宏伟壮丽的古建筑，与湖南的岳阳楼、湖北的黄鹤楼、江西的滕王阁并称"长江三楼一阁"、"中国四大历史名楼"，素有"风月江天贮一楼"之称。

太白楼原名谪仙楼，为典型的三重飞檐木结构古建筑，左右回廊，歇山屋面，琉璃覆顶，蔚为壮观。登楼环眺，长江美景尽收眼底。

太白楼高 18m，长 34m，宽 17m，主楼三层，一层为厅，二层为楼，三层为阁。前后分两院，前为太白楼，后为太白祠。主楼底层为青石垒砌，二层、三层系木质结构，飞檐镶以金色剪边，歇山屋面铺设黄色琉璃瓦，筒瓦滴水饰物有鳌、鱼、走兽，造型古朴典雅，挺拔壮观，给人以肃穆庄重之感。

图 5-104　太白楼

太白楼门额上蓝底金书"唐李公青莲祠"，门两侧蹲一对石狮，雕刻精细，形态活泼。进门两壁回廊嵌有清代重建纪事及李白生平碑刻。三楼檐下高悬"太白楼"匾额，字体遒劲，为郭沫若手笔。太白楼后为太白祠，祠顺应地势，随坡而建，有回廊与前楼二层相连。

5.9　轩馆

5.9.1　概念

(1) 轩

轩一般指供游人休息、纳凉、避雨与观赏四周美景的地方，多置于高敞或临水之处。与亭相似，是古典园林中起点景作用的小型建筑物。与亭不同的地方是轩内设有简单的桌、椅等摆设，供游人歇息。一般来说，园林中的轩多为诗人墨客聚会之所，能给人以含蓄、典雅之情趣，多作赏景之用。轩与亭大有相似之处，但它可以砌墙，同为园林点景、得景之作。

(2) 馆

"馆"，供宿供膳，所以从"食"。它的异体字作"舘"，说明"馆"属于房舍一类。供游览眺望、起居、宴饮之用，体量可大，布置大方随意，构造与厅堂类似。馆与堂、斋、轩（如颐和园养云轩）等一样，既可指单体建筑也可指建筑群。

5.9.2 设计要点

(1) 轩的设计

用作观景的小型单体建筑园林中轩这种建筑其形式甚美，但规模不及厅堂之类，而且其位置也不像厅堂那样讲究中轴线对称布局，而是比较随意。当然也有的轩处于中轴线上，但相对来说总体比较轻快，不甚拘束。

轩多在私家园林建造，内中可设较为简单的家私，主人不但可以下棋饮酒，而且可做不出大门的野餐，或欣赏家藏古玩名画。和亭一样，凡轩都有各自的名，如网师园中的"竹外一枝轩"，颐和园中的"写秋轩"等。《园冶》中"轩"作为建筑术语，原源于江南民宅厅、堂的天花藻井，是一种随着屋顶向上凸出的弧面天花，表面上装有条条假椽，假椽又与前后檐柱相接，两椽之间的空间就叫作一"轩"，如一座厅堂有五根柱子，则屋顶就设五条假椽，整个屋顶便被分为五个单元，每一个单元便是一轩。但并非所有的轩都如此，如归有光《项脊轩志》中自述"项脊轩，旧南阁子也，室仅方丈。可容一人居……"。此所谓"轩"者，原是一间"尘泥渗漏，雨泽下注……又北向"的斗室而已。而陆游所署名的"风月轩"者，甚至连个确切的实体都没有，徒有其名

(2) 馆的设计

① 从食从官，原为官人的游宴处和客舍。江南园林中的"馆"一般是一种休憩会客的场所，建筑尺度一般不大，布置方式多样，并常与居住部分、主要厅堂有一定联系，而北方皇家园林中"馆"常作为一种建筑群的称呼。

许慎在《说文解字》的"馆"字条下注云："客舍也，从食官声。"《周礼》："五十里有市，市有馆，馆有积，以待朝聘之客。"由此可见，早在周代便已经有了专供"朝聘之客"食宿的馆了，其最初的使用功能大致与今日各级政府的"招待所"相似。北魏孝文帝从平成（今大同）迁都洛阳之后，在皇城之南曾建造"四夷馆"，分别为扶桑馆、崦嵫馆、金陵馆、燕然馆，用以招待临时来自东西南北的外族或外国宾客使臣，对于一些久居不归的宾客，则又赐第使之久居，因而与"四馆"相对应的又有"四里"，即扶桑里、崦嵫里、归正里和燕然里。馆的这种功能从远古的周代一直延续到明清乃至民国初年，例如北京市的绍兴会馆、山西会馆等。

② 建筑造型的随意性较大。由于馆不是礼制建筑，所以其建筑造型的随意性很大。《上林赋》中所描述的"离宫别馆"，是供帝王们游幸时临时驻跸之用，所以除富丽堂皇之外，在生活设施方面也必须完善而考究；颐和园中的"听鹂馆"，只是太后、皇帝、嫔妃们听戏的处所，除了皇家的听鹂馆之外，还需另建一座供优伶们演出的戏台，而馆朝向戏台的正面，既不设墙壁，更没有门窗，仅有楹柱而已。至于豪门园林中的馆，则多是较为精巧的单体建筑，它既是某处景点中的景观，也是主客们兴之所至时偶一玩赏的处所，并无附属设施。

5.9.3 案例分析

(1) 竹外一枝轩

网师园是苏州园林中极具艺术特色和文化价值的中型古典山水宅园代表作品。网师园始建于宋淳熙初年，始称"渔隐"，几经沧桑变更，定名为"网师园"，并形成现状布局。几易其主，园主多为文人雅士，且各有诗文碑刻遗于园内，历经修葺整理，最终形成了这一古典园林中的精品杰作。网师园为典型的宅园合一的私家园林。

苏州网师园的竹外一枝轩是园林中轩的典型代表，处于园中水池的北岸，临水而筑，可以入轩俯瞰水池、观赏游鱼。它是一座似轩非轩、似廊非廊的建筑，前部开敞，面阔三间，

檐下立两柱，柱上有对联"护檐小屏山缥缈，摇风团扇月婵娟"，原为园主子女读书写字的地方，玲珑剔透，外形似船。

1）建筑命名　竹外一枝轩，不但两边不对称，且面域狭长。题名是建筑的灵魂，此建筑的取名较为特别，来自苏轼的《和秦太虚梅花》诗句："江头千树春欲暗，竹外一枝斜更好。"除竹外一枝轩外，位于园南部的小山丛桂轩和园西北部的看松读画轩的取名也来源于诗句。小山丛桂轩取《楚辞小山招隐》中"桂树丛生山之阿"和庾信《枯树赋》中"小山则丛桂留人"，顾名思义，这里有桂花数丛。院中的看松读画轩，是由于轩前种植有松柏，姿态奇特古怪，又很入画，故得此名，此景可谓"立体的画"。

2）空间布局　竹外一枝轩作为典型的临水建筑——轩，因贴近中心景观水体的优势及独特的船舫建筑造型，可创作出一系列的借景、对景、虚实对比的景观轴线。

① 与水体距离对比：建筑空间布局中，竹外一枝轩与南岸小山丛桂轩遥相呼应，一临水，一离岸，成一条视线主轴线，从彩霞池南岸望来，轩像轻巧的船舫，与高大的二层楼集虚斋，一前一后，参差错落，富有变化（图5-105）。

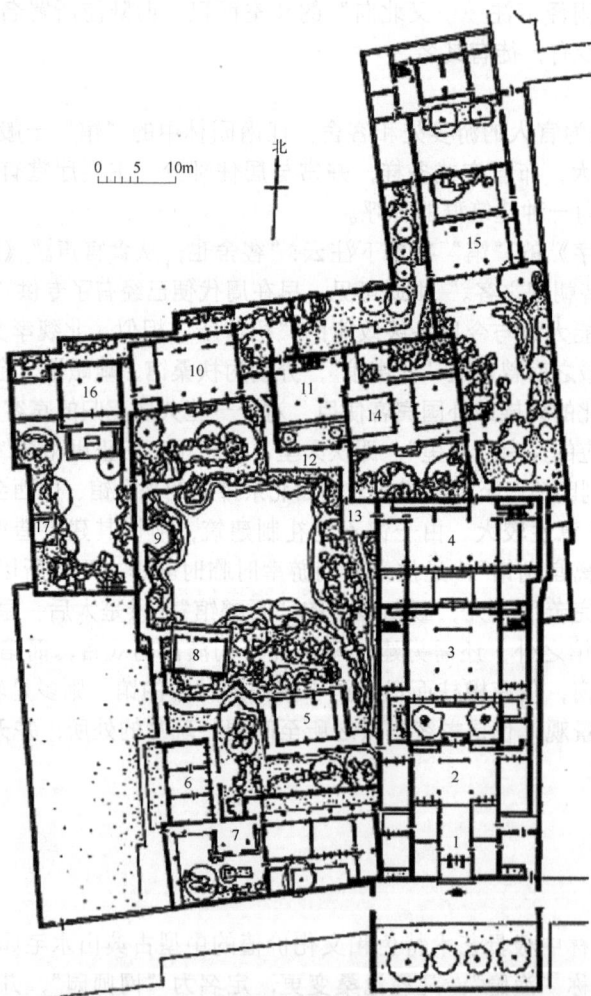

图 5-105　网师园竹外一枝轩的空间布局

1—宅门；2—轿厅；3—大厅；4—拮秀楼；5—小山丛桂轩；6—蹈和馆；7—琴室；8—濯缨水阁；9—月到风来亭；10—看松读画轩；11—集虚斋；12—竹外一枝轩；13—射鸭廊；14—五峰书屋；15—梯云室；16—殿春簃；17—冷泉亭

② 虚实层次对比：竹外一枝轩和处于西南对角线上的濯缨水阁组成对景，濯缨水阁架空水上，竹外一枝轩濒临水边，前者为虚，后者为实。濯缨水阁三面墙体，一面木栏，为实，竹外一枝轩空间开敞、不设门户，为虚。两者虚实对比，视线转换中景色变化。

③ 高低层次对比：因五峰书屋和集虚斋等楼房体量较大，玲珑剔透的竹外一枝轩和射鸭廊与楼房形成一组高低参差、错落有致的组群（图5-106），这一轩一廊不但造型简洁明快，大小、高低亲切宜人，而且构成中景，增加了景物的层次，增加了彩霞池的开阔感。

图5-106　五峰书屋、集虚斋、竹外一枝轩和射鸭廊的建筑组合

（2）卅六鸳鸯馆

这座建筑是一种典型的鸳鸯厅形式，包括北厅卅六鸳鸯馆（图5-107）和南厅十八曼陀罗花馆。内部被隔扇与挂落分为南、北两部分，北厅作夏天纳凉之用，南厅作冬日取暖之用。馆主要作宴请、听曲、会客、休憩之用，在建筑的四角各设有一间耳室，又称为"暖阁"。听曲观戏，耳室可作名家休息、换装之用；宴请宾客，耳室可作候菜之用；冬日里，耳室还可阻拦冷冽寒风。

图5-107　卅六鸳鸯馆

卅六鸳鸯馆内顶棚采用拱型，弯曲美观的同时利用弧形屋顶来反射声音，增强音效，从而达到余音袅袅、绕梁萦回的效果。

史书记载，补园主人张履谦钟爱昆曲，经常同"曲圣"俞粟庐先生在这里切磋曲艺，每当清唱进入高潮时总有一种"余音绕梁，三日不绝"的感觉。

卅六鸳鸯馆还有一个最大的特点，即馆的四面空格上嵌有菱形蓝白相间的玻璃窗。雅致的蓝白玻璃窗，每当盛夏烈日时阳光透过窗户变成一道道蓝白相间的光束。

思考题及习题

1. 请简述亭的概念。
2. 请简述亭的设计要点。
3. 请简述亭的体量设计。
4. 请简述廊的概念。
5. 请简述廊的设计要点。
6. 请简述花架的概念。
7. 请简述花架的设计要点。
8. 请简述园桥位置选择的方法。
9. 请简述园桥的类型。
10. 请简述园桥的设计要点。
11. 请简述榭的概念。
12. 请简述榭的设计要点。
13. 请简述舫的概念。
14. 请简述舫的设计要点。
15. 请简述厅堂的概念。
16. 请简述常见的厅堂类型。
17. 请简述楼、阁的概念。
18. 请简述楼的经典园林实例。
19. 请分析颐和园前山景区建筑布局。
20. 请简述轩、馆的概念和用途。

服务性园林单体建筑设计

6.1 园林大门

6.1.1 功能

园林大门作为园林建筑中的重要部分，是各类园林中突出醒目的建筑，可作为一个园林的标志。同时园林大门是一个新天地的入口，是空间转换的过渡地带，是联系园内外的枢纽，是园内景观和空间序列的起始，能够反映园林特色。

园林大门具体有以下功能：

（1）集散交通

在节假日集会或园内大型活动期间，园林大门的集散、交通及安全等作用显得极为重要。

（2）组织人流和引导路线

交通组织作用主要指的是大门及出入口能够对人流的集散、安全、交通等相关问题进行解决。通常在布局园林大门时，会根据人车分流这一原则来对导流、分割等相应设施进行布置，同时对行车方向、活动区域以及停车场地等会通过交通标志、标线来做出指示。

（3）门卫管理

园林大门具有一般门卫的功能，如出入登记、更换车牌、站岗、禁止小商贩进入等；具有售票和检票的功能；为游客提供一定的服务，如小卖部、公用电话、小件寄存等。

（4）组织园林大门空间景致

园林大门空间是由喧闹的城市到幽静的园林的一个过渡空间，因此它起着引导、预示、对比的作用；同时也是游人游览观赏园林空间的开始，是游览路线的起点。例如，广西烈士陵园南门（图6-1），宏伟壮观，与内部古典建筑相协调，属于纪念性的园林大门。

（5）点缀园景，美化街景

园门具有装饰门面、点景题名、美化街景的作用，也是游人游赏园林的第一个景物，给游人留下第一个标志性的印象，更能体现园林的规模、性质与风格。园林的大门及出入口同时也是对某种建筑文化的显示，通常包括对时代、区域或民族文化的彰显，通常设计优秀的园林大门及出入口会充分借助空间形态、色彩、装饰或材质等众多造型元素，创造出浓厚的文化氛围与鲜明的时代特色，如须江公园大门、四川宜宾翠屏公园大门（图6-2）。

图6-1　广西烈士陵园南门

图6-2　四川宜宾翠屏公园大门

6.1.2　基本组成

一般大、中型园林的大门设备齐全，大致可由出入口、售票室和检票室、门卫管理室、园林出入口内外集散广场及游人等候空间、车辆停放场、小型服务设施六部分组成。例如，上海植物园公园大门（图6-3）包含了售票、收票、广播、值班、停车场等功能。

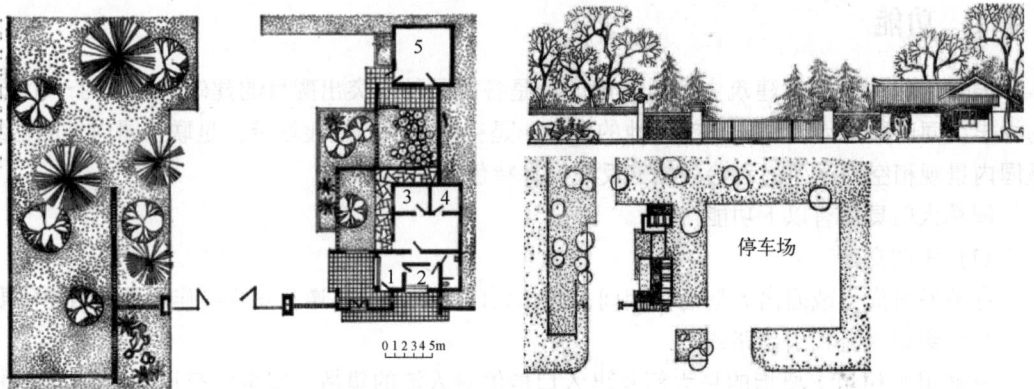

图6-3　上海植物园公园大门

1—售票室；2—检票室；3—广播室；4—值班室；5—小卖部

6.1.3　类型

园林大门应特性明显，反映园林的性质、风格、时代及民俗特性，以起标志性的作用。园林大门根据园林的性质不同可分为纪念性园林大门、游览性园林大门和主题性园林大门，其大门形式因性质不同可采用不同设计手法；根据园林规模不同，园林大门可分为开敞式和封闭式两种，这也有一定的适用条件；另外，根据其使用功能还可分为园林主要大门、园林次要大门及园林专用大门。

（1）根据园林性质分类

根据园林性质不同，园林大门可分为纪念性园林大门、游览性园林大门和主题性园林

　　　园林建筑设计

大门。

1）纪念性园林大门　一般采用对称的构图手法，广州起义烈士"陵园"大门为对称阙式，北京天坛公园大门和广州中山纪念堂大门（图 6-4）为对称式，广州农讲所大门、南京中山陵牌坊门（图 6-5）和广州黄花岗公园园门为对称牌坊式。此类大门具有庄严、肃穆的特点。

图 6-4　广州中山纪念堂大门

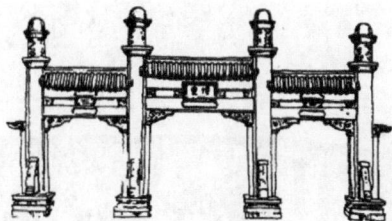

图 6-5　南京中山陵牌坊门

2）游览性园林大门　多采用非对称手法，以求达到轻松活泼的艺术效果。北京紫竹院南门属于不对称的牌坊式园门，此门借鉴了西洋古典石构列柱的间架，重点使用了富有民族特色的琉璃面砖。大门色彩对比鲜明，造型富有时代感，但又不失传统的韵味。园内有宽阔的湖面，大门位于瘦西湖畔，平面新颖别致，大门以歇山亭为主轴，一侧是筑于陆地的游廊，另一侧是漂浮于湖心的攒尖方亭，中间连以小桥。大门与瘦西湖（图 6-6）融为一体，立面构图高低错落，有韵律感和地方风格。

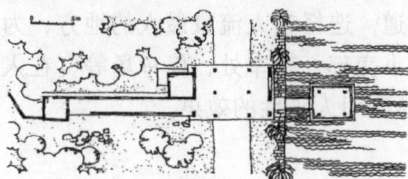

(a) 平面图

(b) 立面图

图 6-6　扬州瘦西湖公园大门平面图和立面图

3）主题性园林大门　多结合园林主题特性考虑。主题性园林包括动物园、植物园、儿童乐园、盆景园和花圃等。主题性园林大门设计采用寓意或写实手法，突出园林个性和特色。例如，香港海洋公园大门（图 6-7）和北京动物园大门（图 6-8）。

图 6-7　香港海洋公园大门

图 6-8　北京动物园大门

（2）根据园林规模分类

园林大门根据园林规模不同一般分为开敞式和封闭式两种。开敞式大门适用于园林尺度较大的中型或大型园林，人流量相对较大，该类大门用以达到集散交通、分散人流的作用（图6-9）；封闭式大门适用于小型园林，可在迂回曲折中达到小中见大的效果，从而延长游览路线，典型案例为苏州留园大门（图6-10）。

图6-9 开敞式大门

图6-10 封闭式大门——苏州留园大门

（3）根据使用功能分类

1）园林主要大门 能够联系城市主要交通路线，并且成为园林主要游览路线的起点。主要大门是游人集散地带，也是给游人第一个标志性印象的景点建筑。其位置的选择主要取决于园林与城市规划的关系，应朝向市内主要广场或干道，选择在人流量最大的地方；为了更好地发挥出入口的功能，可配合集散广场、售票室、小卖部、存车处、停车场等；在入口处设置装饰性的花坛、水池、喷泉、雕塑、导游图等，达到引人入胜的效果。

2）园林次要大门 规模及内容均小于主门。

3）园林专用大门 设于比较僻静处。

6.1.4 设计要点

（1）大门设计的位置选择

1）考虑园林的总体规划布局 园林大门的位置是整个园林规划中的一项重要工作，因此要考虑全园的总体规划，按各景区的布局、游览路线及景点的要求来确定其位置。园区大门的设计会影响到园林内部的规划结构、分区和各种活动设施的布置，以及与游人对园内景物的兴趣和管理等都有着密切的关系，如山西晋祠博物馆的大门，原名为"景清门"，设在博物馆的东南面，为与内部景点取得一致而改在东面，处于中轴线的端点，与整个园林的规划布局相协调。

2）考虑城市的规划 要根据城市的规划要求，与城市道路取得良好的关系，以达到方便交通的目的。应充分考虑人流的集散，城市交通的要求，游人是否能够方便地进入园林。尤其是主要大门，应处在或靠近城市主、次要干道，并要有多条公共汽车路线与站点。

3）考虑周围环境情况 现在越来越多的人喜欢晨练，尤其是老年人和小孩，因此园林的主、次要大门要可以提供多方向的便利。另外，还要考虑到附近的学校、机关、团体以及街

园林建筑设计

道等。

4）考虑物资的运输　园林中不免要进货和排出废物，因此要考虑到方便货物的运输，一般考虑从次要大门进出。另外，当地的自然条件、文化背景等很多因素也影响园林大门的选址。

（2）大门园区周边的道路、交通情况梳理

一般将园区主要大门设在城市的主干道一侧（图6-11）；风景区一般不设置固定的边界，故大门多选在风景区的主要交通枢纽处，并结合自然环境设立景区入口标志，然后设立售票室和管理用房等；不宜设置在过境干道一侧。

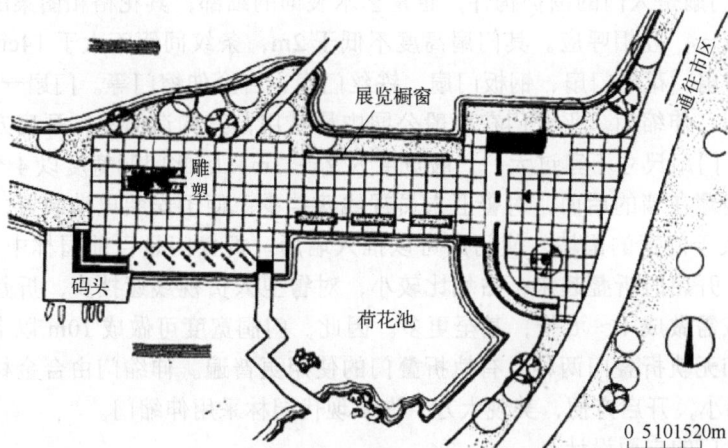

图6-11　天津水上公园东大门总平面图

（3）基于多类型环境的公园大门选择

大门周围的环境是多种多样的，可能是建筑林立的城市街道，也可能是一片茂密的树林；可能是一望无际的江湖，也可能是平静似镜的水池；可能是怪石林立的峭壁，也可能是平坦开敞的广场。面对这些丰富多彩的环境，设计时应该顺其自然，因势利导。不同的地形、地貌对公园大门有不同的需求，需要因地制宜设计多类型公园大门。

① 桂林七星公园的拱星山门，是到普陀山和七星岩洞口的上山登道起点，面对的道路是一片带有景窗的白色照壁，与悬山屋顶的山门结合，再加上随坡道上升的踏步形马头山墙，把人流引向山道。白墙、绿色琉璃瓦、朱红色木窗格等具有浓厚的传统风格。山门与普陀山脚的环境融为一体，依山就势，高低错落，相互穿插，若隐若现，既通过色彩对比（大片白墙和深绿色的树木）突出了上山蹬道，又似与山石、古木同长于大地，颇具匠心。

② 扬州瘦西湖公园南大门，临湖建造，售票室设在门的右侧，插入起伏的山丘，用休息廊相连，左侧建方亭浮于水面，有小桥连接。大门采用扬州传统的地方建筑风格，以歇山顶为主体，左右、高低错落，起伏有序，构图均衡，造型活泼。与瘦西湖紧密相连，又以翠绿的山林为背景，山、湖、建筑融为一体，相互穿插，相互渗透。

（4）园林大门主要部分设计

1）大门出入口设计　大门出入口由大出入口和小出入口组成。园林小出入口主要供平时游人出入用，一般供1～3股人流通行，便于管理。大出入口，除供大量游人出入外，有时还要供车辆进出用，应以车辆所需宽度为主要依据，一般需考虑出入两股车流并行的宽度，宽7000～8000mm。

出入口宽度的决定因素包括人流和车辆的数量。单股人流宽度为 600 ～ 650mm；双股人流宽度为 1200 ～ 1300mm；三股人流宽度为 1800 ～ 1900mm；自行车推行宽度为 1200mm；左右小推车推行宽度为 1200mm。

2）门墩　门墩是悬挂、固定门扇的构件。在近代园林中，门墩造型又是大门艺术形象的重要内容，有时还成为大门的主体形象。其形式、体量、质感等，均应与大门总体造型协调统一，除常见的柱墩式外，还可结合大门的总体环境采用多种形式，如实墙面、高花台、花格墙、花架廊等，以丰富大门的造型。

3）门扇　门扇是大门的围护构件，也是艺术装饰的细部，其花格和图案的纹样形式应与大门形象协调统一，互相呼应。其门扇高度不低于 2m，条纹间距不大于 14cm。多采用金属材料，如栅栏门扇、花格门扇、钢板门扇、铁丝门扇、合金伸缩门等。门扇一般分为平开门、推拉门、折叠门、伸缩门。平开门在一般公园中最常用，其构造简单，开启方便，但开启时占用空间较大，门扇尺寸不宜过大，一般宽度为 2 ～ 3m，因此门洞宽度以 4 ～ 6m 为宜。推拉门开启时门扇藏在墙的后面，对警卫人员视线遮挡少，便于安装电动装置，但需要大门一侧有一段长度大于门宽的围墙，使门扇可以推入墙后。折叠门是目前园林中常用门扇之一，门扇分成几折，开启时折叠起来，占地比较小，对警卫人员视线遮挡少，折叠门每扇宽度为 1 ～ 1.5m，可按需做成 4 ～ 6 折，甚至更多。因此，门洞宽度可做成 10m 以上，折叠门可分为有轨折叠门和无轨折叠门两种，有轨折叠门的使用更普遍。伸缩门由合金材料制成，电动管理，占用空间小，开启方便，美观大方，许多现代园林采用伸缩门。

（5）园林大门的立面设计

1）牌坊式大门（图 6-12）　牌坊主要有门楼式牌坊和冲天柱式牌坊，在牌坊的横梁上做斗拱屋檐起楼即成牌楼。牌坊门有一间、三间、五间之分，其中三间最为常见，牌楼起楼有二层或三层。

图 6-12　牌坊式大门

2）屋宇式大门（图 6-13）　我国传统大门建筑形式之一，门有进深，如二架、三架、四架、五架、七架等。平面布置是在前柱上安双扇大门，在后檐柱上安四扇屏门，左右两侧有折门，平日进出由折门转入庭院。门面一般为一间，大户人家可用三间或四间，庙宇门常做三间或五间。

3）柱墩式大门（图 6-14）　柱墩由古代石阙演化而来，现代公园大门广为运用，一般作对称布置，设 2 ～ 4 个柱墩，分大、小出入口，在柱墩外缘连接售票室或围墙。

4）门廊式大门（图 6-15）　由屋宇门演变而来，屋顶多为平顶、拱顶、折顶，也有用悬索等新结构的。门廊式大门造型活泼轻巧，可用对称或不对称的构图，目前在各处公园普遍运用。

图 6-13 屋宇式大门

图 6-14 柱墩式大门

5) 墙门式大门（图 6-16）　我国住宅园林中常用的门之一，常在院落隔墙上开随便小门，灵活简洁，也可用作园林住宅的出入口大门。在高墙上开门洞，再安上两扇屏门，很素雅，门后常有半屋顶屋盖雨罩以作过渡。

图 6-15　门廊式大门

图 6-16　墙门式大门

6) 门楼式大门　二层屋宇式建筑。

（6）售票室与检票室的设计

1) 售票室设计　售票室是目前园林营业的窗口之一，是园林大门最基本的组成，也是大门形象及艺术构图中的重要内容。所以售票室、检票室和门卫管理室的设计布局显得尤为重要，其布局方式可与大门建筑组合为一体；或与大门建筑分开设置，成为独立在大门外的售票室。

售票室的使用面积，一般每个售票位不小于 $2m^2$，亦可按不同的建筑布局形式及通风、隔热、防寒、卫生等条件有所增减，每两个售票窗口的间距不小于 1.2m。售票室前应有足够的广场空间，供游人购票停留用。售票室的售票窗口设置有单面售票、双面售票及多面售票等几种形式。单面售票房进深不小于 1.7m，双面售票房进深不小于 2m，圆形售票房直径不小于 3m。

2) 检票室设计　检票室是售票室的对应设施，检票室应设置在游人入园时必经的关口上。为提高利用率，应尽量接近人流，以利检票。检票窗应正对人流。检票室可利用大门洞的大型柱墩，但面积不少于 $1.5m^2$。

3) 售票室与检票室室内环境处理

① 选择良好的朝向及必要的遮阳措施朝向。我国大部分地区建筑以朝南为佳，也可朝西南或东南。当遇到各种空间限制时，在设计时首先不改变大门朝向的前提下改变建筑方位，以使建筑获得良好的朝向，或在大门建筑群的组合中，将工作间巧妙地安排在好的朝向中，

例如，在朝西的大门中将建筑物朝南，在朝北的大门中将建筑物朝东等。可采用挡板式遮阳、水平遮阳、绿化遮阳等措施。

② 组织好穿堂风。平面上注意开窗位置，立面上注意开窗的高度。

③ 隔热与保温。南方注意隔热，北方注意保温。可采用架空通风隔热屋面，开设通风口应迎向夏季主导风向，架空高度一般在 120 ~ 240mm 之间；或采用吊顶通风隔热屋面，通风口在冬季应能关闭，以利于保温。保温屋面分为保温平屋面和保温坡屋面。

(7) 园林大门内外空间设计

园林大门空间一般由大门内外的广场空间及大门内的序幕空间组成，是游人休息、停留的空间，因此，要具有一定空间美的效果。

1) 园林大门空间处理手法　一般可采用各种形状的出入口广场、庭院等；或封闭或开敞空间的形式，可利用墙面的围合、树木种植、地形地貌的变化、建筑标志及建筑小品等组成具有美感的空间效果。例如，山西省太原市龙潭公园的正门，位于太原市新建北路工程学院对面，地理位置十分优越，它采用了开敞式的空间设计，由内外小广场组成，起到了集散人流的作用，大门内部广场由一假山作障景，和龙潭湖相连，给游人一种"豁然开朗"的感觉，形成了一种空间转移的变化，起到了小中见大的艺术效果。

2) 门内序幕空间分类

① 约束性空间。这类空间的组织一般指在进入园内后由照壁、土丘、白粉墙和大门等所组成的序幕空间，此类空间具有缓冲和组织人流的作用。结合我国传统的造园手法处理这种空间，可获得丰富空间变化和增加游览程序的效果，带有"序幕性"的作用。

② 开敞性空间。有些公园的内空间的处理，由于某种功能要求，以及结合园内特殊环境的需要，往往采取纵深较大的开敞性空间，大门对称布置时常用这种形式。

(8) 公园大门车辆停放场设计

公园大门车辆停放场的停车位数量需要根据《停车场规划设计规则（试行）》进行计算（表 6-1）。停车场的设置有两种方式：停车场与园林大门广场合为一体；停车场在大门广场外单独设置。

表 6-1　停车场设计车型外廓尺寸和换算系数

车辆类型		各类车型外廓尺寸 /m			车辆换算系数
		总长	总宽	总高	
机动车	微型汽车	3.20	1.60	1.80	0.70
	小型汽车	5.00	2.00	2.20	1.00
	中型汽车	8.70	2.50	4.00	2.00
	大型汽车	12.00	2.50	4.00	2.50
	铰接车	18.00	2.50	4.00	3.50
自行车			1.93	0.60	1.15

通过对上述设计的分析，一个优秀的公园大门景观设计必须考虑以下几点：

① 与周围城市公共设施要结合好。公园大门景观的位置要根据城市的规划要求，与城市道路取得良好关系，要有方便的交通，应考虑公共汽车路线与站点的位置以及主要人流量的来往方向。

② 与周围环境要和谐统一。公园大门景观的总体布局直接影响到其使用和形象，所以设计中必须考虑其与周围环境之间的相互影响和作用。

③ 用精品艺术思维去设计。公园大门景观是人们游赏公园的第一个景物，将给人们留下深刻的印象，在设计时，其艺术形象应体现公园的规模、性质、风格等，使其成为主题与环境相结合，达到自然统一的艺术精品。

综上所述，公园大门景观是公园空间序列的开端，是公园空间交响曲中的序曲，也是游览的起点，因此，在设计上应有公园特色，通过空间不同的对比，空间开合、曲折的变化，方向的转折，明暗的交替等，相互衬托与对比，将大门空间层层展开，更好地衬托出公园主体空间的艺术效果，给人以深刻的感染力，体现出一定的公园景观效果，增进游人的身心健康，陶冶其情操，使公园成为人与艺术文化的和谐场所。当然，随着人们审美观点以及公园设计理念的改变，将来做公园规划时可能不再强调公园大门的设计，弱化大门的设计，使公园与城市的边界线消失，营造自然的城市环境，使人们更好地享受公园的景色。当然，作为园林景观设计者要与时俱进，不断提高欣赏水平，为广大市民营造更加生态、自然的城市景观。

6.1.5 案例分析

(1) 洛浦公园大门的平面构成

洛浦公园位于洛阳市区，为市区中心的一个大型公园。在绿化、美化城市的进程中，洛阳市将主要河流之一的洛河作为城市中心绿带，并于洛河两岸形成洛浦风景区。洛浦公园位于洛河北岸，全长13km，由东至西有秋风园、滨河游园、上阳宫、晓月园、历史文化区、洛神苑等几大部分。现已建成5个大门，它们分别起着分隔空间、组景和便于管理等作用。这些大门犹如一个个节点位于带状空间中。

1) 彩虹凌波大门（滨河游园东入口大门）（图6-17） 大门位于滨河游园东入口广场上，东邻定鼎南路，南靠洛河。考虑到滨河游园是现代公园，以休闲娱乐为主，所以在立意初期就以表现滨河水景的一些元素为主题，采用由波浪转化来的弧形彩虹作主体。彩虹主体从地面逐渐升起，一是可以成为组景框，二是又不至于在空间上对邻近的桥面产生压力。建成后的大门主体宽46.8m，高13.5m。大门采用红白两色花岗岩饰面，主体为白色，跳跃的拱门为红色，强烈的色彩对比给人的视觉造成一定的冲击。彩虹主体与拱门相互穿插，在主体下方左右各形成两个空间，作为门卫和管理用房。为在广场上形成通透的效果，大门的周边没有设围墙栏杆，而是采用弧形花架和种植池相叠合，造型与主体相协调，并能满足阻隔人流、分隔空间的功能。此大门建成后已成为园内一个标志性建筑。

(a) 实景

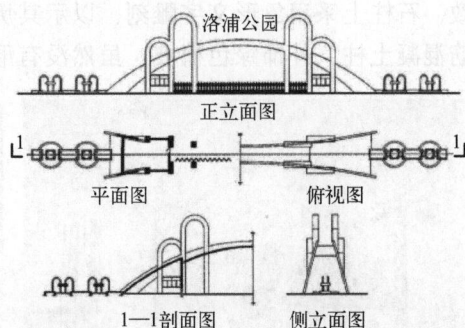

(b) 施工图

图 6-17 彩虹凌波大门

2）白鸥帆影大门（滨河游园西入口大门）（图 6-18）　大门位于滨河游园西入口广场，西邻南昌路和洛河魏屯桥。考虑到此区域内的游人多为附近的居民，大门设计时旨在体现一种休闲、舒适的氛围，从洛河的传说故事及水体中提炼出水鸟、帆船等要素进行创作。水鸟的造型较为抽象，高度为 9.3m，体量较大；三角造型的帆船高度为 7.3m，体量较小。体量不同的造型构筑在入口处相互呼应，坐落于对称式平面构图的广场上，视觉效果比较协调。水鸟、帆船造型的内部空间用作门卫室和管理用房。大门外饰面采用白色基调的花岗岩，显得清丽宁静。大门两边的围墙采用通透感极强的栏杆造型，栏杆由钢筋和钢板制成，钢板剪成水鸟状，好像水鸟在栏杆中"穿梭飞翔"。

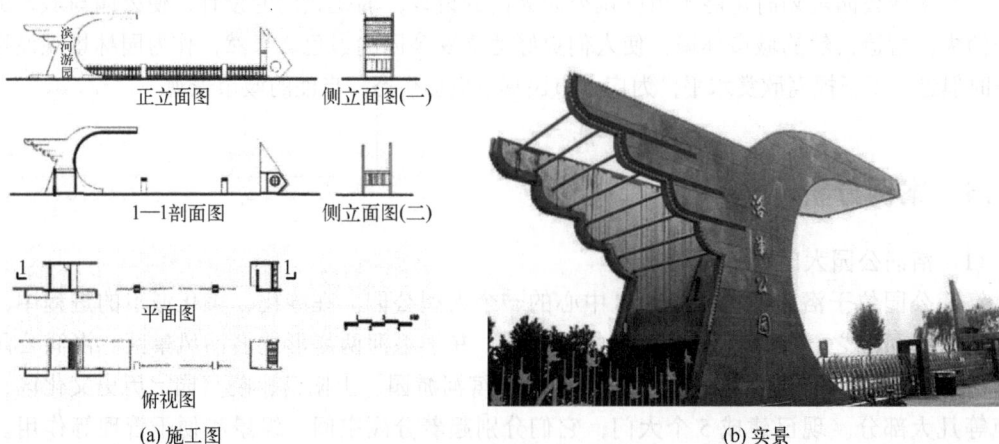

图 6-18　白鸥帆影大门

3）河图洛书大门（历史文化区西入口大门）（图 6-19）　大门位于历史文化区西入口广场上，与滨河游园东入口大门相距 150m 左右。考虑到与之相对的东入口大门是顶盖式结构形式，为避免雷同，设计时采用开敞式。《易系辞传》说"河出图，洛出书，圣人则之"。河图与洛书的图案中圆圈表示天数，圆点表示地数，这是古人对数的最早认识。本大门设计思路来自古老的"河图洛书"的传说。13 个广场按历史发展顺序而定，河图洛书大门是 13 个广场的起始节点。大门由河图石和洛书台组成，河图石内部为值班室，外部采用块石叠砌，经加工凿制成巨石状，巨石表面镶嵌黄色铜钉和白色不锈钢钉，组成河图图案；洛书台为一升起的高 1.8m、20m×20m 见方的小广场，广场上按洛书图案设石柱组，每组石柱高低不同、错落有致，石柱上采用象形文字雕刻，以示其历史的久远。施工时，由于工期原因，将石柱改为钢筋混凝土柱，外饰绿色植被，虽然没有形成一种文化气氛，但是也显得清新秀丽。河图石

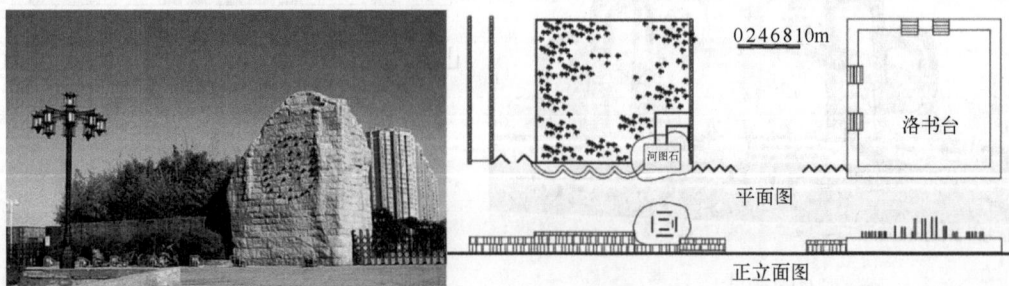

图 6-19　河图洛书大门

旁的栏杆采用钢筋混凝土的仿竹栏杆，栏杆后栽植了大片的竹林，文化气氛浓郁。这一开敞式大门的设计与对面的顶盖式彩虹门虽造型不同，但因尺度合理又显得十分协调。

（2）北京颐和园东宫门

北京颐和园东宫门（图 6-20）是我国传统建筑的屋宇门，歇山顶五开间，大门朝东，两侧各有一小旁门，大门与南北两侧厢房及照壁围合成半封闭空间。建筑布局中轴对称，规则严谨。建筑华丽，庄严肃穆，是由于当时宫廷朝政的需要，现结合公园需要，两侧厢房作售票、小卖部、邮局寄存、厕所等用。

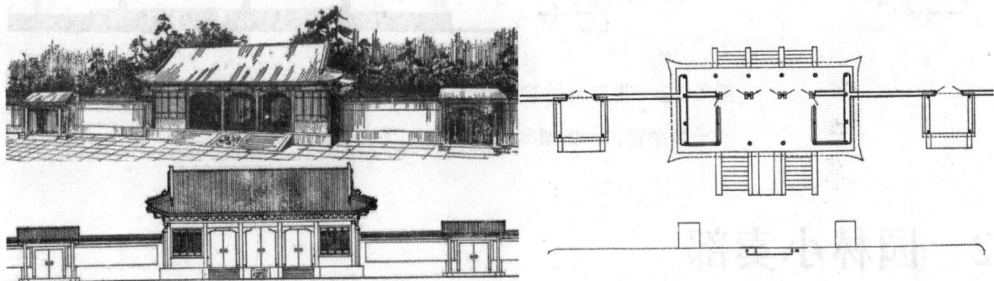

图 6-20　北京颐和园东宫门

（3）北京紫竹院公园大门

北京紫竹院公园大门（图 6-21、图 6-22）采用传统的庭院式布局，内部空间与街道之间既分隔又流通，成为从街道到公园的空间过渡，具有传统韵味。但门廊体量过于高大，与内庭院空间及辅助建筑不够协调，管理使用上考虑不足。

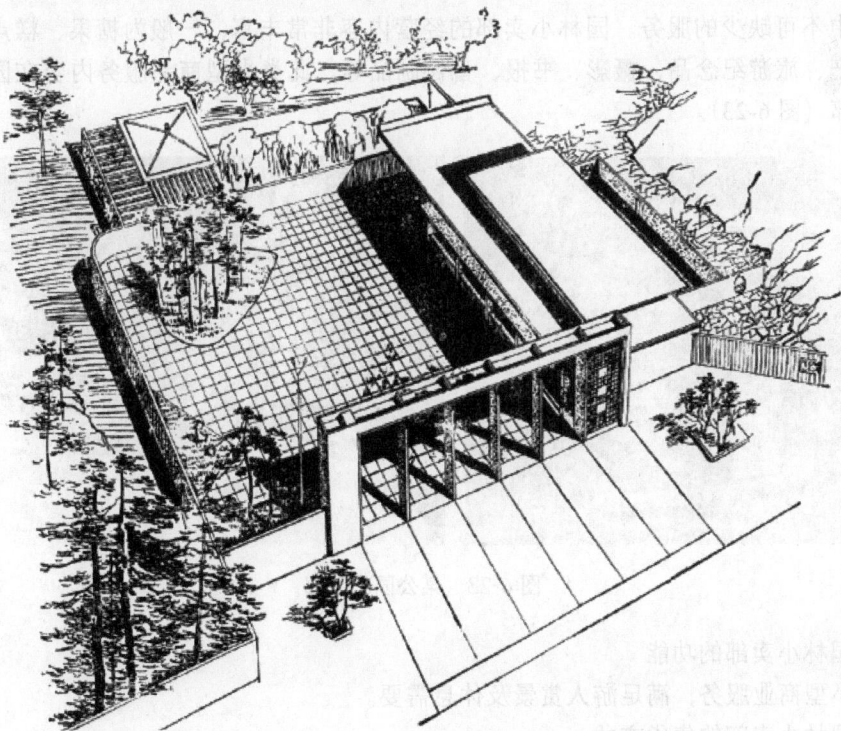

图 6-21　北京紫竹院公园大门鸟瞰图

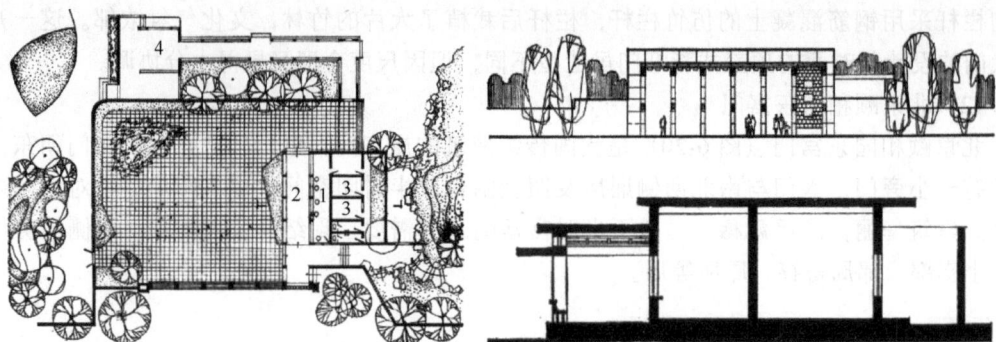

图 6-22　北京紫竹院公园大门平面图及立面图
1—售票室；2—购票廊；3—管理室；4—休息亭廊

6.2　园林小卖部

6.2.1　概述

（1）园林小卖部的概念

在公园或风景区中，为满足游人游园需要以及发展当地经济等所设置的商业服务性设施称为小卖部，经营如食品、糖果、香烟、水果、旅游工艺纪念品及 土特产等商品。小卖部是园林中最为普遍、便捷的商业服务设施，满足游人在游园时临时购物、饮食等方面的需求，是游览途中不可缺少的服务。园林小卖部的经营内容非常丰富，一般为糖果、糕点、冷热饮料、土特产、旅游纪念品、摄影、书报、音像制品等，此类小型商品服务内容在园林中统称园林小卖部（图6-23）。

图 6-23　某公园小卖部

（2）园林小卖部的功能

提供小型商业服务，满足游人赏景及休息需要。

（3）园林小卖部的售货方式

分为室内售货和窗口售货，面积一般不大（5～10m²）。较大的小卖部可独立设置售货厅

　园林建筑设计

与储藏室，面积可达 20 ~ 30m²。

(4) 园林小卖部的类型

1) 糖果饮料类　大型园林风景区可设多处。

2) 旅游工艺品类　结合当地工艺特产，布置具有园林特色的展出环境，展出具有纪念性的工艺美术品。

3) 花鸟类　是国林中最具有技术特长的项目。结合花房温室展出花鸟的品种，宣传饲养方法，既有经济效益，又增加社会效益。

4) 小型图书商店　为丰富园林内容，增进游客科学文化知识，园林中可设小型图书商店，出售科技图书、当地风景介绍书、旅游书等书籍；建筑可结合园中园成为独立庭院，创造安静的环境，室内外结合设置一定的阅览空间。

(5) 园林小卖部的基本组成

1) 营业厅（包括售品柜台）　是销售营业的基本空间。由于园林特点，营业厅可以室内外结合。有的小卖部不设营业厅而改小卖亭，在园林中也很常见。

2) 简易加工间　如摄影冲印加工、饮食分装、花木保养包装等均需设此用房。

3) 库房　各类小卖部均需有一定的库房面积。

4) 办公管理及值班室　为安全保管售卖品，需设管理值班室。

5) 杂物院　堆放杂物、进货待收、废瓶箱待运等的缓冲用地。一般应以遮挡视线及保管安全为宜。

6) 更衣室及厕所　供工作人员使用。

6.2.2　设计原则

根据园林性质、规模和活动设施，结合周围环境、景点分布和经营类型来综合考虑设置位置。

根据当地地方特色、文化特色等，确定其建筑形式和结构。要求轻巧灵活，独特新颖，并与整体环境相协调。

要与园内景点和环境相互衬托，造型简洁大方，还应具有一定的观赏效果。

明确建筑与景点和环境的主从关系，以免喧宾夺主，还应注意环境保护和景观设置，为游人赏景创造一定条件。

简易的小卖部可用竹木、不锈钢、帆布、铁皮、塑料等材料建成，可做成固定的或活动的；大型的小卖部可为独立建筑，或结合其他建筑共同设置，如与亭、廊、花架等共同设置。

6.2.3　设计要点

在设计园林小卖部时，要注意以下几个方面的设计要点：

(1) 园林小卖部的位置选择

需要根据园林性质、规模和活动设施，结合周围环境、景点分布和经营类型来综合考虑设置位置（图 6-24）。

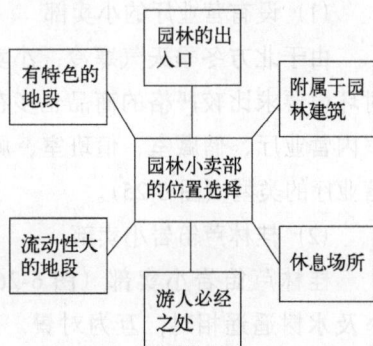

图 6-24　园林小卖部的位置选择

(2) 园林小卖部的规划布局

1）考虑总体规划 小卖部规划时要考虑全园的总体规划，从而根据园林大小及所处城市位置、商业街的远近来安排。

2）满足游人需求 游人的需求是支持建设布局的影响因素，可以根据游览路线、道路分区、入口处、游人量流动性，配合景点位置，以方便游人逗留来设服务店，满足游人需求。

3）兼顾货物运输 兼顾便利货物的运输，小卖部的四周应有运输车辆的道路，最好能有隐蔽堆放杂物的小院，这样可以做到既不影响景观又不污染环境。

4）合理利用环境 设计者也需合理地利用大自然提供的环境因素，适应季节或天气变化等要求。如夏季建筑可向北面营业，而冬季又可转向南面，或室内外结合使用。

(3) 园林小卖部的平面形式

景区里小卖部的平面形式大致可以分为单体式、组合式和廊墙、石壁等相结合式三类。最常见的单体式有正三角形、长方形、圆形；组合式有双圆形、双方形等。

(4) 园林小卖部的色彩材质

小卖部的色彩风格主要由其所在的公园或景区的风格、周围环境及所使用的材质决定。简易的小卖部可用竹木、山石、不锈钢、帆布、铁皮及塑料等材料建成，或固定或可移动；较大规模的小卖部可用普通砖、钢筋混凝土等。

(5) 园林小卖部的造型形式

公园或风景区中的小卖部的造型一般要求轻巧灵活，独特新颖，因此，其造型形式多种多样，主要有仿古式、现代式、自然式等形式。

任何一种园林建筑的设计都是为了满足某种物质和精神的需要，公园或风景区的小卖部亦然。影响公园或景区小卖部的位置、规模、数量、色彩材质及造型等的因素有很多，如公园或风景区的规模、风格、交通关系、园内活动设施数量、景点布置和人流量等。总之，公园或风景区的小卖部在满足功能需求的情况下要与其他风景建筑和周围环境统一规划，使之相协调。

6.2.4 案例分析

(1) 设有营业厅的小卖部

由于北方冬季天气寒冷，小卖部多为室内设置营业厅的，即使在南方，工艺品、书报等对环境要求比较严格的商品也多在室内营业厅中销售。这种设有室内营业厅的小卖部一般由室内营业厅、储藏室、值班室、厕所等组成。北土城遗址公园景点小卖部即为这类设有室内营业厅的类型（图 6-25）。

(2) 桂林芦笛岩小卖部

桂林芦笛岩小卖部（图 6-26）建筑位于池边，隔水与芦笛岩洞口建筑、天桥、接待室及水榭遥遥相对，互为对景。建筑采用石舫造型，具有农舍特色，与周围田园风光协调一致。

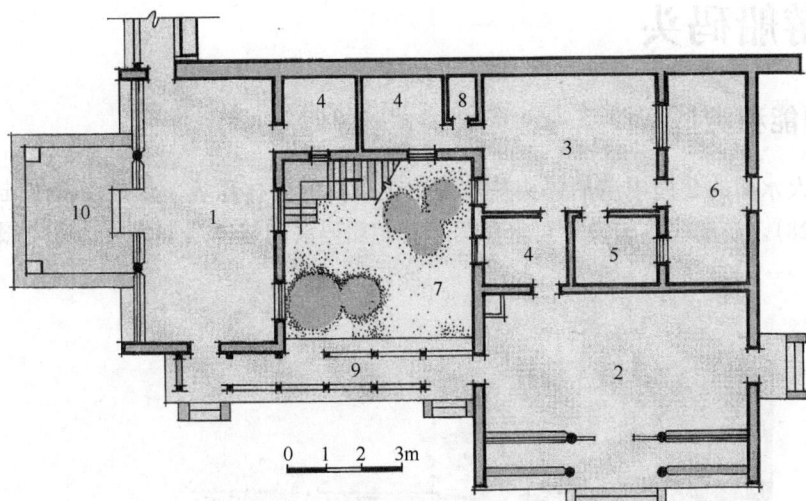

图 6-25 北土城遗址公园景点小卖部

1—书店；2—冷热饮；3—操作间；4—储藏室；5—值班休息室；6—杂务院；7—内院；8—厕所；9—休息廊；10—戏台

（3）法国拉·维莱特公园 follies 小卖部

拉·维莱特公园，位于巴黎东北部，远离城市中心，规划范围 55hm²，其中公园绿地面积 35hm²，是巴黎市区内最大的公园之一。公园中的 40 个 follies 具有构成主义风格，有些作为小卖部、茶室、资讯布告栏等，有些与建筑和花园结合在一起，有些则是纯粹"博眼球"的构造——只是一个红色的边长 10m 的立方体。这些 follies 都以精确的 120m 间距的格阵，霸气地叠置在基地之上。而两条主要步道与列植着树木的林荫道则是沿着格线蔓延，连接了这所有的 follies 小卖部（图 6-27）。

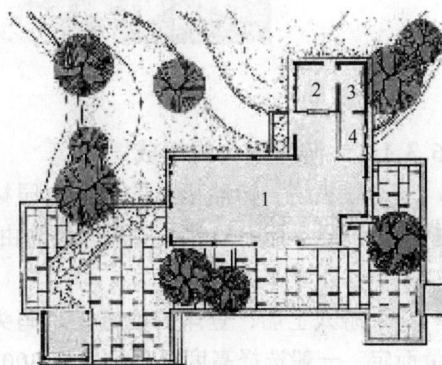

图 6-26 桂林芦笛岩小卖部

1—营业厅；2—制作间；3—管理室；4—备餐间

图 6-27 拉·维莱特公园中的 follies 小卖部

6.3 游船码头

6.3.1 功能和类型

在有较大水面的公园中游船码头往往是比较重要的园林建筑，也是连接水陆两地的交通枢纽（图 6-28）。游船码头的设计可繁可简，若游船码头的整体造型优美，可点缀、美化园林环境。

图 6-28　游船码头

6.3.1.1　游船码头的组成

一般来说，游船码头的大小由园林的规模大小来确定，大小不一的园林所承载的游客数量各不相同，而一般大、中型码头则由以下部分组成。

（1）水上平台

供游人上船、登岸的地方，是码头的主要组成部分。其长、宽要根据码头规模和停船数量而定，一般选择高度以高出水面 300 ～ 500mm 为宜。大型或专用停船码头应设拴船与靠岸缓冲设备；若为专供观景的码头，其上可设栏杆与坐凳，既可起防护作用，又可供人停留下来休息、观景，还能丰富游船码头的造型，使得游客轻松观赏景色，好不快活。

（2）蹬道台阶

蹬道台阶是平台与不同标高的水陆之间联系的纽带，特意为其增设的。而布置的形态便可以结合岸线的形状来设计，一方面更便于游人使用，另一方面对岸线进行适当修饰，可以不破坏原有景观的美感，因此布置的形态通常设计为垂直于岸线或平行于岸线的直线形或弧线形。

游览游船码头通常每 7 ～ 10 级台阶都会设置一个休息平台，这样设计一方面可以保证安全，让游人适当停歇，另一方面又为游人提供了多层次、多样化的远眺平台。而在岸壁的垂直面设计过程中，往往会采取结合挡土墙的手段，在石壁上可设雕塑等装饰，以增加码头的景观效果。

（3）管理室

游船码头的管理室一般设在码头建筑的上层，这样可以方便广播信息、眺望水面等对外管理事务的处理，同时又为工作人员提供休息处所，便于对外联系办公等。

（4）售票室和检票室

游船码头的售票室和检票室通常采用大高窗，但在采用这种设计时应当注意其房间朝向，尽可能地避免西晒，如果不可避免，最好在建筑前设置遮阴篷，减少光照的强度；并且在设计时需要保持售票室、检票室与办公室紧密联系，所以在房间排布时需要注意距离；因为游人使用率高，且内部有人办公——售票、检票，所以室内需要具备良好的通风条件，最好能有穿堂风经过。

售票室往往具有售票、回船计时退押金和回收船桨的功能，所以在设置其面积时一般控制在 $10 \sim 12m^2$；而检票室在人流较多时对维护公共秩序起到至关重要的决定，所以在设置其面积时一般控制在 $6 \sim 8m^2$。若有时面积设置较为拘谨，也可以采用检票箱和活动检票室两种检票形式，不仅方便、灵活，而且可以在一定程度上节省造价。

(5) 休息等候空间

休息等候空间便是在游船码头上创设的一个供人休息停留的空间。为增加其游客体验观感，有时可以选择创设一个内庭空间，结合亭、廊、花架、水池、假山石、汀步进行布置，既可以让划船人在此处候船歇脚，也可以为一般游人提供可使用的观赏水景的休息平台，游人可闲逛亭、花架、廊、榭等建筑，乐在其中，如秦皇岛市南戴河游乐中心就是一个歇山顶仿古水榭结合临水平台做的简易游船码头。

码头建筑内部交通的组织十分重要，是由码头建筑内游人活动的顺序所决定的，上船游人活动的顺序是买票、验票、等候、计时、登船，下船游人活动的顺序是上岸、计时、售票处退取押金。上、下船的游客应该尽量互不干扰。这一点对于游人较多的公园尤为重要。

(6) 码头区

码头区作为候船的露台，供上、下船用，应有足够的面积，而且其面积的大小往往根据停船的大小、多少而定。一般设置其高出常水位 $30 \sim 50cm$，给人视觉上呈现出紧贴水面的效果，使得码头具有更好的亲水感。

(7) 集船柱桩或简易船坞

集船柱桩或简易船坞主要是使游船停靠方便，并且具有遮风避雨的保护功能。

6.3.1.2　游船码头的形式

按照游船码头的建筑形式以及与水面的接触不同，码头又可以分为驳岸式、挑台式、伸入式、浮船式等多种形式。

(1) 驳岸式

当公园所具有的水体面积不大时，通常结合驳岸修建驳岸式游船码头（图6-29），使得游船码头的布置垂直或平行于岸边。但是如果公园的水位和池岸之间的高差较大，便可以结合设置一定的台阶和平台对码头进行布置。在景色宜人的园区往往不采用此种方法，一方面建筑本体的景观效果不佳，往往产生与现有景观的割裂感；另一方面此方式不方便游人上、下船，体验感较差。

(2) 挑台式

当设计区域是具有广阔的大水面的风景区时，因为考虑到船只吃水深，可以不修驳岸，而是直接将码头挑伸到水中修建挑台式游船码头（图6-30），拉大了池岸和船只停靠的距离，极大地方便了游船在码头停靠，并且此形式还可以节约建造费用。但此方式通常不在水面高差变化大的水体上使用，较大的水面高差采用的跨度更大，需要的机器精准度更高，这便削弱了原本节省造价的优势。

(3) 伸入式

伸入式游船码头往往一半伸入水面，作为水上平台，可以供检票使用，以提供便捷、高效的管理；而另一半在岸上，发挥其对外的功能，可以供游人候船和休息使用，增强游玩的体验感，游人亦可在此欣赏美景。

图 6-29　驳岸式游船码头

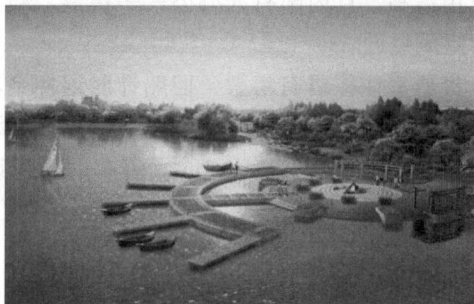

图 6-30　挑台式游船码头

（4）浮船式

浮船式游船码头适合于水位变化大的水库风景区的游船码头，其可以随着水面的变化而变化，灵活地适应不同水位高度的水面，管理抑或者是游人上下船游玩都十分便捷高效。

6.3.2　设计要点

6.3.2.1　平面布局

1）功能分区　通常较复杂的码头平面按功能进行分区。可以分成管理区、游人活动区、码头区三个大区，细分如下：管理区又分为售票室、办公室、休息室、厕所、维修储藏室；游人活动区又分为休息亭廊、小卖部、储藏室、茶室；码头区又分为等候露台等。

2）游线梳理　当游船码头进一步进行平面布局时应将整个码头视为一个建筑整体，布局合理，管理用房联系紧密，办公管理区应和游人休息区有方便的联系，以便于管理；管理区尽可能集中，避免工作人员的交通路线和游人活动路线的交叉。

3）空间划分　平面组合时，在满足面积要求的前提下，运用构成的有关知识进行组合和空间划分，但应有一定的设计母体，做到既统一又有变化，并尽可能靠近一个合适的比例，如黄金矩形、方根矩形、柯·勒布西埃模数体系等比例关系，并且各种形体组合时应在满足功能的前提下，形体之间有一定的几何关系，如方和圆的组合，做到设计富有理性和秩序性，并应注意平面的开合收放变化，有一定的对比关系。

4）环境协调　从整体上进行把握，可以结合游人等候设置一内庭空间，在其中布置一些能够体现建筑风格的和水有关的雕塑、壁画、汀步、置石、隔断等园林建筑小品，应尽可能和水有关系，以便进行点题。同时，从码头选址开始，就应注意借景、对景、观景的考虑，使码头既可观景又可成景，以便和整体环境相协调。

西安市兴庆公园码头选址在正入口的中心轴线之上，面临宽阔的水面，附近有缚龙堂、茶室等景点，远处的西山岛、兴庆楼是其对景；沈阳市青年公园码头选址在较宽阔的水面之上，卧波桥、同心亭可以作为其对景；天津市水上公园码头选址在正入口的一侧，起到一个水上观光游览组织交通的作用，面临宽阔的水面，朝南，湖心岛是其对景；桂林市七星公园水面是狭长的水道，花桥、茶室是其周围的景点；南京市莫愁湖公园码头紧靠入口，面临宽阔的水面，云影、波光亭是其对景；南京市白鹭洲公园码头面临宽阔的水面，鹭舫、亭桥是其对景。

6.3.2.2 造型设计

游船码头立面造型应较丰富，对于码头来讲本身要成景，应有风景建筑的特点，造型丰富，有虚实对比关系，并注意运用立体构成的有关知识进行形体的加减、组合，使形体丰富。各空间的室内地坪应有变化，如某水位和池岸的高差较大，可做上下层的处理（从池岸观是一层，从水面观是二层）以及设置台阶，建筑低临水面，有一定的亲水感。屋顶变化也较丰富，平、坡屋顶均可。了解水位的标高以及最高、最低水位，以确定码头平台的标高。

如北京市紫竹院公园码头——水陆高差较大，经过处理码头分为两层，上层供游客休息停留，下层用于售票、管理、储存以及作靠船平台，功能布局合理，竖向设计有特色，造型亦有园林特色（图6-31）；广州市烈士陵园公园码头——靠船平台和游廊组合，靠船平台和陆地分开，避免干扰；北京市玉渊潭公园的码头——休息等候和靠船平台分层，立面造型新颖丰富，平面布局简单，屋顶风格统一；福建省武夷山星村竹筏码头——集码头、接待、旅馆于一体，造型采用民居的形式，具有内庭空间，为二层建筑；北京市某游船码头——结合高差进行分层布置，功能齐全完备，造型有新意，风格统一（图6-32）。

图6-31　北京市紫竹院公园游船码头

图6-32　北京市某游船码头

此外，安全性问题是建筑不可忽视的重中之重。码头建筑临水，而儿童使用的机会较多，故安全隐患较多，在具体设计时一定要注意其安全性问题，应设置告示栏、栏杆、护栏等安全宣传和保护措施。

6.3.2.3 周边环境设计

需要考虑自然因素如日照、风向、温度等对码头的影响。选择位置明显、游人易于发现的地方，最好靠近一个出入口，避免在风口停靠，并尽可能避免水面反光。其平台尺寸以及靠岸平台长度，应根据码头规模、人流量来确定，其长度一般≥4m，进深≥2～3m。

游船码头的建设应将出入人流路线分开，避免交叉干扰，需要确保合适的人流路线，使其路线顺畅。对于风景名胜区而言水面一般较大，水路也成为主要交通观景线，一般规划3～4个游船码头（数量可根据风景区的大小和类型灵活确定），选点时一般选在主要风景点附近，便于游人通过水路到达景点，码头布点和水路路线应充分展示水中和两岸的景观，同时码头各点之间应有一定的间距，一般以控制在1km为宜，同时和其他各景点应有便捷的联系，选择风浪较平静处，不能迎向主要风向，以减少风浪对码头的冲刷，方便船只靠岸。

6.3.2.4 水体条件分析

对于城市公园而言水面一般较小，一般根据水面的大小设计1～2个游船码头，注意选择水面较宽阔处，为防止游人走回头路，多靠近一个入口，并且应有较深远的视景线，视野开阔、有景可观，同时注意该点在便于观景的同时也应该是一个好的景点。

若水流流速较大，为保证游船停靠安全，应避开水流正面冲刷而选择在水流缓冲地带，且避免设在风吹使漂浮物易积的地方。流速太大的水体还应避免河水对船只的正面冲击。应当在设计前了解水面的标高、最高和最低水位及其变化，以确定码头平台的标高，以及水位变化时采取措施。而平台位置的设置更是有许多需要注意的地方，如码头平台伸入水面；夏季易受烈日暴晒，选择适宜朝向，需要有大树遮阴或遮阳措施。

6.3.2.5　观景效果表达

从码头选址时就需注意借景、对景、观景的考虑，使得码头既可观景又可成景。若水体较大，需选择水面宽阔且有对景的位置，可以让游人观赏。若水体较小，要安排远景，创造一定的景深与视野层次，从而取得小中见大的效果。一般来说，游船码头应地处风景区的系列景色的起点或中心位置，以达到有景可赏的效果，使游人能顺利依次完成游览全程。设计时游船码头建筑形式应与园林的景观和整体形式协调一致，并且高低错落、前后有致，使整个园林富有层次变化。例如，北京市陶然亭公园，码头南侧是宽阔的水面，附近有双亭廊等景点，西北向做地形的处理，面水背山形成良好的小气候，视景线深远，中央岛、云绘楼、花架、陶然亭、接待室等均可作为借景、对景，并且和东大门和北大门均有便捷的联系；合肥市逍遥津公园，水域宽阔，逍遥墅、湖中三岛可作为码头的对景，附近有茶室、展览馆等景点，视景线也较长；上海市杨浦公园，将码头定位在避风的港湾处，且有较宽阔的水面，西部的月洞桥可以作为对景。

同时，选择适宜的植物进行搭配更为景观建筑增色不少。可选择垂柳、大叶柳、旱柳、悬铃木、枫香、柿、蔷薇、桧柏、紫藤、迎春、连翘、棣棠、夹竹桃、丝棉木、白蜡、水松等园林植物进行配景美化，池边水中点缀菖蒲、花叶菖蒲、荷花、泽泻等水际及水生植物，更富有自然水景气氛，但应注意植物的配置不能影响码头的作业。

6.3.3　案例分析

（1）武昌鱼小镇游船码头

鄂州市涂家垴镇徐桥村有一条通往梁子湖的河港，过去这里依靠水道出行和生产，体现了鄂东地区传统的江湖渔村的特色。如今这条水道拟被开发为一条生态田园风光的水上游览线路，以促进当地旅游业发展。项目中的码头（图6-33）则位于这条线路的起点，滨水临桥。

图6-33　武昌鱼小镇游船码头建筑

游船码头置于河港与沟汉的交汇处，与 20 世纪 60 年代遗留下来的粮油站（第二期开发）之间有一片开阔的观景区，设置有停车场和乡野花园，通过空间引导使游客在行进中赏景，提供良好的观景体验。花园采用碎石铺砌的"鱼形"小道，以呼应武昌鱼小镇的地名。

小型游船码头主要发挥游客集散、休息以及土特产展示等功能，一般设计容量约为 200人。因为美丽乡村建设和旅游业的发展，梁子湖沿岸有一定数量的相似规模体量的游船码头。基于这一点，设计尝试建筑模块组合和一定程度的装配式建造。基本模块为大厅（一般为两个，供游客等候和旅游品展销）、一个连廊（连接体）和码头平台，可以适应不同的位置和周边环境进行组合。

该码头平面主要为两个 14m×8m（尺度与内部结构形式关联）的空间单元：一个为休息等候大厅，包含售票、候船、茶歇等功能；另一个为展示大厅，包含售卖功能。两个单元一竖一横排布，之间用廊道连接，在临水一侧均设置了挑台。

建筑规模相对较小，简洁的形体有助于水上行船时望见。屋顶选取当地民宅的山形双坡形式，加长屋脊。长脊短檐，仰视更显昂扬向上之势，犹如鱼跃水面，同时大屋面加强了建筑的轻盈之感。墙体竖直，屋顶斜角切入天空，整栋建筑远观悬于水面之上，呈跃然之势。游船码头的设计同时尝试"结构 - 空间 - 形式"的统一，不带任何矫饰，真实地反映结构，形态和空间的呈现自然协调。

武昌鱼小镇的游船码头所处的场地开阔，夏、冬两季偶有强风，因而采用了方钢管，结点采用焊接的形式（刚结点）。在墙身安置了与基础直接相连的抗风柱，将整个建筑进一步与基础拉结。结构体系从墙身至屋顶，整体而统一，荷载分布均匀，在保证建筑的结构强度和稳定性的同时呈现出轻盈的姿态。

（2）首尔 Yeoui-Naru 轮渡码头

汉江大坝平坦而独特的形态形成了一幅巨大的美景，并吸引成千上万的游客来一睹其风采，它因此也成为首尔最重要的城市形象之一。位于汉江南岸麻浦区和元晓大桥之间的交通文化发展，旨在重塑汉江作为独特城市景观的形象，并通过改善社会、文化及基础设施来提高环境质量，为首尔的未来及可持续发展做贡献。

这个 5m 高的单层码头建筑，以线条般的形态浮于水面上，伴随着河流的涌动，展现优雅的姿态。这种形态的设计源自对码头利用率的思考。码头可容纳 7 个 700t 的船舶，以及 20艘游船和私人船只。码头略带弧度的形态能保证船只运输达到最佳状态，同时能够在水面上开辟一条确切的路线。为了不打扰汉江平静的海岸氛围，码头远离城市规划区而建，将陆地与水体分割开来（图 6-34）。

图 6-34 首尔 Yeoui-Naru 轮渡码头

整座 Yeoui-Naru 轮渡码头及码头设施隐蔽在连续的屋顶之下。巧妙的弯曲形状和温柔涌动的屋顶结构，以一开一闭的形式构筑了河流和城市的景观。波动的屋顶表面创造了变化的光质。光洒在波动的河流上，形成了诗意般的汉江景象。

为了遵守水上建造的原则，Yeoui-Naru 轮渡码头采用轻量级的钢架结构并用木板贴面，展现出一个轻质的外观，令码头与周围环境更加和谐自然地融合在一起。金属网代替典型的栏杆围绕码头，这种近乎隐形的栏杆外貌，消除了码头与河流之间的障碍。码头的宽度令行走在这个浮动平台上的游客感到舒适和安全，同时，这个宽度又足够"窄"，使人有"在汉江上行走"的独特体验。经过尺寸、高度等优化的轮渡大坝，拉近了游客与河流的亲密关系。

6.4　园林厕所

6.4.1　设计要点

园林厕所（图 6-35）是园林中必不可少的服务性设施之一。近年来，随着人民生活水平的提高、知识的增进，人们对园林景观的要求越来越高，因此设计者对景观的维护也很重视。园林厕所不论其规模大小、造型如何均会影响园林景观效果。

游人在园林中需用较长的时间进行游览。游人进园后先方便一下，既能轻轻松松地开展各种各样的游憩性活动，又能保证园内的清洁卫生，甚至可以减免疾病的传染，从而保持公园优美的环境。因

图 6-35　园林厕所

此，对园林厕所的建设应加以重视，以满足广大游人的需要。

园林厕所依其设置性质可分为永久性厕所和临时性厕所，其中永久性厕所又可分为独立性厕所和附属性厕所。

① 独立性厕所通常是指在园林中单独设置，与其他设施不相连接的厕所。其特点是可避免与其他设施的主要活动产生相互干扰，适用于一般园林。

② 附属性厕所指的是附属于其他建筑物之中，供公共使用的厕所。比较偏向于管理与维护等办公对内方便，适用于不太拥挤的区域。

③ 临时性厕所则是指临时性设置的厕所，包括流动厕所。可以解决临时性活动的增加所带来的需求，适合在地质土壤不良的河川、沙滩的附近或有临时性人流量的场所设置。

因此，园林厕所设计需满足以下要求。

6.4.1.1　位置选择

园林厕所应布置在园林的主、次要出入口附近，并且均匀分布于全园各区，彼此间距在200～500m，服务半径不超过500m。一般而言，厕所设计位于游客服务中心地区、风景区大门口附近或游人活动较集中的场所。但是需要注意的是，其选址要回避主要风景线上、观景轴线上或者对景处等位置，园林厕所位置不可突出强调，与主要观景点要保持一定距离。因为园林厕所建筑功能的特殊性，最好将其设在主要建筑的下风方向，并设置路标，以小路连接。巧借周围的自然景物，如石、树木、花草、竹林或攀缘植物，在加以隐蔽和遮挡的同时，增添景色（图 6-36）。

6.4.1.2 造型设计

园林厕所要与周围的环境相融合，既"藏"又"露"，既不妨碍风景又易于寻觅。在外观处理上，必须符合该园林的格调与地形特色，既不能过分讲究又不能过分简陋，使之既处于风景环境之中，而又置于景物之外；既不使游人视线停留，引人入胜，又不破坏景观，惹人讨厌。

园林厕所一般由门斗、男厕、女厕、化粪池、管理室（储藏室）等部分组成。立面及外形处理力

图 6-36　园林厕所植物修饰

求简洁明快、美观大方，其色彩应尽量符合该风景区的特色，切勿造成突兀、不协调的感受。当厕所位于停车场、各展示场旁等场所时，可采用较现代化的形式；而位于内部地区或野地的厕所，往往选择采用较原始的意象形式来配合周围的环境。而在选择与运用色彩时，需注意因为该建筑服务性、实用性较强，还应考虑到未来的保养与维护等方面。

6.4.1.3 使用功能

（1）规格定额

园厕的定额根据公园规模的大小和游人量而定。建筑面积一般为每公顷 $6 \sim 8m^2$，游人较多的公园可提高到每公顷 $15 \sim 25m^2$，每处厕所的面积应为 $30 \sim 40m^2$，男女蹲位 $3 \sim 6$ 个，男厕所内还需配置小便槽（斗）。园厕入口处应设"男厕""女厕"的明显标志，外宾用的厕所要用人头像象征。

景区公厕最好不要设门，因为人流量大，使用集中，出入口的宽度应该做得足够大，只要视线遮挡合理，出入口处可以只做门洞口，没有门扇，人流会更通畅。从卫生习惯方面看，在卫生间洗过手以后的人都不愿意再用手去摸门把手。厕所入门处、每个厕位门上及洗手处均需有盲文标识，厕所大门及厕所内部需铺设盲道。一般入口外需要设 1.8m 高的屏墙以遮挡视线。茶室、阅览室或接待外宾用的厕所，可分开设置或者选择提高卫生标准。为了维护园厕内部的清洁卫生，避免泥沙粘在鞋底带入厕所内，可对通往厕所出入口的通道铺面稍加处理，并使其略高于地表，且铺面平坦，不易积水。

（2）附属设施

一个好的园林厕所除了本身设施完善外，还应当可以为游人提供良好的附属设施，如垃圾桶、等候桌椅、照明设备等，为游人提供最大的便利。在场地条件允许的情况下，尽可能设置残疾人公厕和安全专用通道，可以更好地服务每一个游客。除了无障碍厕所外，还增设家庭化厕所，可供给婴儿换尿布、家人看护小孩或者老人如厕。因此，需要在女厕所内设婴儿床或婴儿椅；设独立母婴卫生间，面积不小于 $20m^2$，设有婴儿台 2 个以上；儿童用小便器底沿距地面不得超过 30cm。如资金允许，配备摄像头、智能仪器监测空气，自动除臭添香，配备针线包、医药箱等。

此外，出于老弱病残者的活动安全考虑，景区公厕的地面不能铺设抛光砖之类的光滑材料，准确推敲并控制扶手的位置和高度，注意内饰不能有尖锐的转角出现。景区公厕的视线隐蔽也是保护个人隐私的体现，男厕的小便斗和女厕的蹲坑都不可暴露在众目睽睽之下。

（3）性别所需

如今，社会上的很多方面都在体现着男女平等，可景区公厕蹲位的"男女平等"却引起了女性游客的不便。由于女性的生理特征，在入厕的时候往往需要比男性更长的时间，所以

我们经常会发现女性用厕排队的现象。各大景区的女厕都是络绎不觉，而男厕则是门可罗雀。针对这一问题，只有研究不同性别的生理状况才能真正做到男女平等。据粗略统计，女性上一次厕所平均耗时 210s，男士为 61s。也就是说，假如男女游客人数以及如厕频率相同，女厕的容量就应是男厕的 3 倍多。目前，多数景区公厕男女蹲位比例为 1∶1。实际使用中，男厕中占用厕位的大便器可替代小便器。举个例子，若游客只有排尿需求，一座公厕男女蹲位比例为 1∶1，并为男厕配备了与其厕位数相同的小便斗，其男厕的游客接待能力就成了女厕的 2 倍。所以，按照国家对旅游厕所的规定，配置男女厕所蹲位的比例需达到 4∶6，女厕面积和厕位都应相应大于男厕。

在许多新型景区中，应当提倡建设无性别公厕，也叫中性公厕。许多父母也许都有如此的体会：学龄前的幼儿，到底应该带她（他）去男厕所还是女厕所？不仅是儿童，行动不方便的老人和残疾人由异性家属陪伴如厕，也会面临同样的难题。

所以，如果在景区建设中对此类新型厕所加以尝试，这样的尴尬发生的概率就能大大减少。虽然目前还有很多人在心理上无法接受，但随着推广与成功的经验，其便利性与人性化服务必将为普通游客所接受。

6.4.1.4 种植设计

园厕应设在阳光充足、通风良好、排水顺畅的地段。最好在厕所附近栽种一些带有香味的花木，如南方地区可种植白兰花、茉莉花、米兰等，北方地区可种植丁香、腊梅、暴马丁香、等，以冲淡厕所散发的不好闻的气味。

6.4.2 案例分析

（1）带风景的厕所

天开野餐露营公园位于北京西南方向约 85km 处，公园目前正在进行全面改造。天开公园过去以提供花田的种植为背景，在花田上放置一系列假物品，例如假风车、假钢琴，吸引来自城市的自拍潮人，这样的景点在北京很常见，因此人们的新奇感逐渐消失。

"带风景的厕所"（图 6-37）是一个很小的基础设施项目，为游客提供基本需求服务。该项目于 2020 年 5 月竣工，标志着公园开始向露营和登山等休闲目的地转变。但由于北京周边几乎所有的农村地区都不允许野营和生火，因此它便成了户外爱好者聚集在篝火旁的目的地。该项目被设计成露营区最基本的基础设施，因为当地的土地法规不允许新建任何类型的新结构或有屋顶建筑，因此厕所只是一系列的围墙设计。

图 6-37 "带风景的厕所"

在野营公园内的 4 个不同位置分别放置了一套厕所，并配有洗漱台和长凳。最初，这些设施被设计为 4 种独特的风格，但由于预算原因而被放弃。尽管如此，这一系列的厕所和洗漱台还是经过深思熟虑的布置，它可以让人们一边洗手或清洗随身带来的蔬菜、水果，一边欣赏公园的美景。

（2）山之厕所

昆嵛山森林公园是一座方圆百里、峰峦绵延的野生动植物基因库，自然保护区内山高坡陡、沟壑纵横，新设施的建设必须遵循最低干预开发（LID）的原则；同时，设施的设计亦应顺应复杂的地势，使设施能轻巧地藏置于自然保护区之中。该设计构建了一个单体模块系统，它能够灵活地根据不同地形自由组合，以便适应性地推广至整个自然保护区。选择了现有高山植物园的一处高差变化较大的土台地作为厕所基址（图 6-38）。

在英语系国家中，厕所被称作"restroom"，即"休息处"，虽然起源于委婉的表达，但也寄语如厕是件惬意的事情。因此，把"休息处"设计成一个景观化的"休息驿站"。通过单体模块的组合，生成一个顺应地形变化的庭院。袖珍的中庭被一条时上时下的围廊环绕，为普通的如厕体验赋予了诗意的感受。在视野最佳处设置的景观平台，为等候的家庭成员提供休息与观景场所。

起伏的庭院分为两部分，即休憩空间与功能空间，通过一条环状连廊串联而成。休憩空间由几组连续的模块单体转换过渡而成（图 6-39），形成亭子与露台，作等候与赏景之用。功能空间将厕所功能分为男厕、女厕、家庭用厕三类，环绕于庭院。中庭边缘设有两处洗手池，每处由两块折叠的耐候钢板组成，一高一低分别给成人与儿童使用，用过的水从钢板缝隙中流入砾石过滤池，水过多时从无边界钢板顶部溢流而出并回渗地下。采用对角线坡屋顶的单体设计，经过可扩展的模块化组合，呈现出具有几何美感的屋脊线，形成了与昆嵛山山脊线的对话。厕所的表皮采用小枝与磨砂玻璃并置，在保证隐私的同时又能产生优雅的光影效果。

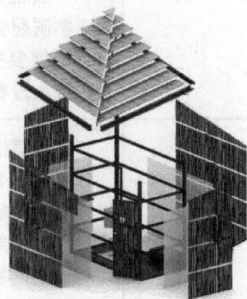

| 图 6-38　山之厕所 | 图 6-39　单体模块结构示意图 |

6.5　餐饮建筑

6.5.1　功能和类型

餐饮建筑是风景区和公园的一项重要设施，是即时加工制作、供应食品并为消费者提供就餐空间的公共建筑。它在人流集散、功能要求、建筑形象等方面对景区的影响较其他类型的建筑大。如设计合理，不但为园景增色，而且还会有较好的经济收益。

为方便游客，应配合游览路线布置餐厅服务点。在一般公园，餐厅应与各景点保持适当的距离，既避免抢景、压景，又能便于交通联系。在中等规模的公园里，餐厅适宜布置在客流活动较集中的地方。建筑地段一般要交通方便、地势开阔，以适应客流高峰期的需要，同时也有利于管理和供应。为吸引更多的游客，基址所在的环境应考虑在观景与点景方面的作用。在风景区或大规模的公园里一般采取分区设点的方式。

依据《建筑设计资料集》，餐饮建筑按照经营方式、饮食制作方式及服务特点可分为餐馆、快餐店、饮品店、食堂等建筑类型；餐饮建筑的规模按照建筑面积、餐厅座位数或服务人数可分为小型、中型、大型、特大型；餐饮建筑的布局类型按照建设位置可分为沿街商铺式、餐饮建筑、综合体式、旅馆配套式和独立式（表6-2）。

表 6-2　餐饮建筑的类型

类型	主要特点	举例
餐馆（又称酒家、酒楼、酒店、饭庄等）	(1) 具有固定的营业场所和就餐场所； (2) 设有大、中、小餐厅，规模较大的设有宴会厅，厨房设施较为完善； (3) 为消费者提供中、西式菜点及其他菜系（中餐、西餐、日餐、韩餐等）和酒水、饮料； (4) 有服务员送餐上桌或顾客到取餐台选取食品两种模式	酒楼、火锅店、烧烤店、自助餐、风味餐厅
快餐店	(1) 具有固定的营业场所和就餐场所； (2) 为消费者提供方便快捷、品种集中的菜点、茶水、饮料等； (3) 一般由消费者自行领取食物，交易方便，供应快捷，简单实惠； (4) 食品加工供应形式以集中加工、半成品配送、在店熟制配餐供应为主； (5) 就餐空间紧凑高效，室内装修简洁明快，连锁餐厅或加盟餐厅具有统一的设计风格	中式快餐、西式快餐、美食广场
饮品店	(1) 具有固定的营业场所和就餐场所； (2) 以为消费者提供咖啡、茶水、酒水、饮料及蔬果、甜品简餐为主； (3) 环境舒适、营业时间较长； (4) 室内装修通常具有明确的主题风格	酒吧、咖啡厅、茶馆、冷热饮店等，并附有音乐及表演内容
食堂	(1) 通过自营、合作或外包形式为学校、医院、机关、工厂和企事业单位内部人员提供餐饮服务； (2) 食品品种多样，消费人群固定，供餐时间集中，营业时间短； (3) 主要以就餐人员自我服务为主	学校食堂、机关及企事业单位食堂

以餐饮建筑的面积或餐厅座位数或服务人数划分规模。不同规模的餐饮建筑具有不同的运营、服务和管理特点，在建筑设计中有各自不同的设计参数和功能配置要求。根据餐饮建筑的面积或餐厅座位数或服务人数，将餐饮建筑划分为小型、中型、大型和特大型（表6-3）。

　　　　　　　园林建筑设计

表 6-3　餐饮建筑规模分类

建筑规模	餐馆、快餐座、饮品店（面积或餐厅座位数）
特大型	面积＞3000m² 或 1000 座以上
大型	500m²＜面积≤3000m² 或 250～1000 座
中型	150m²＜面积≤500m² 或 75～250 座
小型	面积≤150m² 或 75 座以下

注：表中面积指与食品制作供应直接或间接相关区域的使用面积，包括用餐区域、厨房区域和辅助区域。

6.5.2　基本组成

依据《建筑设计资料集》，餐饮建筑不论类型、规模如何，其内部功能均应遵循分区明确、联系密切的原则，通常由用餐区域、厨房区域、公共区域、辅助区域四大部分组成（图6-40），各组成部分由不同房间构成（表6-4），可参考图6-41所示流线进行组织。

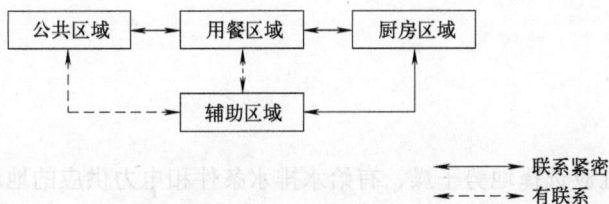

图 6-40　基本功能组成

表 6-4　各组成部分房间构成

区域划分		房间构成
用餐区域		宴会厅、各类餐厅、包间等
厨房区域	餐馆、快餐店、食堂	主食加工区（间）[包括主食制作、主食热加工区（间）等]、副食加工区（间）[包括副食粗加工、副食细加工、副食热加工区（间）等]、厨房专间（包括冷荤间、生食海鲜间、裱花间等）、备餐区（间）、餐用具洗消间、餐用具存放区（间）、清扫工具存放区（间）等
	饮品店	加工区（间）[包括原料调配、热加工、冷食制作、其他制作及冷藏区（间）等]、冷（热）饮料加工区（间）[包括原料研磨配制、饮料煮制、冷却和存放区（间）等]、点心和简餐制作区（间）、食品存放区（间）、冷荤间、裱花间、餐用具洗消间、餐用具存放区（间）、清扫工具存放区（间）等
公共区域		门厅、过厅、等候区、大堂、休息厅（室）、公用卫生间、点菜台、歌舞台、收款处（前台）、饭票（卡）出售（充值）处及外卖窗口等
辅助区域		食品库房（包括主食库、蔬菜库、干货库、冷藏库、调料库、饮料库）、非食品库房、办公用房及工作人员更衣间、淋浴间、卫生间、清洁间、垃圾间等

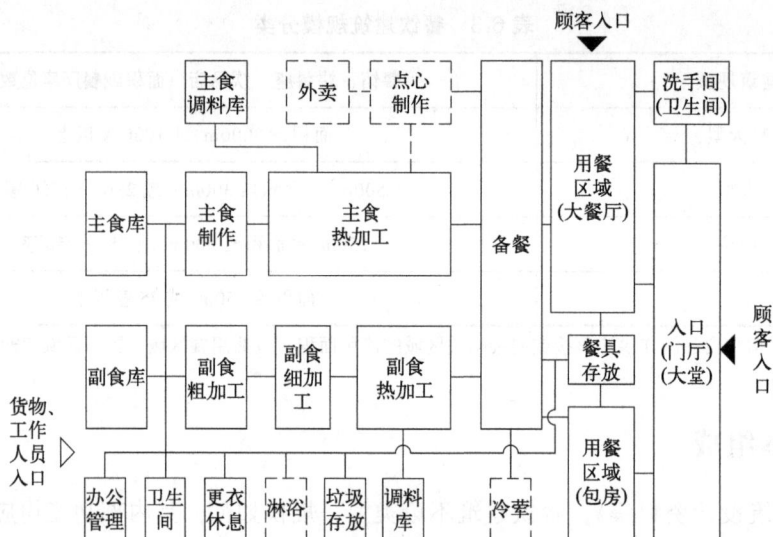

图 6-41　流线组织参考图

6.5.3　设计要点

（1）设计原则

① 餐饮建筑选址应选择地势干燥、有给水排水条件和电力供应的地段，不应设在易受污染的区域，距离污水池、暴露垃圾场（站、房）、非水冲式公共厕所、粪坑等污染源应在 25m 以上。基地四周应避免有害气体、放射性物质等污染源。

② 总平面设计中，建筑布局应分析所在地风向条件和主要人流动线因素，降低厨房的油烟、气味、噪声等对邻近建筑的污染。营业性的餐饮建筑入口位置应明显、易达，室外宜设置停车位。

③ 建筑设计应从实际出发，结合项目定位，考虑平面功能的合理性、经济性，按不同餐饮建筑类型及规范要求，合理分配各部分面积比例。

④ 餐饮建筑平面布局分为公共区域、用餐区域、厨房区域、辅助区域，各分区间应功能明确，联系方便，避免相互干扰，用餐人流、食品流线、工作人员流线应组织合理。

⑤ 公共区域和用餐区域应充分考虑人的心理体验和就餐需求，平面布置和功能安排应动静分区合理；辅助区域应结合项目情况和周边条件确定适宜的功能内容。

⑥ 厨房区域应按照原料进入、原料处理、半成品加工、成品供应的流程合理布局，食品加工处理流程宜为生进热出单一流向。厨房应在满足流线合理和人体尺度的前提下，尽量紧凑，充分利用空间，立体布置，提高使用效率和面积利用率。

⑦ 保障人身安全和食品安全是餐饮建筑设计的重要方面，设计除应符合《饮食建筑设计规范》（JGJ 64—2017）外，还应执行现行国家标准《建筑防火通用规范》（GB 55037—2022）及其他相关标准的规定，并应满足国家市场监督管理总局相关要求。

⑧ 餐饮建筑有关用房应采取防鼠、防蝇和防其他有害昆虫的有效措施，并做好防水、防潮措施等。

⑨ 餐饮建筑设计应符合现行国家标准《无障碍设计规范》（GB 50763—2012）的规定。

（2）用餐区域设计

用餐区域功能组成一般包括桌席区、包间区、表演区三部分（图6-42）。

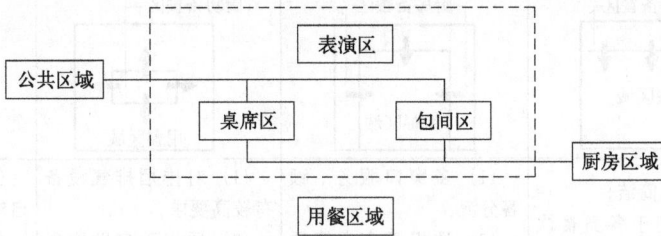

图6-42　用餐区域功能组成

用餐区域各功能空间设计要点可参考表6-5。

表6-5　用餐区域各功能空间设计要点

功能设计	桌席区	(1) 面积指标的确定应合理，避免造成拥挤或浪费。 (2) 应有宜人的空间尺度和良好的通风、采光等物理环境。 (3) 顾客就餐活动路线和送餐、自助路线应避免重叠或交叉，送餐、自助路线不宜超过40m，大型宴会厅应就近设置准备间。 (4) 宜靠近厨房设置，备餐间出入口应隐蔽，同时避免厨房气味和油烟进入餐厅。 (5) 大餐厅中宜以绿化、隔断等手段划分和限定不同用餐区，以保证各个区域相对独立，减少相互干扰。 (6) 应根据餐饮建筑类型选择桌椅设施。快餐店、食堂一般桌椅固定，桌椅表面材料应易清洗；餐馆桌椅一般不固定，根据氛围及档次需要选择桌椅材料。 (7) 有条件时可设置背景音乐设施
	包间区	(1) 包间门不宜相对设置。 (2) 包间内餐桌不宜正对包间门，保证客人用餐的私密性。 (3) 高档的包间应设专用备餐间，备餐间入口宜与包间入口分开，出口不应正对餐桌。 (4) 相邻包间应考虑隔声措施
	表演区	(1) 表演台宜位于与顾客主要座席相对的显著位置，以保证顾客有良好的观赏视线。 (2) 需配备相应的音响、灯光设备与控制设备，组织好表演所需的空间流线
措施	交通	(1) 用餐区域同层设置时，其安全疏散出口数量及疏散宽度应符合建筑设计防火规范要求。 (2) 用餐区域分层设置时： ①人流量大的桌席服务区宜布置在入口层； ②联系上下层的主要交通楼梯应位置明显，行走舒适； ③宜设置顾客电梯，并满足无障碍设计规范要求
	卫生要求	(1) 应有防蝇、鼠、虫、鸟及防尘、防滑、防噪声等措施。 (2) 用餐区域底层临城市道路时，建筑与人行道之间应留有适当距离，不应在高度2m以下设置开启外窗，且必要时应采取适当的视线隔离措施
	室内墙面和地面	(1) 室内各部分表面均应选用不易积灰、易清洁的材料。 (2) 各房间的墙面阴角宜做成弧形，以免积尘
	自然通风	有自然通风时，用餐区可开启的窗洞面积与地板面积之比应符合国家及地方的相关标准规定；无自然通风时，应采用机械通风方式

用餐区域与厨房备餐区的联系可分为平行式、周边式、岛式和分散式四种类型，不同类型适用于不同特点的餐饮建筑（表6-6）。

表 6-6　用餐区域与厨房备餐区的联系

项目	平行式	周边式	岛式	分散式
平面简图				
特点	(1) 空间简洁； (2) 适用于各类餐饮建筑	(1) 多窗口服务，顾客分流； (2) 适用于食堂等瞬间人流较大的餐饮建筑	(1) 对排烟排气设备有较高要求； (2) 适用于自助取餐类餐饮建筑	(1) 不同类型厨房各自对应，互不干扰； (2) 适用于美食城、美食街等
示例				

　　根据餐饮建筑类型及经营特点，合理确定用餐区域每座面积指标（表6-7）。要根据餐厅室内墙、柱、隔断等空间分隔要素的位置，合理确定餐桌的形状及座位形式、餐桌布置方式和桌数（表6-8）。组织好服务员送餐流线、顾客到达餐桌的流线，以及顾容使用卫生间的流线之间的关系，力求各种通道宽度合理，便捷且避免交叉。用餐区域宜结合各种通道围合出边界清晰的分区。宜使餐桌一侧有所依靠，如窗、墙、隔断、靠背与绿化等空间分隔设施。

表 6-7　餐座面积参考表

单位：m²

标准	中式餐厅	风味餐厅	快餐店	咖啡厅	门厅酒吧	鸡尾酒吧	辅助酒吧	食堂
中低档	1.3	1.3	1.0	1.5	1.5	1.5	1.5	1.0
豪华型	1.8	1.8	1.5	1.7	1.7	1.7	1.5	1.3

表 6-8　餐桌布置的基本模式

形式	开敞式			半开敞式	封闭间
	阵列式	组团式	自由式		
特点	餐桌成行列式，布置规整	餐桌成组成团	餐桌自由排列，平面丰富多变	大面积开敞，以隔断等分隔空间，不完全封闭	独立于大堂的单独封闭小房间，安静，不吵闹
示例					

用餐区域典型设计案例见图 6-43。

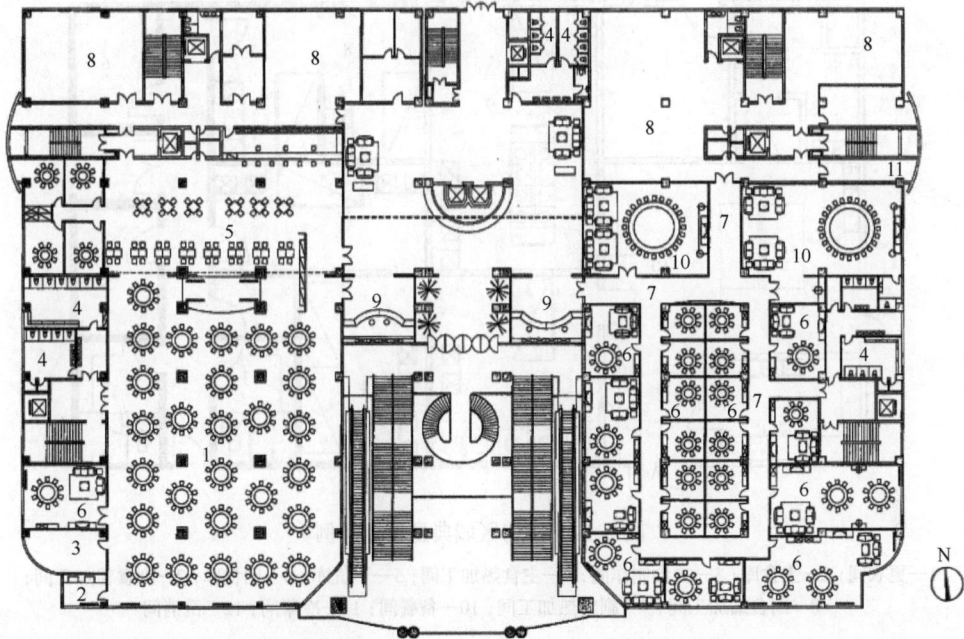

名称	建筑面积	座位数
某五星级酒店餐厅用餐区域	4653.8m²	516座

通过交通厅将餐饮区分为两大部分，西侧为大空间宴会厅，
用餐区东侧为包间区，而日式料理区和VIP包间区分别位于
宴会厅北侧和包间北侧

图 6-43 某酒店用餐区域设计

1—宴会餐厅；2—声控室；3—库房；4—卫生间；5—日本料理餐厅；6—包间区；7—服务通道；8—食品加工区；
9—收银台；10—VIP 包间

（3）厨房区域设计

① 厨房区域应按照原料进入、原料处理、主食加工、副食加工、成品供应、就餐用具洗
消存放等工艺流程进行合理布局，满足食品卫生的要求，并应节约空间、方便操作。

② 原料和成品、生食和熟食应分开加工和存放。

③ 冷荤制作、裱花操作等应设带有预进间的独立隔间，预进间中设置洗手、消毒和更衣
设施。

④ 厨房各操作间室内净高不宜低于 2.5m。

⑤ 垂直运输的食梯应按生食和熟食分别设置。

⑥ 采用瓶装液化气作为燃料，需设独立储罐间；采用固体燃料时，应设封闭式烧火间
（寒冷地区）或隔墙烧火的外扒灰式开敞烧火间（炎热地区）。

⑦ 厨房出入口门高和门宽应方便器具的搬运和小推车的移动。厨房地面应平整、防滑、
易清洁，不宜设置台阶。

⑧ 厨房餐用具的回收洗涤、垃圾的回收清运应流线合理。

⑨ 厨房区域应采用方便清洁的饰面材料；地面应防水，设置排水沟、地漏等排水设施，
并采取防滑措施。

厨房区域典型设计案例见图6-44。

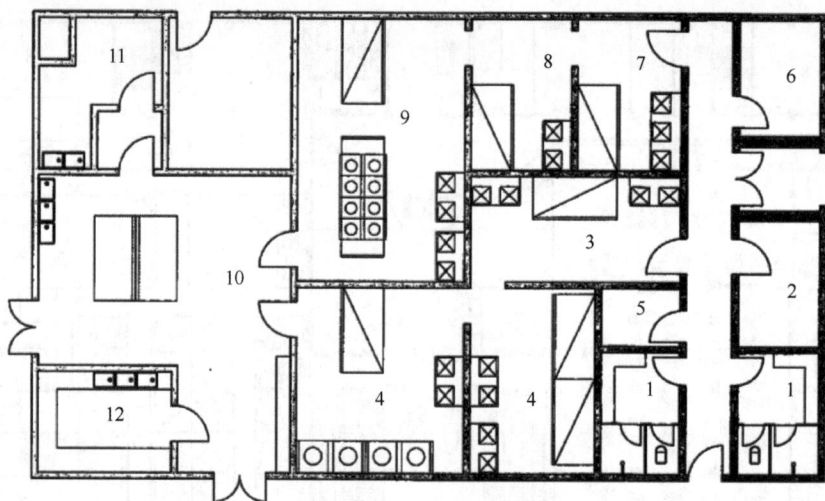

图6-44　厨房区域典型设计案例

1—更衣间；2—主食库；3—主食制作间；4—主食热加工间；5—干货库；6—副食库；7—副食粗加工间；
8—副食细加工间；9—副食热加工间；10—备餐间；11—冷荤间；12—洗消间

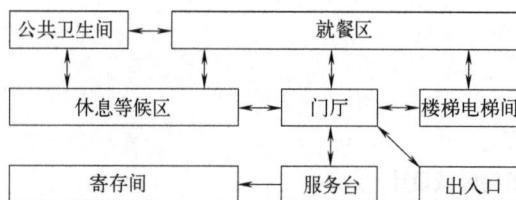

图6-45　公共区域组成及流线

（4）公共区域设计

① 公共区域是指餐饮建筑内除用餐区域以外，顾客可以到达的区域。公共区域分为入口区、大堂休息区、景观表演区、点菜区、公共卫生间等部分（图6-45）。

② 除公共卫生间以外，公共区域的各类空间可根据餐饮建筑的类型、规模、标准、特色以及其他外部环境等因素选择性地设置。

③ 入口区域包括门厅、休息等候区、寄存间等。入口区域不需很大，但应有效布置和划分各种功能，可分为有大堂与无大堂两种。

④ 门厅具有引导、组织人流的作用，应具有导向性，将顾客导向就餐区（餐厅、包间）、休息等候区、服务台、楼梯电梯间以及卫生间等区域。休息等候区应配有座椅、书报架等设施。寄存间宜为封闭空间，内配有储物柜、衣柜等设施。北方寒冷地区及大风地区入口处需设置门斗或旋转门，与平开门结合设置，以利防风和防寒。

⑤ 餐饮建筑往往会在内部设置景观设施。景观一般包括绿植、雕塑、水景、景观墙、钢琴演奏台及阶梯台地等内容。景观元素可在餐厅内与就餐座椅、隔断结合布置，也可于一个较为中心的位置集中设置。

⑥ 公共区域设置专门的点菜区，能给顾客以直观的感受，并能展示餐饮建筑经营的特色。区内有菜品展示台、生鲜池等，并常常与冷餐制作等无油烟和明火的明档厨房结合设置。点菜区一般位于就餐区与厨房之间的位置，其交通一般以环路设计为宜，避免人流反复、交叉。通道宽度根据所服务人数设计，并且一般不小于1.8m。

⑦ 3层以上餐饮建筑，宜设置乘客电梯或自动扶梯。

⑧ 公共卫生间的设置应隐蔽，并设有前室；卫生间门不应直接开向就餐区；要有明显标

识，易于顾客寻找。一般与就餐区、门厅、休息等候区等空间有比较直接的联系。卫生间应有排气装置，宜设置清洁间，水龙头宜采用非手动式开关。附设于商业中心的快餐店、饮食广场的卫生间可与商业部分卫生间合用（图6-46）。

⑨ 休息等候区一般位于入口服务台与就餐区之间的位置，根据餐馆、快餐店、饮食店实际经营情况确定其面积大小。区内一般配以小座椅、衣帽架、书报架，也可配备免费自助饮品等。休息等候区的布置不宜对就餐人流进出餐厅造成干扰。

⑩ 寄存间多紧邻服务台布置，方便顾客与服务人员取送物品。寄存间门不宜开向其他空间，以保证物品的安全性。寄存间在满足使用的前提下，布置应紧凑。步入式寄存间宜设置物品寄存和衣帽寄存等功能。

公共区域典型设计案例见图6-47。

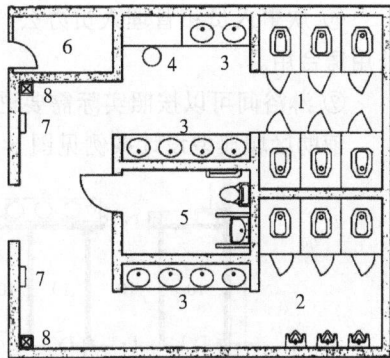

图 6-46　卫生间布置示例

1—女卫生间；2—男卫生间；3—盥洗间；4—梳妆台；5—无障碍卫生间；6—清洁间；7—烘手器；8—垃圾桶

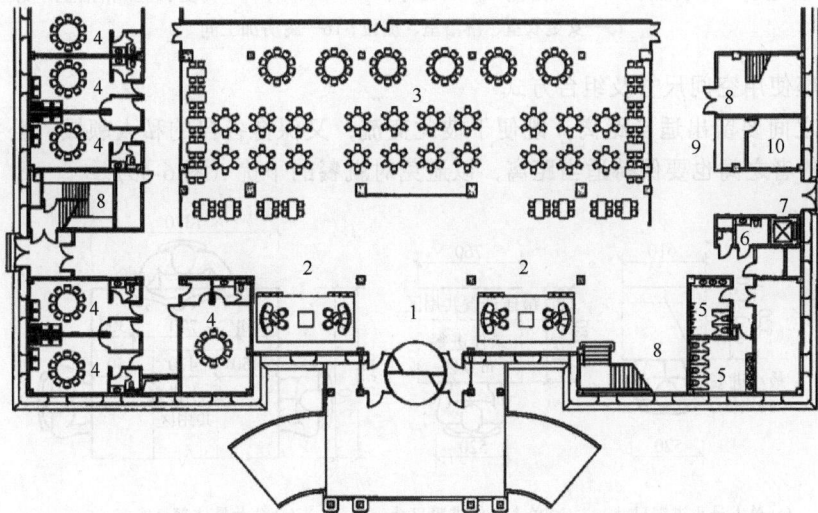

图 6-47　公共区域典型设计案例

1—门厅；2—休息等候区；3—就餐区；4—包间；5—公共卫生间；6—无障碍卫生间；7—无障碍电梯；8—楼梯；9—服务台；10—寄存间

（5）辅助区域设计

① 辅助区域一般是指供炊事人员、服务人员与行政管理人员使用的更衣间、休息间、卫生间、淋浴间、办公室、值班室等用房区域。

② 功能流线应组织合理，方便炊事人员及管理人员顺畅到达工作岗位，避免人员、污洁物品和食材交叉。

③ 更衣间、卫生间应在厨房工作人员入口附近设置，炊事人员、服务人员入口应与顾客入口分开设置。

④ 卫生间应男女分设，并均为水冲式厕所，卫生间门不应朝向厨房各加工间、制作间。

⑤ 更衣间宜为独立隔间，并应男女分设，更衣柜宜设储物柜和衣物悬挂储存空间两部分。

⑥ 炊事人员和管理人员办公、休息、会议等用房按需设置，有些办公室可与其他行政办公用房合用。

⑦ 淋浴间可以按照实际需要进行选择设置。

辅助区域典型设计案例见图 6-48。

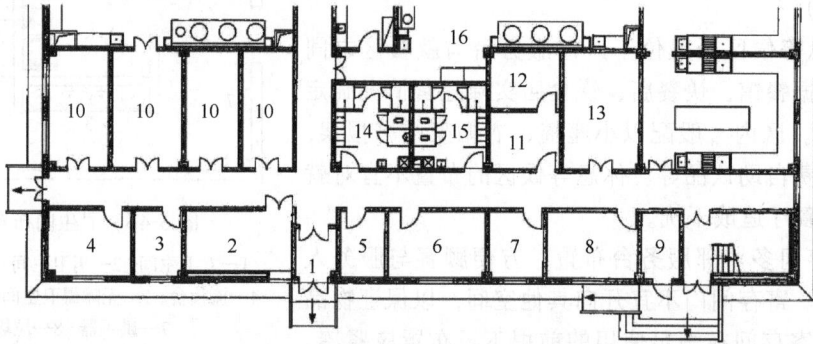

图 6-48 辅助区域典型设计案例

1—厨房出口；2—收货室；3—非食品库；4—垃圾间；5—保安、考勤区域；6—办公室；7—监控室；8—休息室；
9—燃气间；10—食品库；11—冷藏库；12—冷冻库；13—调料库；14—男更衣室、淋浴室、厕位；
15—女更衣室、淋浴室、厕位；16—厨房加工间

（6）餐座使用空间尺寸及组合方式

就餐者之间要留出适当距离，既便于彼此交流，又保持各自的私人领域。公共通道、服务通道与就餐者之间也要保持适当距离，以避免对就餐的干扰（图 6-49）。

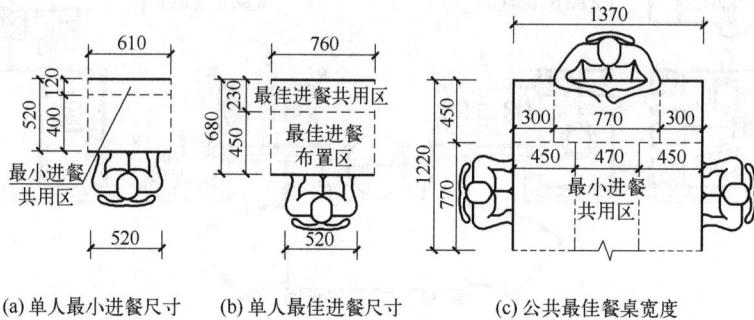

(a) 单人最小进餐尺寸   (b) 单人最佳进餐尺寸   (c) 公共最佳餐桌宽度

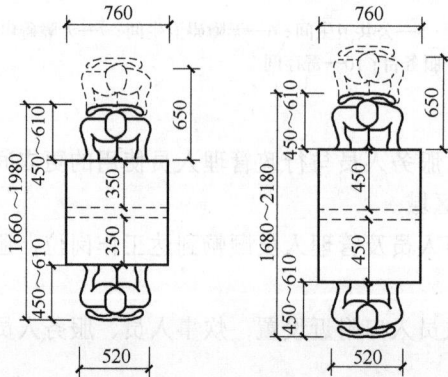

(d) 两人最小进餐尺寸   (e) 两人最佳进餐尺寸   (f) 服务通道距离

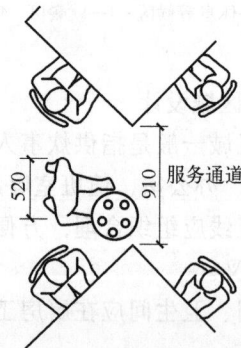

园林建筑设计

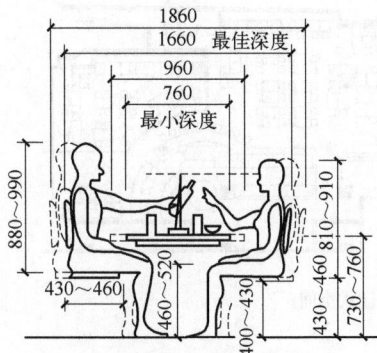

(g) 最小就座距离

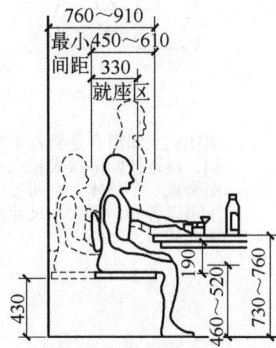

(h) 最小与最佳深度及垂直距离

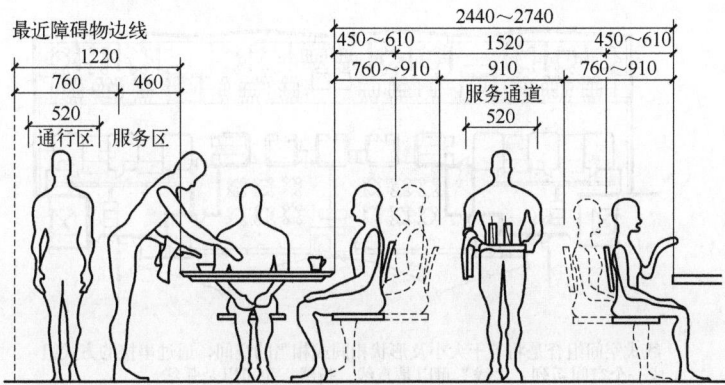

(i) 服务通道与座椅之间的距离

图 6-49　餐座使用空间尺寸

　　餐座空间组合方式常见的有集中式、组团式和线式，三者可变形或彼此之间进一步组合，形成丰富的空间（图 6-50）。

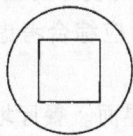

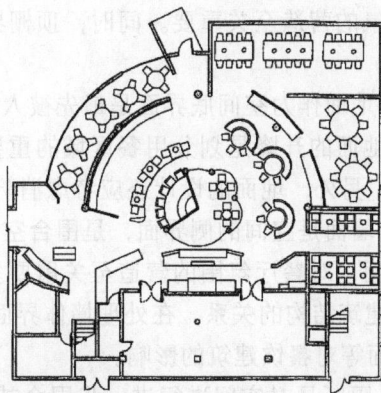

集中式空间组合由大小各异、形式不同的空间围绕一个占主导地位的大空间构成。此大空间一般为圆形、方形、正多边形等形状规则的空间。

(a) 集中式空间

图 6-50

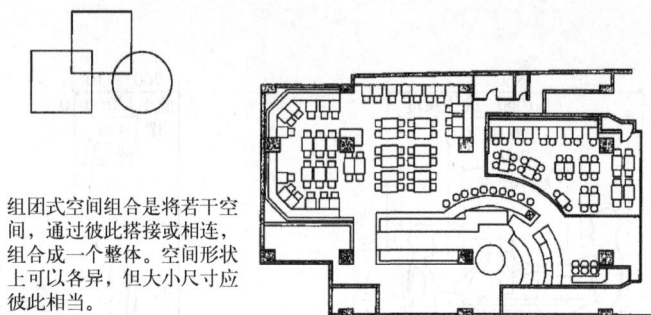

组团式空间组合是将若干空间，通过彼此搭接或相连，组合成一个整体。空间形状上可以各异，但大小尺寸应彼此相当。

(b) 组团式空间

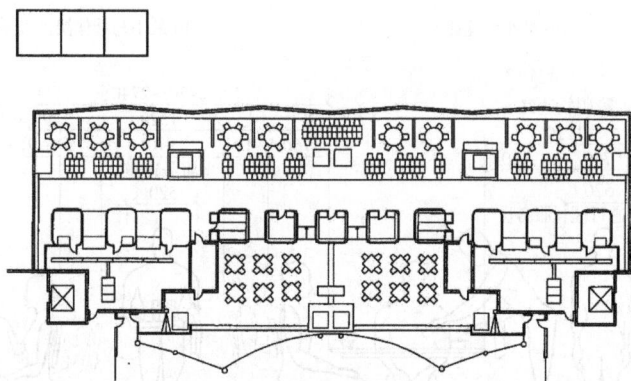

线式空间组合是将若干大小及形状相同或相当的空间，通过串接的方式组成一个空间系列。"线"可以是直线、折线，也可以是弧线。

(c) 线式空间

图 6-50　餐座空间组合方式

（7）室内空间设计

1）顶棚设计　顶棚作为空间顶界面，最能反映空间的形态关系。顶棚在空间中基本全部暴露在人的视线内，是空间中影响力最大的界面，是餐饮室内设计的重点。顶棚造型、色彩、光影变化对室内气氛的营造至关重要。同时，顶棚界面设计应综合考虑建筑的结构和设备的要求。

2）地面设计　地面作为空间底界面是最先被人感知的界面。餐厅地面设计应与餐厅的使用功能紧密配合。地面的升降是划分用餐区域的重要手段。地面的色彩、质地和图案对用餐气氛产生直接影响。另外，地面的设计还应考虑消防疏散、残疾人使用便利等要求。

3）墙面设计　墙面是空间的侧界面，是围合空间最重要的手段。墙面在空间中是人的视线最易观察到的界面，对餐厅氛围的营造至关重要。餐厅墙面的设计应综合多种因素，考虑墙面与建筑功能和建筑结构的关系。在处理墙体界面时，还考虑到墙面上的依附物，如门窗、洞口、镂空、凸凹面等对餐饮建筑的影响。

4）隔断设计　隔断是对空间进行进一步围合或分割的手段。用隔断来分隔和围合空间，比通过地面高差或顶棚造型来限定空间更实用和灵活。它可以脱离建筑结构而自由变化组合。另外，隔断还能增加空间的层次感，组织人流路线，提供餐桌依靠的边界等。隔断种类繁多，恰当地使用可以代替繁重的抹灰饰面工程，减少造价。

5）自然光环境　餐饮空间是一种富有生活情趣的空间。充分利用自然光，形成一种人工光所不能达到的、具有浓厚自然气氛的光环境，是餐饮空间设计的重要手段。自然光可分为侧窗采光和顶窗采光两种方式。不同的侧窗和顶窗，由于其形状和大小的差别，可以营造出不同氛围的用餐环境。

6）人工光环境　由于条件限制，餐饮空间经常会处于无窗或少窗的环境，而餐饮建筑往往又以夜间使用为主。因此，在餐饮空间中设置人工照明是不可避免的。人工光有颜色、冷暖之分。暖色光能产生温暖、华贵、热烈、欢快的气氛，冷色光会造成凉爽、朴素、安静、深近、神秘之感。

7）空间陈设　餐饮空间中的陈设品，除具有良好的观赏效果外，更大的作用在于强化室内空间品质，烘托出特定的环境氛围。陈设品的主题应明确，与餐饮空间整体风格相匹配，与餐饮空间构思立意相呼应。陈设品的陈列方式应与台面、墙面及各类室内构件相组合和搭配，与室内环境融为一体。

8）空间绿化　餐饮空间中绿化的主要作用是营造用餐环境的自然氛围。它可以作为室内外空间的过渡或延伸，可作为室内空间的限定或分隔，也可成为空间中的中心陈设。绿化的设置尽量考虑与墙面或隔断等界面结合，也可与餐桌、吧台等家具结合。在许可条件下，尽量使用真实植物，而非植物模型。

6.5.4　案例分析

(1)"玛莎"花园主题餐厅

玛莎餐厅（图6-51、图6-52）是2018年建成的位于哥伦比亚波哥大北部公园中的新餐厅。这家餐厅是在一栋旧屋的原址上，按住宅规模建造的。这是玛莎设计的第二个也是最大的空间，第一个也在波哥大，是一个2014年开业的小咖啡馆。这座7500ft^2（1ft^2=0.0929m^2）的建筑被组织成一组不同但相互连接的体块，每个体块都有特定的功能。在一个角落坐落着一家咖啡馆和面包店，它流入中央入口区，毗邻餐厅和独立的零售空间。

室外露台空间提供花园座位，并将公共空间与后面的厨房相连。长混凝土杆、圆柱形木质服务站和入口处的多层座椅平台等元素可以调节空间。

图6-51　玛莎餐厅实景

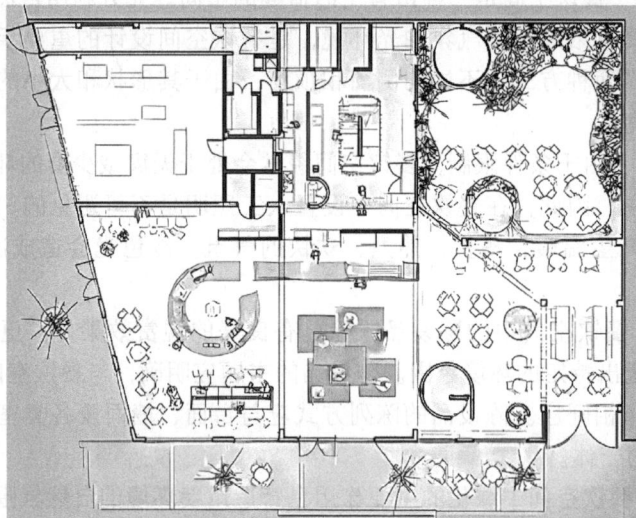

图 6-52   玛莎餐厅平面图

卡德纳工作室的创始人兼校长本杰明·卡德纳在谈到他的设计时说："一切都是连接的，但空间保持碎片化以保持亲密感。在餐厅的任何空间，你都可以听到或闻到能给人邻近空间感觉的东西，但它不是完全开放的。该设计定义了不同的空间体积，但允许在它们之间自由移动。"

从外部看，三角形的镂空窗户和入口设计打破了街道界面的封闭感（图 6-53）。位于厨房区域的巨型圆形观景窗，增加了室内外空间的联系（图 6-54）。

图 6-53   三角形镂空窗户

图 6-54   圆形窗户

表面、固定物和家具都是由凯德纳工作室设计的。

独特的雕塑照明设计有助于区分不同的体积——大的纸球（图 6-55）照亮角落咖啡馆，而挂在天花板上的手绘金属网捕捉中间体积的自然光。

由嵌入传统水磨石的大型手工水磨石砖制成的独特地板覆盖了内部公共空间。墙壁由纹理化的现浇混凝土制成（图 6-56）。

园林建筑设计

图 6-55　圆形纸球

图 6-56　地板和墙壁

（2）远香湖公园茶室

远香湖公园茶室（图 6-57）位于上海市嘉定新城的公园中，这个公园在尽是高层建筑的高密度新城中为人们的休闲与休息提供了一个公共空间。

图 6-57　远香湖公园茶室

1）场地处理　整个新城就建在一片空地上，缺少背景环境，建筑师将这个项目诠释成公园中的小型建筑。项目建成后很快就会种植樟树苗，未来这里将充满阴凉。但该项目的面积分配有要求，茶馆为 250m²，厕所为 50m²，办公室为 130m²。这一要求对基地条件很不利，但建筑师借机将建筑体量分开，设计成几个较小的体量而非一座建筑，不同体量的布置方式允许复杂的空间布局。

2）体量关系：中心＋离散　建筑体量依据功能分区划分为大、中、小三个尺度活动单元，分别作为核心公共空间、独立包间或半开放卡座、单人独座空间三部分，考虑到仅仅以这三个体量来进行布局，那么这片小场地仍然显得单调和过大。于是各个体量又被细化成更加局部的体量，散落在苗圃的空场地中，利用它们之间的体量关系来形成一个相对丰富的空间构成关系。

在体量关系组织上，可以分解为以下 4 个步骤（图 6-58）：

① 首先在限定的场地上通过植物限定建筑范围。

② 根据功能的配比将体量消解，此时体量对于场地来说仍显得过大。

③ 将体量继续细化，并分散、扭转，使其自由地分散在场地内，并以水面为核心进行组织。

④ 利用围廊明确建筑范围，使建筑具有向内的向心力。

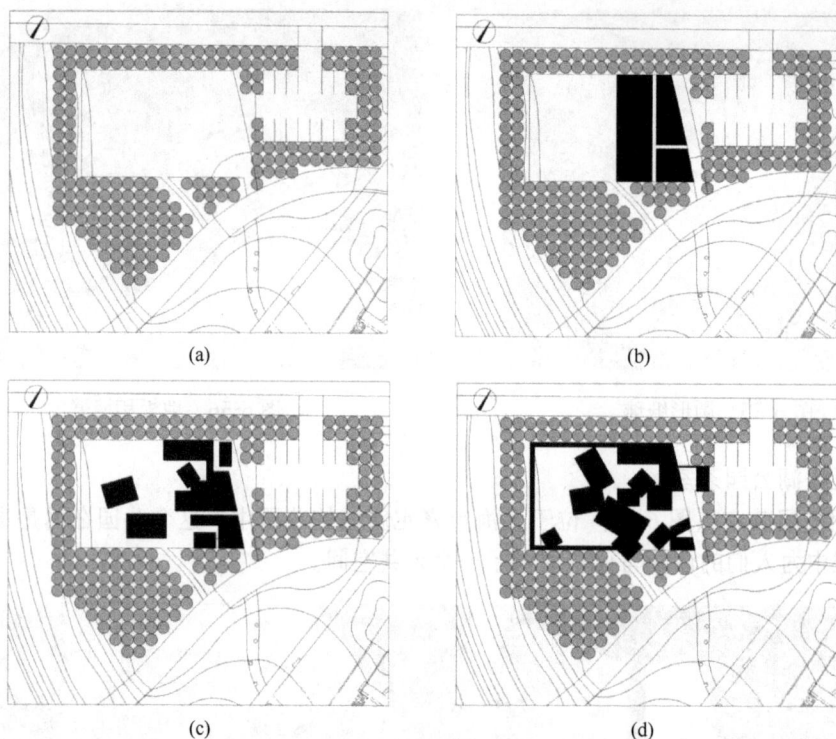

(a)   (b)

(c)   (d)

图 6-58　体量关系组织步骤

3）景观关系：有机地与水景和自然景观结合　建筑与景观关系的处理，在设计最初设计师打算通过用地范围中紧密种植的植物进行柔性限定，提供一个相对明确的周边范围，在经过缩小的视景中具体地讨论建造的方式。

但由于场地周边树木在短时间内不能成型，在实际设计中将原先由苗圃进行边界限定的想法替换为一圈实墙。实墙中的空洞将满足庭院内部与外部的视线交流，也为茶室中的游客提供一个相对安逸和宜人的尺度环境（图 6-59）。

(a)   (b)

图 6-59　建筑体量与景观的关系（a）和围墙（b）

院墙与建筑之间的空隙则被填充以水面，同样，可以快速形成的莲花池也将为建筑提供一个可以聚焦的观景对象（图 6-60）。

园林建筑设计

与之相应，建筑的观景视窗（图 6-61）也被压低成仅距地面 1.4m 高的长条，与建筑体量错动所形成的褶皱贴合在一起，构成了具有动感的图景，以期望在一个更加广泛的景观中为公园提供一个略微带有一些时空距离的小型环境（图 6-62）。

图 6-60 建筑体量与水面的关系

图 6-61 建筑横向观景视窗

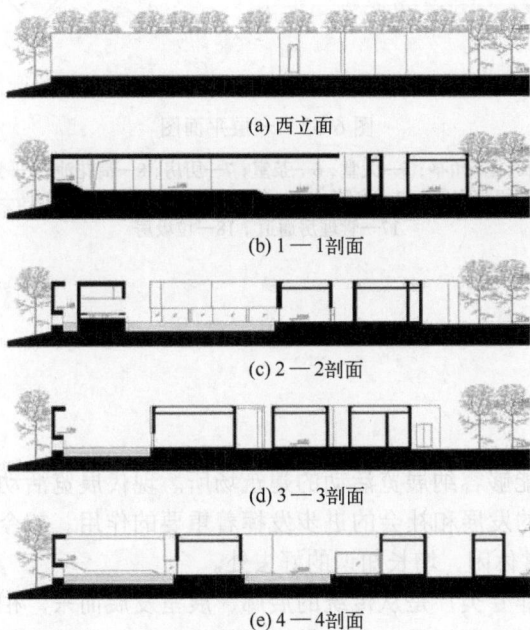

(a) 西立面

(b) 1—1剖面

(c) 2—2剖面

(d) 3—3剖面

(e) 4—4剖面

图 6-62 剖面图

4）功能流线的组织　这个设计最初设定的使用要求相对模糊，只限定了小型茶室、管理办公室、公共厕所与垃圾站三个基本功能，这些功能共同构成了建筑的内向型特征。

这三个基本功能分别按照 250m^2、130m^2、50m^2 的建筑规模被划分成三个方块。这三部分由于体量的离散与消解，功能彼此在同一种形式的语言下相对独立，出入口与流线划分清晰（图 6-63）。

对本案例进行分析后，将思路拓展，这种体量分散的组织方式，以及建筑和景观的营造也可适用于多树木的自然环境中。

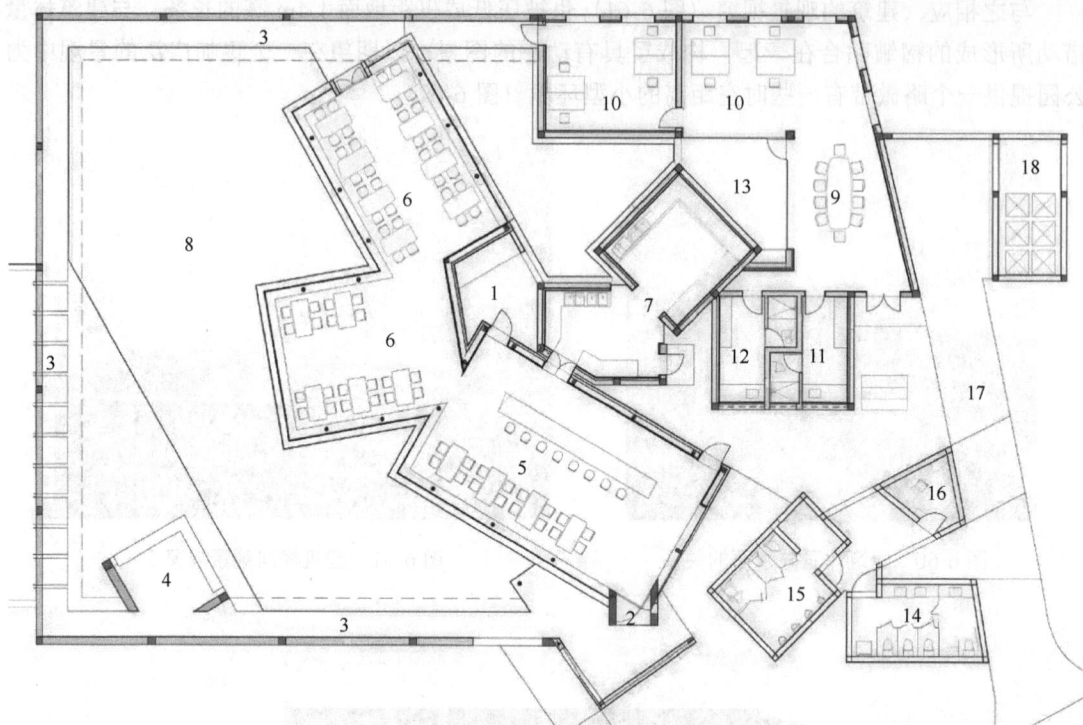

图 6-63　一层平面图

1—入口通道；2—玄关；3—回廊；4—角亭；5—大堂；6—茶室；7—厨房；8—荷花池；9—会议室；10—管理办会室；11—女更衣间；12—男更衣间；13—庭院；14—女卫生间；15—男卫生间；16—公厕管理间；17—管理房通道；18—垃圾房

6.6　展览馆

6.6.1　功能和类型

所谓展览建筑就是能够容纳展览活动的建筑场所。现代展览活动已成为人类进行交流的一种重要形式，对文化的发展和社会的进步发挥着重要的作用。如今，展览建筑为城市里的人们增添了一个平日欣赏休闲、增长知识的好去处。

现代的展览建筑（非专类）是从传统的展廊、展室发展而来，相对而言其功能更多，规模也更大。从功能上分析，它仅是一个提供展示的场所，但相对于其他园林建筑而言，其又承担着更多的社会功能，所以在一些综合性公园和专类公园里多有设置，以在需要时供社会上展出活动使用，展出的内容一般包括历史文物、书画摄影、工艺品、盆景花卉和科普教育等，近来也包括一些展销活动。

展览建筑（非专类）往往通用性较强，以适应各种不同内容的展览，空间设计上要求灵活可变，具有开放建筑的特点。

6.6.2　基本组成

公园里的展览建筑灵活性较大，规模可大可小。不同规模的展览建筑，其设计要求也不

园林建筑设计

同，规模较小者着重于其造型和室外环境设计，也有在室内套以小院，以丰富室内空间景效以及有利于某些展品的基本生态要求。中等规模的展览建筑，可因地制宜，根据功能分区和展室的内容采用亭、廊、轩、榭，结合墙垣、水石和花木组成各种大小不同的庭园空间。规模较大的展览建筑亦有结合全园的功能分区，运用障景、借景、造景等各种造园手法，把全园分成若干景区，组成各具特色的序列空间。

一般公园内的展览建筑规模多属中小型，一二层居多，较大规模的展览建筑亦有采用多层的。

6.6.3 设计要点

公园里的展览建筑，其本身的景观形象非常重要，往往成为公园重要的标志建筑之一。它的总体布局不仅需要考虑其自身的功能特点要求，还要考虑与地形地貌、周边环境的关系。展览建筑的占地和体量相对于其他园林建筑都大，一般设置有门厅、展示空间、服务空间、办公管理用房、藏品储存空间等几种空间，而合理组织人流将各空间联系到一起是设计的难点，为使其与公园的整体环境协调统一，可采用以下手法。

① 展览建筑在现代园林中多设计成大小展厅组合式，内部开间要大，尽量减少柱子数量。同时，展览建筑可在屋顶、室内外交接处设置平台或廊架，使室外的景色通过穿插、渗透、借景的方法融入室内，这样既弥补了室内场地的不足，又可满足某些展品的生态要求，如一些盆景花卉等。

② 把建筑按功能的特点进行分解，"化整为零"，将展览建筑按使用功能划分为几个不同的形体，或平面上交错布置，或立体上分层布置，以形成活泼、优雅的体型构图。

③ 以庭院组合方式将展览馆水平铺开，空间上内外结合，通透开敞。这样不仅在使用上增加很多灵活性，而且还以其偏平低矮的建筑形体使建筑融入绿化中，不使建筑造型过于突出。例如，鲁迅公园的艺苑展览馆，它位于鲁迅纪念馆对面，一带粉墙，把建筑群体和环境绿化围在其中，形成独立的庭院。展览馆共有两个展厅，由曲廊连接，廊呈"之"字形贴公园围墙布置，廊的转角均采用空廊、花廊与庭院绿化景色相连，人们置身其中，别有一番天地。

④ 结合地方建筑特色和文化背景，创造富有乡土气息的建筑风格。展览馆应努力汲取当地建筑精华，运用当地的材料，结合环境的具体特点，创造出有本地区特色的建筑。

⑤ 更多地与自然环境结合。可以与历史建筑环境结合，与现存遗址结合，与山水园林空间结合，共同提高环境的景观质量。公园中的展览建筑一般规模不大，应考虑室外展示和满足观众休息、餐饮服务的可能性，形成文化、休闲、娱乐场所。

6.6.4 案例分析

6.6.4.1 阜阳市规划展示馆

（1）项目概况

阜阳市规划展示馆（含市档案馆、城建档案馆、国土档案馆、房产档案馆，见图 6-64）位于阜阳市城南新区核心区，南临八里松路，西临西清路，东临西清河，总占地面积 5.21hm²。其中，用于场馆建设的为 2.98hm²，公共绿地 2.23hm²。总建筑面积 51236m²，主体结构共 5 层。

（2）建筑设计

从建筑设计专业角度来看，本项目主要具有"文化引领、城市控制、形合神离"三大特点。

图 6-64 阜阳市规划展示馆

1) 文化引领 本项目建筑设计从阜阳地区出土的国宝级青铜文物"龙虎尊"上雕刻的"双虎同头"形象以及阜阳古城"三清贯颍"的城市格局特征中汲取创作灵感，提升建筑地域文化自信和共鸣。设计巧妙结合内部功能，在东、南两个立面上抽象演绎"虎踞"形象，配合基地东侧中清河景观带，共同打造"虎踞龙盘"的空间格局，寄托了阜阳人民对城市未来发展安定、美好、吉祥的憧憬和愿望。"文化引领"作为项目设计的哲学思考赋予项目所承载的深厚文化内涵，这对宣传阜阳历史文化和当代建设成就起到不可替代的作用。

图 6-65 城市客厅内部透视

2) 城市控制 本项目是安徽省阜阳市城南新区建设标志性启动项目，项目示范意义重大。建筑设计以地区总体城市设计为控制，强调单体建筑在城市空间营造中发挥积极作用。在兼顾土地使用效率和功能分区的前提下，设计利用二层上人屋顶打造开放的"城市客厅"（图 6-65）核心空间，并通过三个方向的巨型洞口实现城市空间与"城市客厅"的融合衔接。巨大的阶梯将城市景观、人流与气流引入建筑内部，城市与建筑打破隔阂、融为一体。此外，设计中建筑天际线在东南角下沉，呼应"虎踞"造型的同时形成面向区域重要景观水体——"双清湾"的观景平台，新区建设尽收眼底。"城市控制"作为项目设计的总体构思原则，促成本项目建筑设计所具有的城市性、公共性和开放性特征，为新区相关建设提供可以参考的范例。

3) 形合神离 本项目建设内容包括了规划展示、档案储存两大主体功能，涉及五家规模不等、独立运作的单位。如何在有限的用地范围内，巧妙地组织不同单位相对独立的功能流线，同时打造庄重有力的文化建筑形象，给建筑设计提出很高的要求。针对这一难题，本设计提出"五馆合一、整合资源、一体构形、顺应功能"的形体组织及立面处理原则，做到集约利用土地，高效整合资源，五馆联合造型，立面随机变化。设计舍弃功能叠加生成形体的传统方法，采用"减法操作"，以城市设计整体思维作为引导，结合功能分区和采光通风要求，从简单形体入手，通过空间切削和掏挖等一系列减法操作，在空间操作上保证最终形体的简洁统一；同时结合展陈、办公、阅览、库房等不同

　　園林建筑设计

功能对采光要求的差异，立面开窗顺应内部功能（图 6-66）随机变化，形成"形合神离"造型特点。这一设计策略，巧妙地协调了形体和功能诉求的矛盾，设计虽经历了业主多轮次的功能调整，但是立面依然能够保持初始的秩序感。

图 6-66 展厅内部

6.6.4.2 VitraHaus/ 德国家居展馆设计

该家居展馆（图 6-67）共有 5 层，建筑总面积是 12349m²，设计创意运用了原型屋加堆积体量的概念，这座建筑由覆盖灰泥瓦顶的屋子堆积而成，也是建筑界的经典案例之一。

每一个单独突出的幕墙都有整面的玻璃装饰，且悬挑距离长达 5m，创造出一堆房屋堆叠的视觉效果。这些交相重叠的房子看似凌乱无比，却给人创造了一种独特的三维视觉体验。

受建筑结构影响，一层室外空间（图 6-68）局部挑高，但同样连接一层展厅，在不通过主入口的时候也能进入展馆。其中"鸟巢"吊灯是由 Herzog&de Meuron 于 2005 ～ 2006 年为北京奥运会场馆设计的作品。

图 6-67 VitraHaus/ 德国家居展馆

图 6-68 一层室外空间

展馆内一共设计了 12 间房子，受限于内部空间的比例和尺寸，设计师选择了以"家庭"为单位的布置。展示的房间都会让人们想起熟悉的居住环境，以便模拟自己在家的状态。个别房间的风格不同，单独突出展示产品的特点。

室内空间简单大方，并无过多修饰，展示区域按单元分布，清晰明了。内部的螺旋楼梯衔接同一位置的上、下两层，与建筑主体交叉在一起（图 6-69）。

Vitra 展馆设计在业界早已成为经典，这个建筑不光突出自己的特点，而且在 Vitra 莱茵校园区也是标志性建筑，扮演着重要角色。

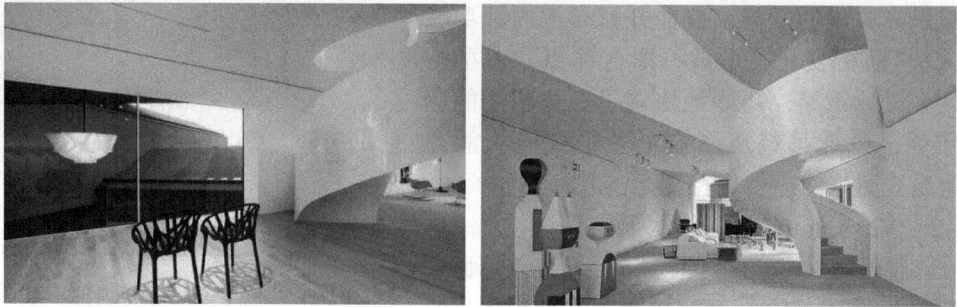

图 6-69　螺旋楼梯

6.7　温室

6.7.1　功能和类型

观赏温室通常是园林中专供游人前来参观的一类有特殊性质的展览建筑（专类），游人在这里能够认识到多种多样的植物，了解其在自然界里的生长情况，是生动而有趣的普及植物学知识的园地。其特别的建筑造型本身往往又可成为园林中的一道亮丽风景。

观赏温室建筑首先要选择适宜的地点，然后根据其具体地形、土质、水文、局部小气候等情况，结合所要栽培植物的生态要求和使用上的各种需要，进行具体的设计。一般在选择温室建筑地点时应考虑以下几点。

① 地形开阔：便于建筑物本身的布局，周围的绿化、美化以及营造防风林。

② 地形平坦：对通风、采光均有利，同时还可以减少施工时的土方工程。

③ 避风向阳：在冬季天气严寒、风大的北方地区，应选择避风向阳的地方，以利保温和采光。

④ 土质良好：土壤碱性要小，以利于植物栽培和温室建筑。

⑤ 水源便利：接近水源，以保证灌溉用水，水质良好、含矿物质较少，以利于灌溉热带植物。

⑥ 排水良好：要选择地势略微高、地下水位不高的地方，以免雨季大量积水。对地势低洼的地方，必须在基础工程中增加防水措施，做好排水沟道，以便夏季尽快排走积水。

6.7.2　设计要点

（1）观赏温室的造型设计

观赏温室通常设置在植物园、公园以及其他公共场所，由于它要经常供游人观赏，因此，它既是陈列植物的场所，又在园林里起着一个景观的作用。因此，外形的美观尤其重要。但必须强调指出，观赏温室设计首先要以能充分适应植物栽培为主要前提，如果不能满足陈列植物的要求就失去了其建筑本身的意义。即使作为景观，观赏温室也不宜过于华丽，色彩不宜过于鲜艳，其外形设计时要求明朗活泼、简洁大方，要给游人以远望而产生向往的景观效果。

① 观赏温室的外形必须与周围的其他景物和景色相互协调。观赏温室的建筑，在任何情

　园林建筑设计

况下都不能脱离园林而单独存在，换句话说观赏温室始终都是园林中的一个组成部分。

② 观赏温室的建筑组合，尽量不要采用左右对称、方向端正的方式，如果能够利用所在地的地形，配合以斜向屋面，既能避免"死板"的手法，若处理得当还会令人感到造型活泼自然。

③ 为了使一座观赏温室的外形轮廓在线条上有所变化，可以在中央或适当的位置安排适当较高大的部分，作为整个建筑物的主体，然后再在两侧配合较矮的建筑组合，会有助于造型的美观活泼。

④ 在色彩方面不宜过分地鲜艳夺目，不要同植物的主要颜色相重叠，例如多数植物的株丛均为浓绿色，如果色彩为绿色，会产生不够明朗的效果。同时还应当照顾到周围的其他景色，在碧波的湖畔建筑观赏温室，如色彩为淡蓝色，则游人难以发现；在苍松翠柏密林附近建设观赏温室，如色彩为白色或米黄色，在远处眺望则一目了然。

（2）观赏温室的合理高度

观赏温室的具体高度应根据栽培植物的高度结合用途来决定。应在不影响植物生长和管理方便的前提下尽量压低高度，以便冬季节省保温所消耗的热量。如果栽培大型的盆栽植物，玻璃顶内部高出植物应不小于 50cm，以免冬季植物的枝叶贴近玻璃遭受冻伤。至于栽培中小型盆栽植物的温室，室内高度以不影响管理为原则。同时，结合造型的要求，最终确定观赏温室的高度，勾勒出主立面。

（3）观赏温室的合理跨度

观赏温室的具体跨度要根据大小分别处理，同时还应当考虑同高度保持适当的比例，一般的情况下，跨度应以略大于高度或保持相等为宜。一般的南向温室和鞍形温室，具体的跨度应根据室内通路的数量和设计要求而定：中小型观赏温室内通路的宽度为 1.5～1.8m，跨度以 6.4～7.2m 为最适宜。至于室内台架的宽度，靠窗或靠墙的只能从一面进行管理，一般宽度以 1.2～1.4m 为最适宜，室内中间的台架由于可以从两面进行管理，宽度最大可为 2m。由此可综合确定温室的平面形状和尺寸。

（4）附属建筑的设计

观赏温室的附属建筑，如工作室、农具室、值班室等，均应安排在温室建筑的背后（北面），以免遮光，其高度应较温室略低，尤其出于景观要求，更应如此。锅炉房及烟囱要安排在冬季主要风向的下方。我国北方各地冬季多西北风，锅炉房及烟囱应安排在整个温室建筑的东北侧（不宜安排在东南侧，以免遮光以及有碍观赏），以防冬季大量排烟污染周围的空气，当气压低时烟尘也不至飘落在温室顶部的玻璃面上。

6.7.3 案例分析

6.7.3.1 南通植物园

南通植物园（图 6-70）位于狼山风景区内，温室是植物园的核心景观名片和游览节点，承载着地域植物和特色植物的收集展示、游览互动、科普教育等功能。

（1）区位分析

国外建设温室的历史悠久，现存最早的铸铁玻璃温室——巴黎植物园，始建于 1626 年。我国温室起步较晚，进入 21 世纪后，以中国科学院华南植物园温室为代表的一大批大型展览温室，随着各地植物园的建设应运而生。近年来，主题温室逐渐成为"微度假"空间和商业、办公空间的跨界新宠。

图 6-70　南通植物园

（2）项目难点

作为植物园中最瞩目的建筑，温室在造型上需具有一定的昭示性。同时，建筑要满足科普展示的需求以及植物生长对物理空间高度、温度、湿度的需求。如何在满足结构和空间合理性的基础上，同时满足人们对审美的追求，打造不一样的观赏体验，成为设计团队重点关注的问题，并希望通过设计反映出南通特有的城市气质，绘制出"江海联动，千帆竞发"的生态蓝图。

（3）设计概念

狼山风景区坐落于长江边，唐代高僧鉴真第三次东渡日本曾在狼山停留避风。建筑以"轻舟"为设计切入点，建筑造型中间低，两头高，在中间划出一道完美的弧线，恰似一叶扁舟（图 6-71）；"渔网"般的表皮，将结构框架编织在一起，近看让人联想到渔翁的"斗笠"和张开的"渔网"，远观结构消隐了，只看到鱼鳞般的表皮在水面的倒影下闪闪发光。

图 6-71　恰似一叶扁舟的景观

（4）场地与造型

温室面积只有 3200m²，规模较小。然而与常规单个温室只摆放一种气候区植物不同的是，本温室需要同时容纳热带雨林区、四季花卉区、沙生多肉植物区。如果进一步划分空间则每个馆面积过小，在同一个空间难以同时满足不同植物对湿度的要求（图 6-72）。

为回应以上问题，设计团队采用"马鞍"型屋顶，两端高起的是气候差异较大的热带雨林区和沙生多肉植物区，中间较矮的部分是作为过渡的四季花卉区。通过屋顶的变化，减少不同湿度空气的流动，起到隐性的"屏障"作用。

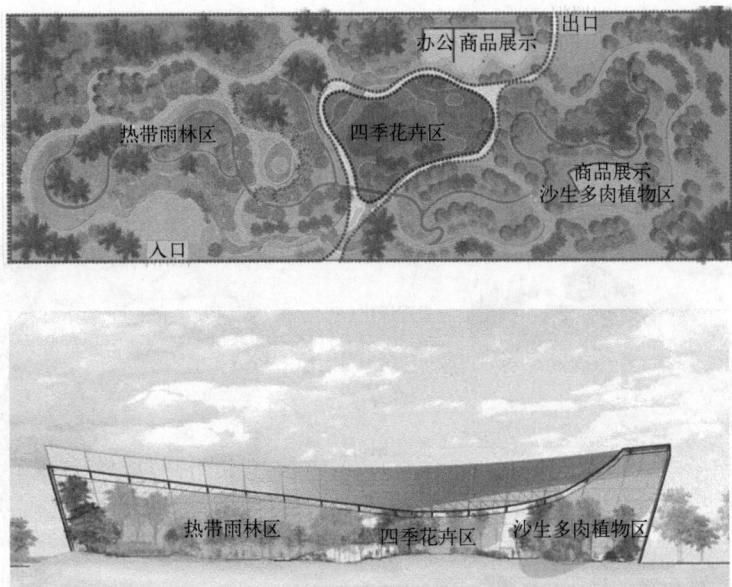

图6-72 气候分区图

建筑屋顶最低点高度为3m，屋脊中线高度为16m，最高点为20m，在这个高度区间内，既能满足大部分植物的生长需要，也不会因为屋面太高造成暖空气聚集，能源浪费。

屋脊线是一段正圆弧，沿四边形对角线的方向展开。在内部空间的设计上，建筑师采用"螺旋线"主题创造"螺旋变化"的空间体验（图6-73）——屋顶沿着屋脊线发生"扭转"，逐渐从屋面过渡到立面，空间的维度被这种扭转打破，正如生命从简到繁不断生长的过程。

图6-73 "扭转"的屋脊

（5）流线与空间

室内流线借"峰回路转"的造园手法，通过人造山体打造室内地形。地面的主园路和二层的次园路立体贯通，空间张弛有度，丰富了游览空间，延长了游览路径，打造丰富多维的观赏体验（图6-74）。

建筑整体为门式框架结构。由南北跨度30m、东西向间距6m的框架扭转形成3200m²的无柱空间，保证视线最大限度的开放性。在三维扭转面上，幕墙龙骨"嵌入"结构框架龙骨中，形成"合力"共同承受自重及其他荷载。这种方式既有利于结构计算，又减少了主次龙骨之间的层次，使结构更轻盈，室内外视线更通透（图6-75）。

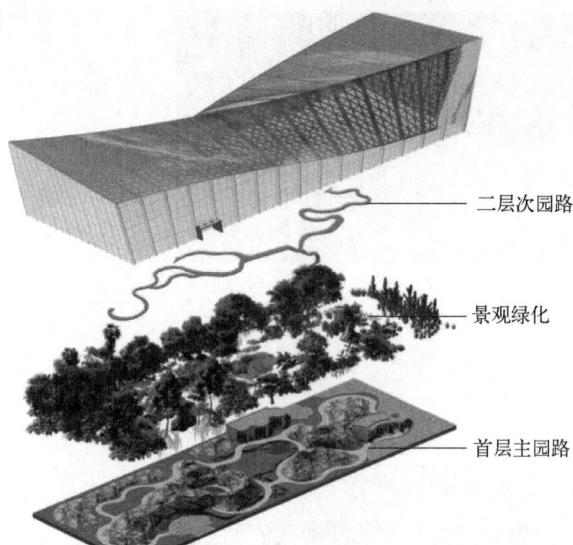

图 6-74　景观分析图

二层次园路

景观绿化

首层主园路

图 6-75　室内效果

（6）工程化思维优化幕墙设计

植物园温室中采用透光率很高的双片超白夹胶玻璃，尽可能减少对阳光的过滤。首先通过对三维扭转面曲率的分析，考虑到玻璃自爆和替换的可能性，选择用三角面平板玻璃拟合的方式实现玻璃扭转效果。

在玻璃划分的控制上，最初的想法是以形体长边为法线，均分短边，用近似等边三角形划分玻璃。这种方式的优点是玻璃切割简单，块面较美观；缺点是玻璃面积差异较大，且玻璃划分的逻辑不能遵循幕墙线条的走向，会出现一些被"截断"的小块。

设计团队调整了思路，改为以立面竖向线条方向为法线分割玻璃，采用45°近似等腰三角形的方式划分玻璃，尽可能地延续立面原有的幕墙线条，减少了小玻璃的产生，并且大部分玻璃都可以控制在 $2.5m^2$ 以内，满足规范对顶面玻璃面积的要求，通过标准化的控制减小了施工难度（图 6-76）。

图 6-76　幕墙细节

（7）不同场景下的开窗排烟设计

温室立面开窗的设置，既要满足不同气候模式下通风换气的需求，又要满足消防对排烟面积和开启角度的要求。设计师发现温室最大的问题不是不够热，而是在夏季由通风不利带来的"过热"。

在本项目中，设计师在立面不同位置设置了不同的开启方式来应对：a. 低区立面上的开启扇为平行四边形，采用特殊铰链的上悬窗，主要满足平日进风的要求，空气进入后通过屋顶的开窗产生气压差，空气自然上升送走顶部的热气；b. 山墙倾斜面上长方形窗顺应热空气流动的方向，采用双排下悬的开启方式，使排烟通风效果最大化。顶部的三角玻璃，外开形成韵律感的"鳞片"，在满足功能需求的同时兼具美感（图 6-77）。

(a) 立面平行四边形窗　　　　　　　(b) 顶部三角玻璃

图 6-77　低区立面平行四边形窗和顶部的三角玻璃

（8）消防与疏散

温室在设计规范中属于工业建筑范畴，但展览温室在消防上参照公共建筑中的展厅进行设计。为实现室内天幕的纯净效果，一方面不设喷淋和火灾报警系统，而采用消火栓和排烟窗的形式；另一方面，通过与当地消防部门的沟通以及参照《建筑防火通用规范》（GB 55037—2022）中关于展厅防火分区的相关规定，使整个温室属于同一防火分区。

（9）隐藏之处的匠心设计

温室的核心功能是冬季保温。温室后面附属机房楼里的锅炉在冬季提供循环的热水，通过沿立面一圈的散热器形成"保温衣"。这些散热片藏在幕墙内侧的管沟中，被植物遮挡，难以察觉。除了冬季保温外，夏季也需要通过空调系统调节温度，本项目采用舒适度更高的地送风系统。

夏季温室除了要考虑通风外，还要考虑遮阳。温室电动遮阳帘的位置正好避开每跨中间一排开启扇，避免风雨可能带来的损耗。

（10）细节设计实现整体美观度

温室立面采用竖明横隐玻璃幕墙系统，屋面的扭转面采用隐框式幕墙系统。由于规范不允许设置全隐框幕墙，幕墙设计时在 6 块玻璃交汇的点上设置了直径仅 100mm 的银色扣盖，这样既满足了规范的要求，视觉上给人全隐框幕墙的感觉，又可以通过扣盖减少 6 块玻璃交接时带来的施工误差。

同样的思路也被应用在钢结构的交接上。三角玻璃面内侧的龙骨在交接的时候，6 根工字钢焊接在一个点，难以实现施工现场的可控和视觉的美感。设计团队在交接的地方设计了一个小"转盘"，圆盘与其中两根钢梁焊接，并预留四个耳板，其余四根工字钢依次跟这个耳板铆接。这样既解决了施工误差的问题，给系统一定的"冗余度"，也让这个交点视觉上更美观。

希望这座水边的温室，正如它守护的植物一样，用旺盛的生命力给人留下瞬间美好的感动。

6.7.3.2　哥伦比亚圣菲波哥大热带植物园

哥伦比亚圣菲波哥大热带植物园（图 6-78）从设计理念上讲，项目中的不同区域仿佛是湿地中的一座座浮岛，而湿地是波哥大草原中的典型生态系统。项目由六个生态区域组成，即热带雨林区、干旱森林区、特殊植被区、有益植物区、帕拉莫斯高原区和生物多样性展览区，每个空间都有特定的高度、温度和湿度要求。根据团队在竞赛阶段的提案，这些空间作为"漂浮"体量，通过人工湿地连接在一起。

图 6-78　哥伦比亚圣菲波哥大热带植物园外观

　　建筑建在倾斜的混凝土外墙上，它如同空间内的一个个"花盆"，支撑着上方的金属结构，其中部分土壤可以容纳植物，并在地形中产生变化，从而形成组织不同物种的种植区域。钢筋混凝土墙上面安装了 30cm×10cm 的金属网格进行加固，形成"结构篮"，具有强大的自支撑力，因此内部并未设置支撑柱（图 6-79）。

(a) 俯视图　　　　　　　　　　　　　　　　(b) 近景图

图 6-79　俯视图和近景图

6.8　民宿

6.8.1　功能和类型

6.8.1.1　功能

　　民宿指利用当地民居等相关闲置资源，经营用客房不超过 4 层，建筑面积不超过 800m²，主人参与接待，为游客提供体验当地自然、文化与生产生活方式的小型住宿设施。

　　"民宿"一词的起源，一说源自日语的"Minshuku"，一说由欧洲的"B&B（Bed and Breakfast）"，即提供住宿和早餐的家庭旅馆模式演变而来。

　　民宿是利用自用住宅空闲房间，结合当地人文景观、自然景观、生态景观、环境资源及农林渔牧生产活动，为外出郊游或远行的旅客提供个性化住宿场所。除了一般常见的饭店以及旅社之外，其他可以提供旅客住宿的地方，例如民宅、农庄、农舍、牧场等，都可以归纳成民宿类。而民宿的产生是必然的，并不偶发于日本或中国台湾省，世界各地都可看到类似性质的服务。民宿这个名字，在世界各国因环境与文化生活不同而略有差异，欧陆方面多是采用农庄民宿的模式，让旅客能够舒适地享受农庄式田园生活环境，体验农庄生活；加拿大则是采用假日农庄的模式，旅客可以享受农庄生活；美国多见居家式民宿或青年旅舍，属于不刻意布置的居家住宿，价格相对便宜；英国则称民宿为提供睡觉以及简单早餐的地区。

民宿不同于传统的饭店旅馆，也许没有高级奢华的设施，但它能让人体验当地风情，感受民宿主人的热情与服务，并体验有别于以往的生活。

6.8.1.2 类型

（1）特别类型

① 独立农舍民房型，如日月潭、九族文化村民宿。

② 集合住宅型，如宜兰罗东一带的合法民宿位于罗东溪附近、冬山乡珍珠农业区、冬山河休闲农业区之间，是宜兰县政府工商旅游局核准设立的合法民宿。

③ 聚落别墅型，如南投集集一带的聚落民宿。

④ 个性化风格民宿，如日月潭涵碧楼附近，有独特的个性风格的民宿 Februar。

（2）五个类型

① 农园民宿，如台东民宿、关山亲山农园民宿。

② 海滨民宿，如花莲市台湾海滨民宿。

③ 温泉民宿，如乌来龙门精致温泉民宿。

④ 运动民宿，如阿里巴巴运动休闲民宿，位于花莲县花莲市，邻近阿里巴巴运动休闲民宿的景点。

⑤ 传统建筑民宿，如金门国家公园传统建筑民宿。

（3）六类特色

① 景观民宿，如蒲麦地驿站、阿里山、溪头、南投清境农场、奥万大。

② 原住民部落民宿，如沙力达（乌来）、八卦力民宿村（苗栗蓬莱村）、桃山民宿村（新竹五峰乡）。

③ 农园民宿，如观光果园、观光菜园、观光茶园。例如宜兰县大同乡的玉露茶园、花莲县光复乡的欣绿农园、花莲县吉安乡的花欣兰园民宿等。

④ 温泉民宿，如乌来、苗栗泰安、庐山、礁溪、台东知本、四重溪温泉民宿。

⑤ 传统建筑民宿，如新竹县北埔乡的大隘山庄以及内湾村的山中传奇等。

⑥ 艺术文化民宿，如莺歌制作陶艺品民宿、三义木雕民宿、埔里蛇窑民宿等。

（4）吸引顾客

① 农业体验、林业体验民宿：如菇菌采拾、烧炭等。

② 牧业体验、渔业体验、加工体验民宿：如做豆腐、做寿司等。

③ 工艺体验民宿：如押花、捏陶等。

④ 自然体验民宿：如观星、野菜药草采集、昆虫采集、标本制作等。

⑤ 民俗体验民宿：如地方祭典、民俗传说、风筝制作等。

⑥ 运动体验民宿：如滑雪、登山等。

（5）满足游客

① 艺术体验型民宿：由经营者带领游客体验各项艺术品制作活动，包括捏陶、雕刻、绘

画、做木屐、做果冻蜡烛、制作天灯等，游客可亲手创造艺术作品，体验乡村或现代的艺术文化飨宴。

② 复古经营型民宿：其住宿环境均为古厝所整修，或以古建筑的式样为设计蓝图，为游客提供深切的怀旧体验。

③ 赏景度假型民宿：结合自然的景观或是精心规划的人工造景，如万家灯火的夜景、满天星斗、庭园景观、草原花海或是高山大海等。

④ 农村体验型民宿：于传统的农业乡村中，除有农村景观提供，可以体验农家生活之外，还提供农业生产方面的体验活动。

6.8.2　设计要点

1）确定主题和风格　在设计民宿时，首先需要确定主题和风格，这有助于为房间创建一种独特的氛围和体验。

2）考虑空间布局　合理布置房间空间可以使房间更加宽敞、舒适，同时还可以提高使用效率。

3）选择舒适的床铺　床铺是民宿中最重要的部分之一，因此需要选择舒适的床垫、枕头和床上用品，以确保客人在住宿期间能够获得舒适的睡眠体验。

4）选用合适的家具和装饰　民宿设计还需要考虑家具和装饰，以打造一个舒适、温馨的环境；同时，需要注意家具和装饰的风格和颜色是否与主题相符。

5）考虑实用性和便利性　在民宿设计过程中，需要考虑实用性和便利性，例如配置厨房、洗衣机等设施，为客人提供更加便利的服务体验。

6）注重细节　民宿设计的细节部分也很重要，在选择地毯、窗帘、灯具等方面需要注重细节，以创造一个完美的住宿环境。

7）充分利用空间　最后需要充分利用空间，比如在房间角落放置一个小桌子或者椅子，以增加房间的可用性和舒适度。

6.8.3　案例分析

（1）少华山石门半山度假酒店

石门半山酒店地处少华山中段，坐北朝南，群山相夹，山体高悬。主体为 3 栋三层小楼，"品"字形排布，中间由阶梯回廊连接（图 6-80）。

图 6-80　石门半山酒店

中厅和西面楼体之间加建 SPA 中心和汤池、泳池。餐厅独立于 3 栋主体楼东面，也是三个建筑体，由玻璃回廊相接。总共 6 栋小建筑依山势西低东高顺次排列。

中厅一楼主入口的墙体全部拆除，加盖出挑廊，形成引导入口和雨廊（图 6-81）。在一层加出的挑廊承托下，二楼也加建出钢结构观景露台，更好地与户外产生接触。

图 6-81 引导入口和雨廊

东西两栋建筑面向南方，每层之间有一个小退层，利用此结构的可塑性，加宽每层房檐，强化这种错落，使建筑更具舒展性。加出来的这部分面积形成观景房的户外露台，直面山景。原来狭小局促的东、西面阳台扩建成折角型阳台，将人的视线引导向山景（图 6-82）。

图 6-82 山景

入口长廊和阶梯回廊密排的石条，经过球磨水洗，使边缘圆润、哑光，具有历史感。密排的木条格栅使用在露台顶面、栏板、建筑外墙，这在建筑立面上能过滤光线，形成薄纱感，产生微妙玄秘的情境，跟石头的厚重产生对比（图 6-83）。同时，木格栅遮挡保护室内的私密性。从室内往室外看时，倾斜的挑檐与木格栅形成取景框的效果，将对面的山景横向框取。视线里的景物显得尤其单纯静谧。这些石头呈现出不同观感、质感、触感，产生不一样的情绪表白，引导整个建筑本体自然发散出它应该发散的气息（图 6-84）。

（2）北京东胡林民宿

在京西门头沟地区的山峦之间，隐藏着许多古老的村落，每一个村落都有其独特的历史和文化。其中，东胡林村以其独特的地理位置和丰富的自然资源，吸引了无数游客的目光。

图 6-83　木与石的对比　　　　　　　　　　　　图 6-84　石头

在村子的最高处，一座深灰色调的建筑屹立在那里。它融入山体岩石和绿色松树的背景中，仿佛是大自然的一部分。每当夕阳西下，金色的余晖洒在建筑上，将其映衬得更加美丽壮观。

东胡林民宿（图 6-85），由未来以北工作室操刀，是一个深藏于山林之间，却又与周围环境和谐共生的建筑。从外观看，东胡林民宿的线条简洁明了，没有过多的装饰，却散发出一种内敛的美。深灰色的外墙与周围的岩石和绿色松树相映成趣，形成了一种自然的过渡。

图 6-85　东胡林民宿

沿着精心设计的木质楼梯向上，步入东侧二层的卧室区域，一种明静舒适的感觉立刻扑面而来。这个空间充满了自然光，视线透亮，仿佛与外界的山林融为一体。精心包裹的木质饰面从一层的空间延伸至此，不仅增加了空间的连贯性，也产生了一种温馨的居家氛围（图 6-86）。

图 6-86　室内空间

由于房子建在高处，各个方向的景致都格外美丽。设计师巧妙地利用了这一点，让不同的开窗方式都能呈现有趣的视野，无论是远处的山峦还是近处的树木都能通过窗户成为室内的一道风景。这种远近相宜的设计让人们无论在哪个角落都能享受到自然的美景。

思考题及习题

1. 请简述园林大门的类型。
2. 请简述园林大门的规划手法。
3. 请简述小卖部的基本组成。
4. 请简述小卖部的平面形式。
5. 请简述游船码头建设的影响因素。
6. 请简述园林厕所设计要求。
7. 请简述餐饮建筑的概念。
8. 请简述餐饮建筑的基本组成。
9. 请简述餐饮建筑的设计要点。
10. 请简述展览建筑的类型。
11. 请简述展览建筑建设的影响因素。
12. 请简述温室的概念。
13. 请简述温室的类型。
14. 请简述民宿的类型。
15. 请简述民宿的设计要点。

第 7 章

园 林 小 品

7.1 概念

园林小品指体型小、数量多、分布广，功能简单、造型别致，具有较强的装饰性，富有情趣的精美设施。

7.2 作用和地位

园林小品既能美化环境，丰富园趣，为游人提供文化休息和公共活动的方便，又能让游人从中获得美的感受和良好的教益。

7.3 类型和特点

（1）服务类小品

服务类小品包括供游人休息的园椅（图 7-1），为保持环境卫生的垃圾箱（图 7-2），为游人服务的洗手池（图 7-3）等。其具有设计风格与环境密切结合，既是点景又具有实用功能的特点。

（2）装饰类小品

装饰类小品包括雕塑（图 7-4）、水景、景墙（图 7-5）、门洞、铺装、栏杆等，在园林中起到点缀作用。其装饰手法多样，内容丰富，在园林中起到重要作用。

（3）展示类小品

展示类小品包括各种各样关于旅游和日常生活的导游信息标识、地图（图 7-6）、布告栏、路标、指示牌（图 7-7）等，具有一定的指导、宣传、教育的功能。

图 7-1　园椅

图 7-2　垃圾箱

图 7-3　洗手池

图 7-4　雕塑

图 7-5　景墙

图 7-6　地图

图 7-7　指示牌

（4）照明类小品

照明类小品包括景观灯（图 7-8）、草坪灯（图 7-9）、广场灯（图 7-10）、庭院灯、射灯等灯饰小品。园灯的基座、灯柱、灯头、灯具都有很强的装饰作用。

图 7-8　景观灯

图 7-9　草坪灯

图 7-10　广场灯

7.4 园椅设计

7.4.1 概念

园椅,也称为园林公园椅,是园林景观中的重要元素,为游客提供了休息和观赏景色的场所。它们不仅是休息设施,更是园林设计中不可或缺的一部分,通过其设计与环境的完美融合增添了景观的美感和实用性。

埃罗·沙里宁(Eero Saarinen, 1910—1961)是美国著名建筑设计师和工业设计师,他的家具设计具有高度的艺术性和强烈的时代气息,而且与其建筑设计一样,具有鲜明的特色。沙里宁不断在家具,特别是在椅子上进行创新设计,设计的椅子都经过严格的物理、力学、人体工程学的试验,表明了他严格的科学态度。他创造了球椅(Ball Chair)、子宫椅(Womb Chair)(图7-11)、郁金香椅(Tulip Chair)、泡沫椅(Bubble Chair)、马铃薯片椅(Potato Chair)、香皂椅(Soap Chair)等世界著名设计。通过这些椅子的设计,沙里宁把有机形式和现代功能结合起来,开创了有机现代主义的设计新途。

图 7-11 子宫椅

7.4.2 作用

园椅属于服务类小品设施。在园林中,设置形式优美的园椅具有舒适诱人的效果。

① 具有休息作用。园椅在美化环境的同时,更为人们提供了观赏、游览和休息的户外空间(图7-12)。

② 具有点景作用。园椅以其各种各样的造型和色彩布置在园中,能使园林环境得到装点(图7-13)。

③ 具有保护作用。在园林环境中,尤其是在有乔木栽植的休息广场或有古树生长的环境中,利用园椅进行围合,不但可以供游人在树荫下休息,也可以起到保护树木的作用(图7-14)。

图 7-12 起休息作用的园椅

7.4.3 设计要点

(1)位置选择

园椅的设计需选择道路两侧、广场周边、游憩建筑、山腰台地、林荫之下、山巅空地、水体沿岸及服务建筑近旁等位置。

(2)设计原则

① 在设计时考虑气候因素的影响,如温热地区宜在通风良好之处,树荫之下,以迎轻风、避免暴晒;北方宜在背风向阳、小气候良好的环境之中,而北方寒冷,材料应尽量选用传热系数小的材料。另外,还应考虑游人的心理因素及不同年龄、性别、职业、性格、爱好等。

图 7-13　起点景作用的园椅

图 7-14　起保护作用的园椅

② 材料的选择应本着美观、耐用、实用、舒适、环保的原则，形状亦应考虑就座时的舒适感，应有一定曲线，椅面宜光滑，不存水。选材要考虑容易清洁，表面光滑，导热性好。椅前方落脚的地面应防地面被踩踏成坑而积水，不便落座。

③ 园椅根据不同的位置、性质及所采取的形式足以产生各种不同的情趣。园椅在组景时主要与环境相协调。

（3）空间处理

园椅的布置需要一定的环境空间，不同的环境要有不同的与之相适应的造型和色彩形式。在布置时要考虑既能够使游人得到休息，又不影响其他游人的游览，因此园椅所处空间的合理性是设计者需要注意的一个问题。

① 位于道路两侧的位置，设置时宜交错布置，切忌正面相对，否则会相互影响。

② 位于道路的转弯处，设置时应开辟出一个小空间，以免影响游人通行。

③ 位于规则式广场上，设置时宜布置在周边，有利于景物的独立和人流畅通。

④ 位于不规则的小广场上，设置时应考虑广场的形状，以不影响景物并保证人流路线的协调为原则，形成自由活泼的空间效果。

⑤ 位于道路的端头处，设置时可形成小型活动聚会空间，或构成较安静的空间，不受游人干扰。

⑥ 与建筑的室内外空间结合时，可设于两柱之间，也可通过花池或建筑的外墙向外延伸。

（4）设计手法

运用色彩，造型别致，结合灯光，增加趣味，赋予纪念意义。

7.5　案例分析

（1）上海虹口区江湾公园弧形座椅

该弧形座椅（图 7-15）一般可以多人使用，方便人们聊天、观赏美景，视野比较开阔。弧形座椅可以作为不同区域的分割线，可以供游人两面同时使用，不仅造型美观，具有座椅功能，还起到分割作用。

（2）寥廓公园洗手台

该洗手台（图 7-16）以"山环水抱"为创意理念，背景墙以起伏柔和的山形线条为主，寓意寥廓山"群山之长""金山系玉带"之美称。整个造型采用三折式设计，将直饮水区、儿童洗手盆、成人洗手盆三个区域完美分隔，既有效地划分空间又让整体视觉效果更有层次感。

洗手盆采用原生态石材制作，古朴简洁，经久耐用，尽显自然之美，与公园环境相得益彰。

图 7-15　弧形座椅

图 7-16　洗手台

（3）广州·花都金科博悦湾座椅

该座椅（图 7-17）设计师在规则感狭长的场地，用圆弧在平面与立面上反复构成、重叠，创造轻松活泼的效果。诗意的圆弧让场地变得柔软，场地铺装亦随之弱化，强调空间的动感。像云投射在地面上的影子，坐在树荫下偷得一份闲暇，享受悠然自得的氛围。清新的木平台与不锈钢镶边的契合，给予生活在都市中的摩登时尚感。

（4）扬州万科华侨城·侨城里水花互动的环形雕塑

该环形雕塑（图 7-18）象征着水舞维扬的城市历史缩影在光影映衬下屹立街角，熠熠生辉，装置设置有红外线感应，当行人穿过门洞进入场地时，装置灯光会由蓝色变为紫色沿着装置逆时针走过，如同平静的水面荡起的波浪。

图 7-17　座椅

图 7-18　环形雕塑

思考题及习题

1. 请简述园林小品的概念。

2. 请简述园林小品的类型。

3. 请简述园椅的功能。

4. 请简述园椅的设计手法。

园林建筑设计应试方法

8.1　试题特点分析

首先需要判定拿到的题目类型，根据不同类型的园林建筑进行不同的功能定位。采用功能解析法，根据设计任务书，整理出各个建筑功能空间之间的关系，即系统图示，进而将系统图示转化为建筑的形象。主要分为场地解析与立意、功能分析、平面布局、剖面深化、造型处理5个步骤。

设计过程从功能到空间再到造型。

（1）场地解析与立意

1）场地分析　采集场地自然条件、生态要素、主要人流量、地形地貌、交通道路、范围面积及周边环境、场地内的视觉范围等信息。通过道路的宽窄可分析主要车流、人流方向，场地出入口应迎合主要人流方向。另外，还要根据城市规划的要求确定场地用地指标。

与周边环境因素发生对话关系：充分利用场地内的特殊条件（原有植被等）、周围的特色环境（钟楼、水体等主要观景面和观景视线以及主要采光面）。结合地形，主要考虑平地和水体等地形因素，地形既是限制建筑空间布局的因素，又是建筑设计中要充分利用的有利条件，建筑要与地形融合。水体方面利用好亲水、引水等水的概念。

2）立意　考虑场地条件与设计要求，体现历史文化特色，融入环保或生态理念。从空间设计、小品、室内装饰、建筑造型、建筑铺装或材料、与植物结合（屋顶花园、垂直绿化）方面入手考虑。

（2）功能分析

从整体角度考虑建筑物（图）和室外场地（底）的关系。对任务书中的各功能空间进行分区，功能空间可加入特质空间，例如表演空间、景观空间、娱乐空间、纪念空间等，学会"动静空间"的分区，空间处理重点把干扰性强的空间（运动、娱乐空间）和安静空间（休憩、交流空间）分离开来。注意楼梯与卫生间的数量与分布，能够兼顾各类空间，从整体上满足各层人流的需求（楼梯、卫生间各层应上下对齐）。

（3）平面布局

结合功能分区，确定各功能空间的平面布局。建筑内部空间交通流线组织采用外廊、内廊式，或者有中庭空间的采用回廊式，廊道要结合功能，注意主、次入口与廊道的结合，狭长的廊道要打破单调。

（4）剖面深化

可在入口或大厅设置挑空、通高、中庭、夹层、错层等丰富的竖向空间。

（5）造型处理

从方形盒子做起，方形是建筑设计最基本的形体。利用盒子的削切与变形、盒子的组合和穿插、曲面与异形空间等方式丰富建筑细节。

8.2　应试方法

1）合理的总体布局　建筑体块形体组合、功能组合、与周围环境的结合主要通过总平面图体现。

2）合理的功能载体　功能分区布局主要通过各层平面图来体现。

3）丰富的空间　空间的合理划分与组织、交通流线的组织主要通过各层平面图来体现。

4）美观的造型　建筑外观造型主要通过透视效果图、立面图体现。

5）坚实的技术基础　柱网结构，采光、通风的合理性，通过平面图、剖面图等体现。

6）图纸排版　注意小图排布、大图版面设计、重点小图的深入刻画、色彩搭配等。

8.3　应试技巧

① 功能分区一定要遵守，不能产生功能分区的错误，可再进一步考虑特质空间（特色之处）；

② 结构一定要考虑上下对齐，最好是框架结构，柱网规则整齐；

③ 入口空间（门厅）处理是空间处理的重点，可设计一些有趣的入口内外空间，注意与整体风格的协调；

④ 造型处理要丰富，注意空间变化与地形、周围环境的结合；

⑤ 交通流线明确通畅，楼梯位置得当，走廊过道与房间联系通畅；

⑥ 面积控制在 10% 以内，不要有太大出入。

8.4　真题解析

8.4.1　东南大学 2021 年风景园林初试真题

8.4.1.1　江南某风景区红枫园景点设计

（1）场地概况

江南某风景区拟新建红枫园景点一处，范围如附图所示，设计需充分考虑场地的条件，现有水面可结合造景需要进行调整，现状百年枫香及枫香林均需保留。红枫园需结合环境条件与功能需求，突出红枫主题，空间丰富，交通合理，形成特色鲜明的主题景点。

（2）设计内容

① 公共停车场一处。结合景区主路设置，满足地面停放小轿车 15 辆、中巴 4 辆的需要。

② 游客中心一个。建筑面积 200m²（5%），层数自定，其中包括 15m² 管理用房 1 间，20m² 茶室操作间一间，15 ～ 20m² 公共卫生间。大小茶室及交通空间自定。

（3）图纸需要

① 鸟瞰图。（30 分）

② 分析图纸，分析场地及设计构思，并附文字说明。（10 分）

③ 游客中心平面图、立面图、剖面图（图纸比例 1∶100）。（50 分）

④ 总平面图，需体现竖向道路铺装及种植设计（含主要树种）。（60 分）

（4）附图。

附图见图 8-1。

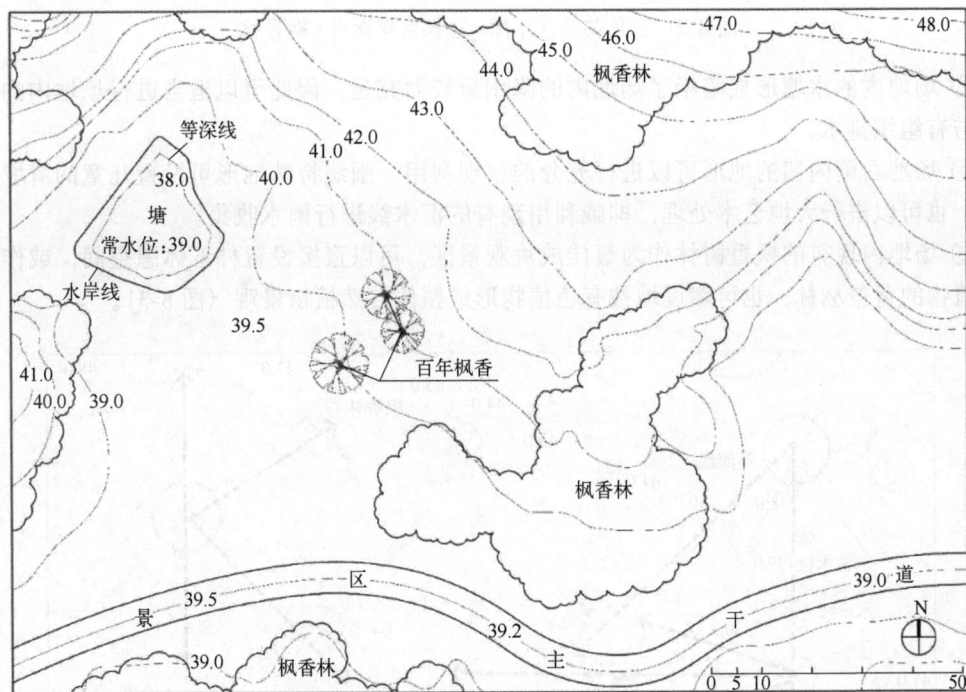

图 8-1 附图

8.4.1.2 解题思路

（1）考点分析

① 外部环境应对：外围的景区主干道满足基本的车行和必要的消防，主入口选址需要考虑场地内的景观应对，也需要注意自身的园林工程需求。

② 内部空间组织：水塘 - 三棵百年枫香 - 枫香林（复杂的三角关系）（图 8-2），题目设计要求的游客中心依然是重点的景观呼应主题，通常建筑与植物或水池都有着直接的借景关系。

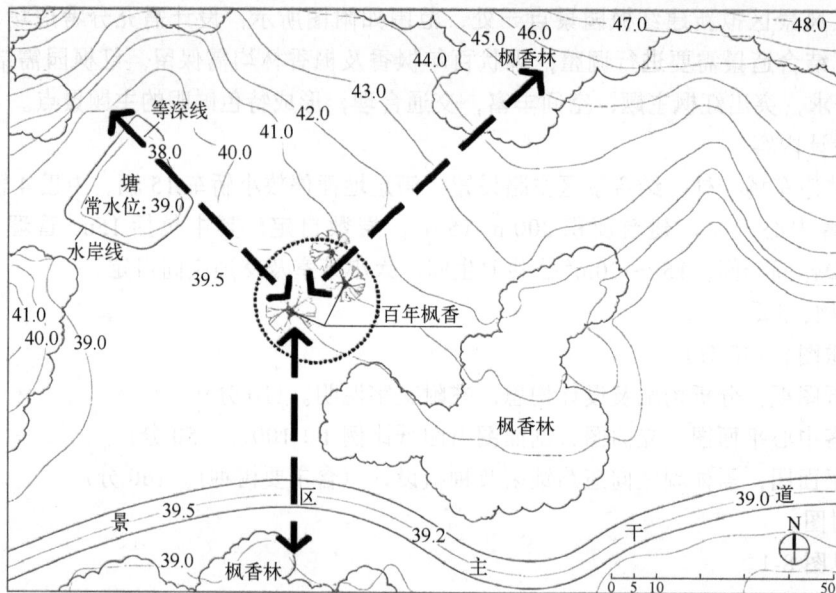

图 8-2　三角关系：水塘 - 三棵百年枫香 - 枫香林

　　③ 场地内的水塘形成暗示了场地内的降水量较为充足，因此可以适当进行场地内的雨水收集与有组织排水。

　　④ 场地右侧内凹的地形可以进行充分的景观利用，围绕特殊地形可设置儿童的滑坡运动草地，也可以进行大地艺术处理，抑或利用现有的汇水线进行雨水收集。

　　⑤ 场地内现有的枫香树林作为最佳成片观景区，可以直接设置林下休憩空间，或作为景观构筑物的背景丛林，也可增设地被有色植物形成整体自然植物景观（图 8-3）。

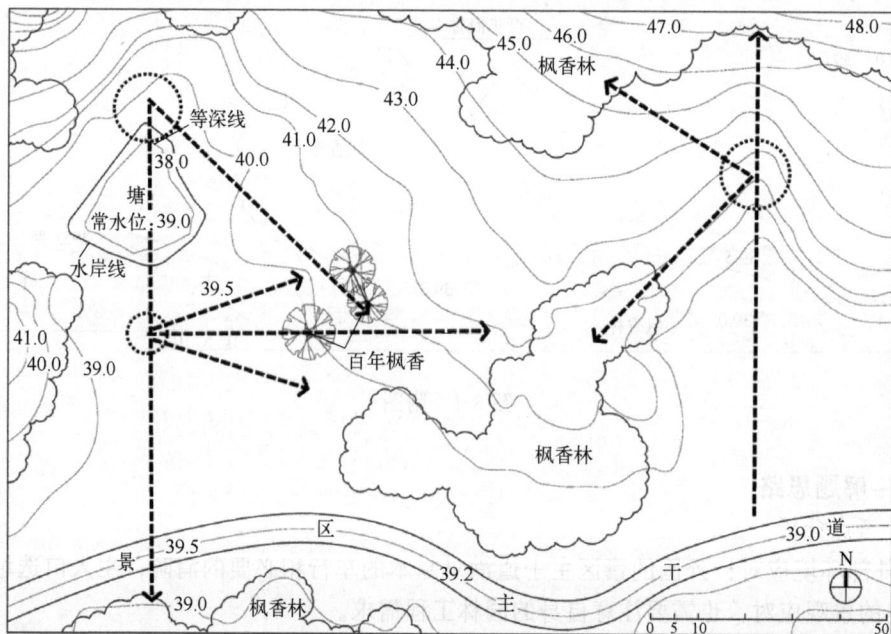

图 8-3　可利用山脊线和视线

（2）设计分析

设计将建筑与入口进行一体化设置。需要注意由于场地在入口设置较多的车位以及必要的硬质广场，因此尽可能将停车场偏向一侧设计，最大限度做到入口的景观通透。

1）交通分析（图8-4）。

① 主入口：设立于主要道路处，将人群与车流区分处理。

② 次干道：联系内部空间、景观空间节点以及活动区域。

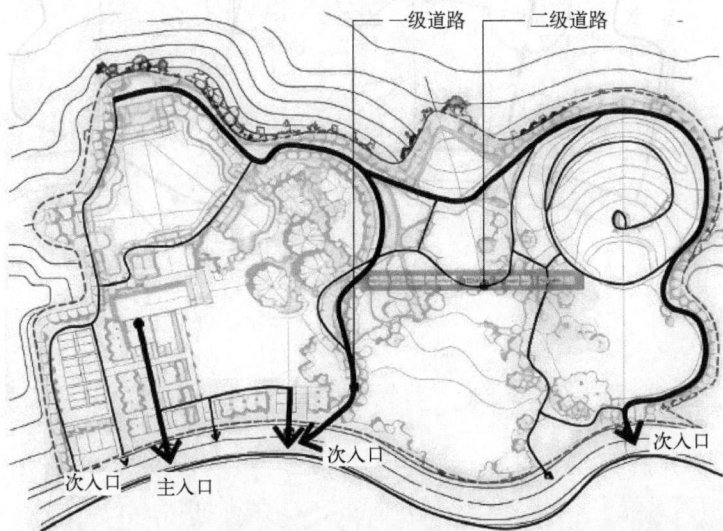

图 8-4　交通分析

2）竖向设计进行局部调整，对以下3处做重点处理：

① 对水池地形进行局部挖填方置换，形成两条必要的轴线序列，分别对应游客建筑以及保留的3棵百年枫香。

② 针对东侧内凹的地形进行艺术化处理，引入艺术特殊地形。

③ 入口需要尽可能朝西侧进行土方平整，尽可能竖向布置停车场。

3）景观分析（图8-5）。

① 主要景观节点通过主入口、建筑区域以及景观节点形成主要景观轴线关系。

② 将景观枫林和阳光草地、滑梯等景观节点形成次要景观轴线，形成多个景观节点。主要景观中轴线通过次入口以及观景区域形成主要景观节点，丰富景观节点，将人群分散。

③ 将红枫园和景观设计节点形成次要景观轴线，对空间轴线关系进行梳理，将人群引向景观植物设计丰富的区域。

4）依据现有的景观资源和设计主要划分3个空间区域。

① 传统园林休闲区：园林建筑、古木枫香、水池。

② 自然景观观赏区：景观枫林、多样有色地被植物。

③ 景观运动游憩区：大地艺术、阳光草地、滑梯等设施。

（3）图纸绘制

方案 - 草稿及总平面图分别如图8-6、图8-7所示。

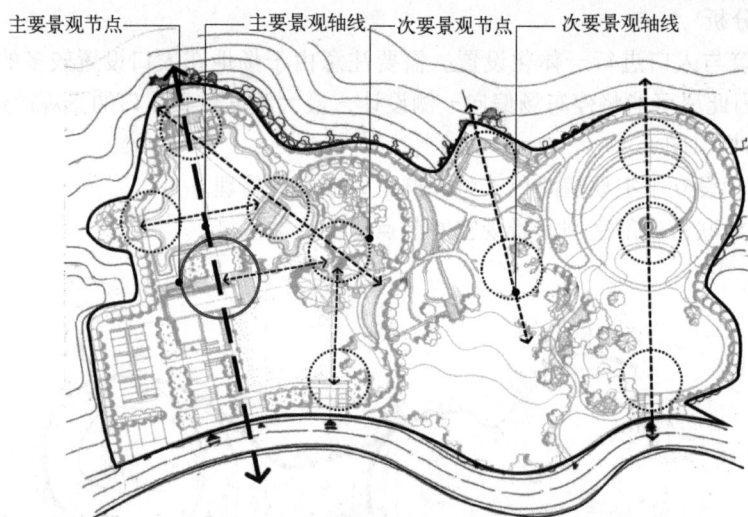

主要景观节点　　主要景观轴线　　次要景观节点　　次要景观轴线

图 8-5　景观分析

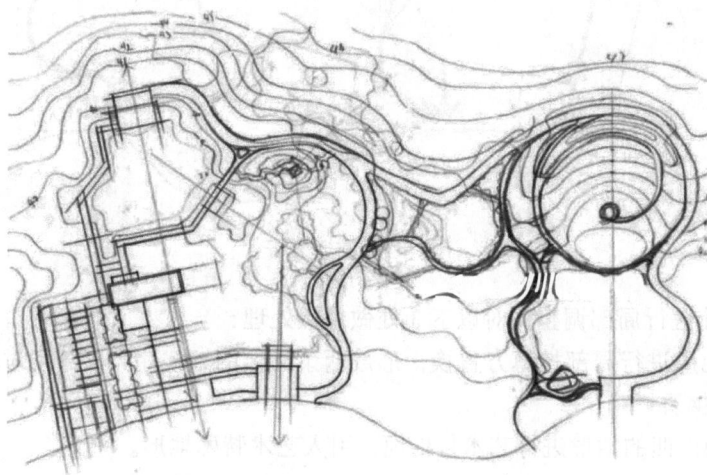

图 8-6　方案一草稿

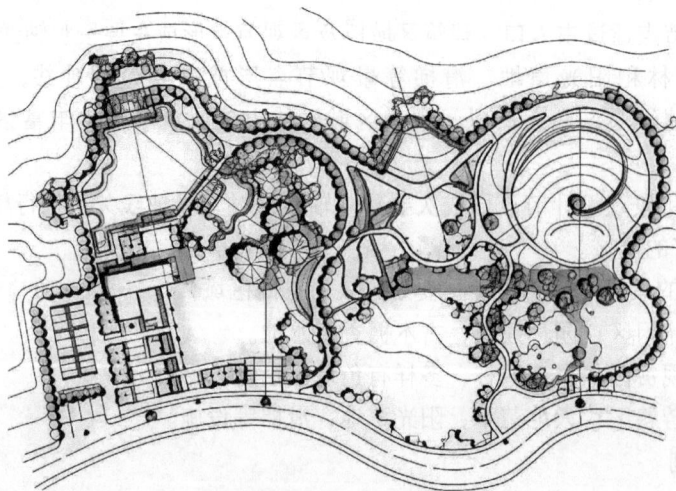

图 8-7　方案一总平面图

8.4.1.3 园林建筑

（1）空间布局

建筑内部布局如图 8-8 所示。

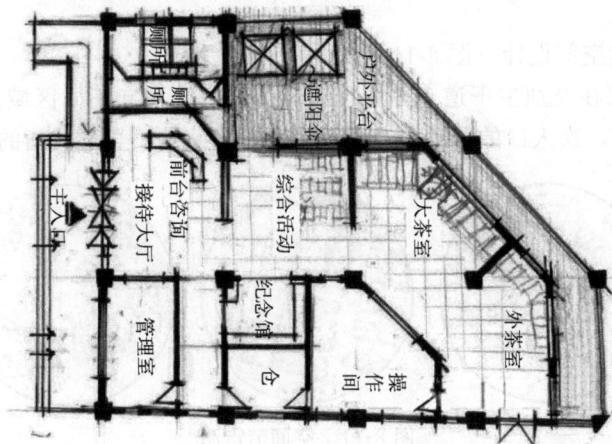

图 8-8 建筑内部布局图

在流线中，充分对员工（办公、询问、商务）与游客（茶室、户外平台、卫生间）等做了分流设计。在功能布局上，对空间进行动静分区，布局主入口、综合活动、接待空间以及茶室的空间关系，合理安置空间结构关系。

（2）外观设计

建筑平面及立面图如图 8-9、图 8-10 所示。

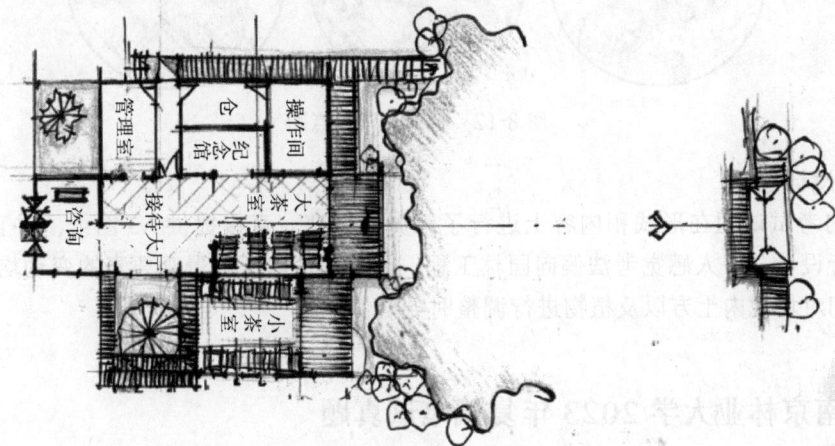

图 8-9 建筑平面图

图 8-10 建筑立面图

在外观设计中，在注重建筑外观的流线性，使其富有现代感的同时，还结合功能布局设计了大面积开阔通透的玻璃窗，结合木质结构建筑材料的运用，使得整个建筑在各个维度中做到虚实相结合，给人以错落别致的空间体验感。

8.4.1.4 节点设计

（1）风景区入口空间设计（图8-11）

场地主入口设立在交通主干道上，通过次入口将人群引向不同区域，入口处的硬质广场设计将人群引向建筑。次入口的景观节点展现也通过道路的引导形成新的设计节点。

图8-11 空间节点图

（2）植物景观设计（图8-12）

场地所保存的红枫林景观，将原有的景观植物保留并进行更新处理，景观设计丰富度的提升将风景区的环境体验感提升，将植物设计与整个空间融合。

图8-12 植物景观节点图

8.4.1.5 设计总结

此次的考试试题在形式和内容上进行了细微的改变，直接提供A3图纸，并直接在地形图纸上进行设计，个人感觉考法偏向园林工程。因此场地内任何景观要素的变动均格外显眼，因此同学们对场地内土方以及植物进行调整时务必慎重。

8.4.2 南京林业大学2023年复试笔试真题

8.4.2.1 游船码头设计

（1）场地概况

南京玄武湖公园某游船码头年久失修，现决定重建，地段详见附图。场地水面标高为12.0m，场地北侧为现在的公园园路，东侧和西侧均为滨水绿地，南侧为景观优美的湖面。要求重建园林建筑需要造型优美，具有较好的景观应对。

（2）设计内容和要求

建筑需要满足码头使用功能以及冷热饮的休憩售卖。注意建筑灰空间设置，各个空间设计：小卖部5m²；游客冷热厅休息廊50m²，含制作间；售票处5m²；船具室10m²；候船厅50m²；办公室 2×10m² 可分开，也可合并设置；其他功能自定。建筑总面积控制在 200m² 左右；需要考虑 2～3 个停车位以及船停泊位置。

（3）规划设计要求

① 把握建筑尺度；

② 具有公园景观小品建筑特点。

（4）图纸需要

① 表现风格不限，时间为 2h。

② 白纸一张（多张无效）。

③ 图纸规格为 A2（594mm×420mm）。

④ 使用工具绘制或徒手绘制均可；图纸比例自定。

⑤ 总平面图以及建筑平面图、剖面图、立面图、效果图。

注意：图面不上色，可使用黑、灰色系马克笔。

（5）附图

场地附图见图 8-13。

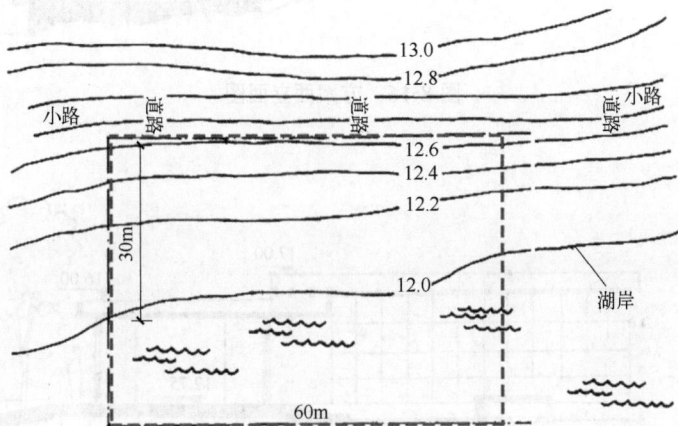

图 8-13　场地附图

8.4.2.2　图纸绘制

（1）方案绘制（图 8-14）（选自景观快题嘎嘣脆网站方案）

① 建筑平面布局：服务空间与被服务空间划分，有营业售卖、游船码头、内部办公三大功能。

② 建筑流线布局：人流设置对内与对外，注意售卖内外双面设置、码头功能游客流线设置。

③ 建筑造型布局：三大功能分区对应三个体块，考虑灰空间设置，形成虚实对比。

（2）立面图与剖面图绘制（图 8-15～图 8-17）

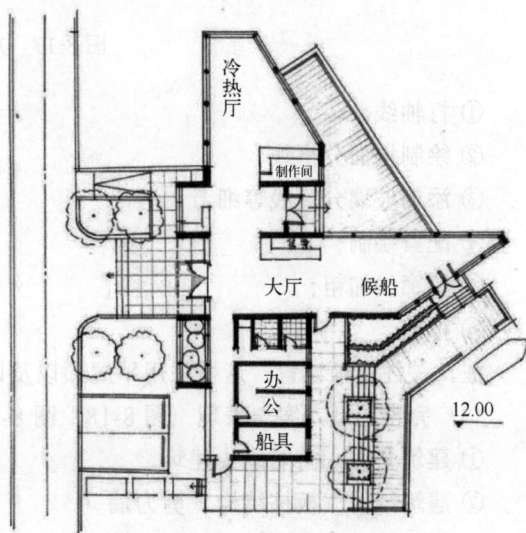

图 8-14　方案平面图

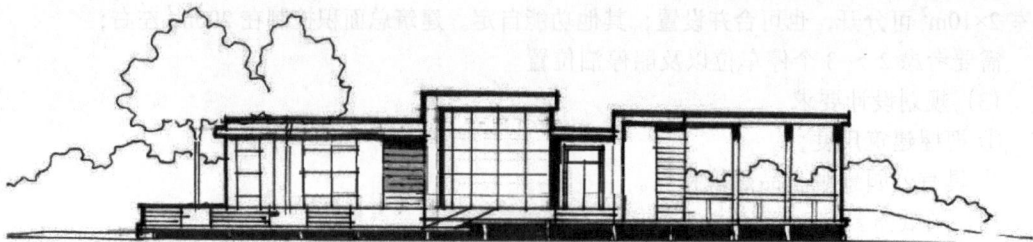

图 8-15　方案南立面图

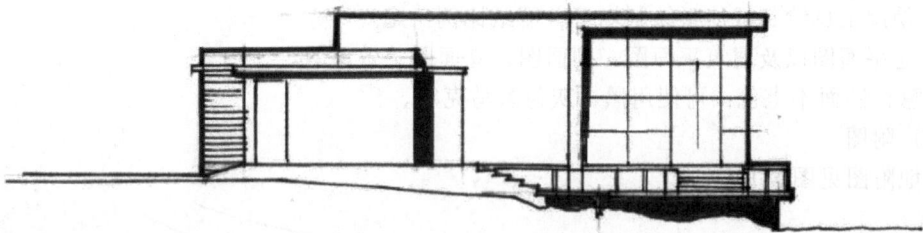

图 8-16　方案西立面图

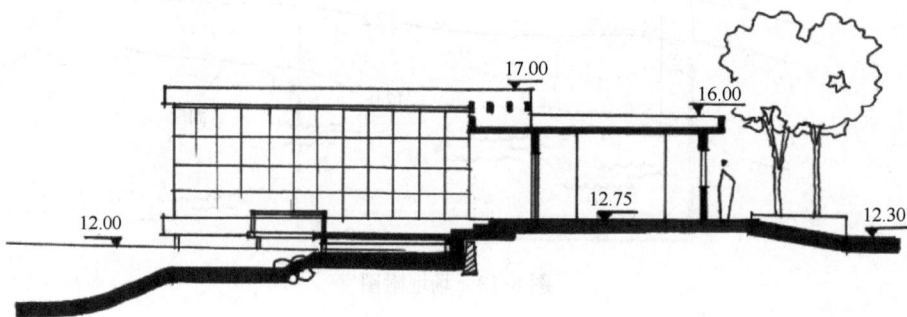

图 8-17　方案剖面图

① 打轴线；

② 绘制块面分格线；

③ 添加玻璃分割线等细节；

④ 配景绘制；

⑤ 轮廓线加粗；

⑥ 标注。

注：关注屋顶设置，这里采用平屋顶以及以格栅装饰为主。

（3）完整图纸方案与表现（图 8-18，图 8-19）

① 建筑名称：游船码头建筑。

② 建筑结构：板柱结构＋剪力墙。

③ 建筑面积：200m^2。

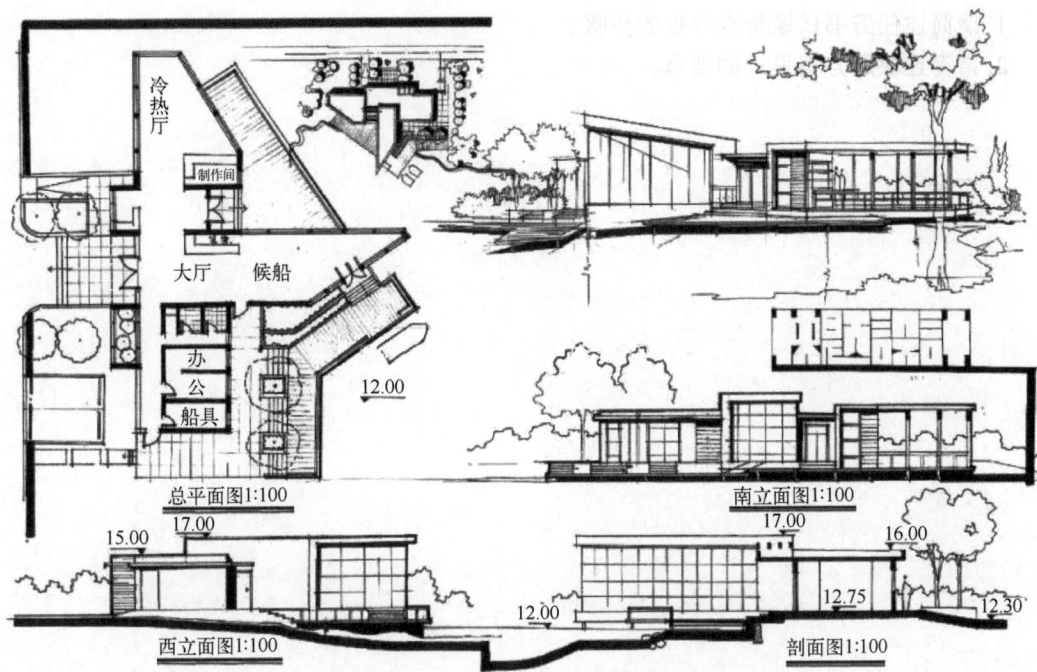

图 8-18　景观交通与游线

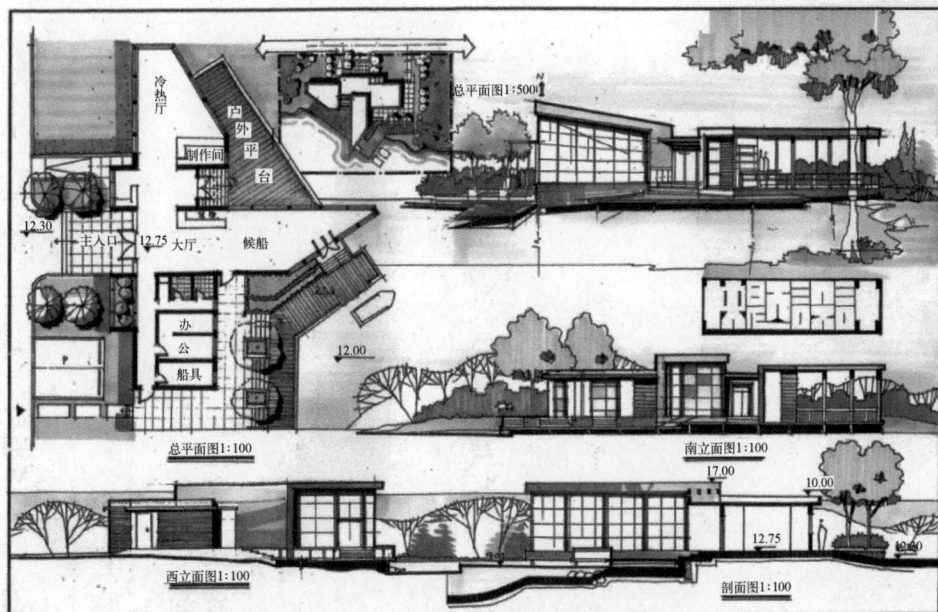

图 8-19　平面图上色版（彩色系）

思考题及习题

1. 请简述任务书试题特点分析的步骤。
2. 请简述快题方案设计的要点。

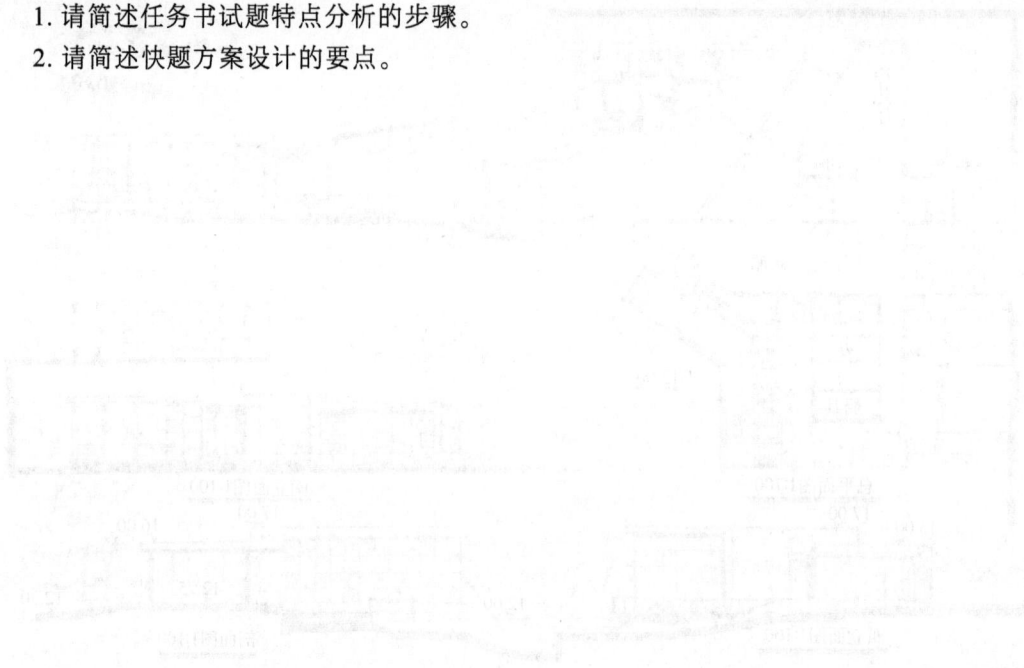

参考文献

[1] 刘敏，王振．学匠艺 修匠心——"园林建筑设计"课程思政教学探索与实践［J］．教育教学论坛，2022，4（15）：101-104.

[2] 刘敏，徐梦林．"互联网＋"时代智慧课堂在园林建筑设计课程中的教学实践探析［J］．教育教学论坛，2019，4（15）：107-109.

[3] 田学哲，郭逊．建筑初步［M］．3版．北京：中国建筑工业出版社，2010.

[4] 卢仁．园林建筑［M］．2版．北京：中国林业出版社，2000.

[5] 成玉宁．园林建筑设计［M］．北京：中国农业出版社，2009.

[6] 彭一刚．建筑空间组合论［M］．北京：中国建筑工业出版社，1998.

[7] 张青萍．园林建筑设计［M］．南京：东南大学出版社，2010.

[8] 卢仁．园林析亭［M］．北京：中国林业出版社，2004.

[9] 王庭熙．园林建筑设计图选［M］．南京：江苏科学技术出版社，2000.

[10] 刘管平．建筑小品实录［M］．北京：中国建筑工业出版社，1980.

[11] 卢仁．园林建筑装饰小品［M］．北京：中国林业出版社，2000.

[12] 唐纳德·A.诺曼．设计心理学：日常的设计［M］．北京：中信出版社，2015.

[13] 杨丽娜．建筑模型设计与制作［M］．北京：清华大学出版社，2013.

[14] 侯幼彬，李婉贞．中国古代建筑历史图说［M］．北京：中国建筑工业出版社，2002.

[15] 刘致平．中国建筑类型及结构［M］．3版．北京：中国建筑工业出版社，2000.

[16] 杜汝俭．园林建筑设计［M］．北京：中国建筑工业出版社，1986.

[17] 张浪．图解中国园林建筑艺术［M］．合肥：安徽科学技术出版社，1996.

[18] 华南理工大学建筑学院风景园林系．园林建筑设计［M］．北京：中国建筑工业出版社，2024.

[19] 夏为．风景园林建筑设计基础［M］．北京：化学工业出版社，2010.

[20] 施米特，肖毅强．建筑形式的逻辑概念［M］．北京：中国建筑工业出版社，2003.

[21] 黎志涛．快速建筑设计100例［M］．3版．南京：江苏科学技术出版社，2017.

[22] 华元手绘快题设计教研中心．高分建筑快题120例设计方法与评析［M］．北京：中国建筑工业出版社，2016.

[23] 唐晓岚．园林建筑设计应试指南［M］．南京：东南大学出版社，2008.

[24] 中国建筑学会．中国建筑设计资料集［M］．3版．北京：中国建筑工业出版社，2017.

[25] GB 55031—2022 民用建筑通用规范［S］．

[26] GB 51192—2021 公园设计规范［S］．

[27] 季建乐，张哲．基于MOOC的《园林建筑设计》课程翻转式教学研究［J］．建筑与文化，2019，12：186-187.

[28] 尹春然．基于"课程思政"背景下建筑设计课程改革路径研究［J］．湖北开放职业学院学报，2020，33（11）：113-114.

[29] 费腾，张立毅，孙云山．课程思政建设的方法途径初探［J］．教育教学论坛，2020（35）：48-49.

[30] 岳华．建筑设计入门课程思政的探索与实践［J］．华中建筑，2020（9）：134-138.

[31] 黄琪，周婧．建筑设计基础课程思政的研究与实践：以上海济光学院建筑初步（一）为例［J］．华中建筑，2020（9）：142-145.

[32] 白琳．凝固的音乐——日本古典建筑与西方古典建筑的比较［J］．牡丹江大学学报，2011，20（7）：51-54.

[33] 武云霞．日本传统建筑特征简析［J］．建筑学报，1997（6）：60-63.

[34] 肖洪未，刘欣悦，刘芷萱．基于感性与理性思维融贯的农林院校风景园林建筑设计教学范式研究［J］．重庆建筑，2021（9）：33-37.

[35] 李霄鹤，吴小刚，李房英，等．以创新能力培养为目标的风景园林建筑设计课程教学改革研究［J］．安徽建筑，2021，28（11）：97-99.

[36] 李小梅，付俐媛，李芳辉，等．应用型人才背景下园林建筑设计课程教学改革与创新［J］．安徽农学通报，2021，27（20）：173-175.

[37]　阿尔伯特·拉特利奇.大众行为与公园设计 [M].北京：中国建筑工业出版社，2013.

[38]　孙雪芳，金晓玲.行为心理学在园林设计中的应用 [J].北方园艺，2008（4）：162-165.

[39]　袁海明.建筑效果图电脑表现技法初探 [J].艺术探索，2007，21（1）：81-81，147.

[40]　陈嘉荟.手绘表现技法在建筑及景观设计中的应用 [J].建筑与文化，2019（12）：198-199.

[41]　中国大学 MOOC——园林建筑设计（南京林业大学）.https：//www.icourse163.org/course/NJFU1 003723001?from=searchPage&outVendor=zw_mooc_pcssjg_.

[42]　知乎知学堂 https：//www.zhihu.com/education/learning.

[43]　人工智能 AI工具——豆包.